Ferdinand Stepanek

Selbstbau eines energieunabhängigen Rusticos (Blockhaus) im Berggebiet

Ferdinand Stepanek

Selbstbau eines energieunabhängigen Rusticos (Blockhaus) im Berggebiet

Re Di Roma-Verlag

Bibliografische Information der Deutschen Nationalbibliothek:
Die Deutsche Nationalbibliothek verzeichnet diese Publikation in der Deutschen Nationalbibliografie;
detaillierte bibliografische Daten sind im Internet über http://dnb.ddb.de abrufbar.

ISBN 978-3-86870-608-6

www.rediroma-verlag.de
39,95 Euro (D)

AUS DEM BUCHINHALT

Ausbau des Rusticos als Wohneinheit

Energiequellen:	**Sonne**	Solar - Generatoren Solar - Kollektoren	
	Holz	Feuern in zentralem Küchenherd	- Radiatoren - Fußbodenheizung - Cheminée
	Wasser	Pelton – Turbine	

Sparsame Verbraucher:	Leuchtstoffröhren Kompaktleuchtstofflampen (Sparlampen) LED – Beleuchtung
Kommunikation mit der Umwelt:	Telefon - Festnetz, Mobil, Rega - Notruf

Gefahren in den Bergen, Blitzschutz

Ferd. Stepanek mit Frau Nada

VORWORT UND DANK

Dieser technische Roman, wie wir es nennen, ist eine Mischung der Erfahrungen beim Ausbau eines kleinen Ferienhauses in den Bergen und der Erfahrungen beim Wohnen im Berggebiet. Er ist für Liebhaber der Berge bestimmt. Die Erfahrungen, die wir bei den Arbeiten in eigener Regie vom Kauf bis zur Beendigung des Ausbaus gewannen, sollen die eigenen Anstrengungen den Lesern erleichtern.
Die beschriebenen Vorgänge sind keine Anleitungen, sie sollten nur als Anregungen dienen, die zu besseren Lösungen führen können. Darum sind sie nicht alle ausführlich beschrieben. Auch auf die bestimmten Nachteile wird hingewiesen, um sie beim Neubau zu vermeiden. Die weitere Entwicklung von neuen Technologien, Materialien, Bauteilen, elektrischen Schaltungen und verschiedenen Geräten während der vergangenen Zeit tragen dazu bei.

Als Basis für die Bauteile, die wir bei dem Ausbau des Hauses verwendeten, dienen uns die verschiedene Kataloge für die elektronischen Bauteile und Geräte, überwiegend die Kataloge von Conrad Electronic AG. Das Internet ist die Quelle für die neueste technische Informationen.
Es gibt keine ausführliche Theorie, z. B. für die Solaranlagen und anderes, diese sind ausreichend in der technischen Literatur ausgeführt. Um die Kenntnisse in den bestimmten Richtungen zu vertiefen, findet man am Ende jedes Kapitels den Literaturverweis.

Bei der Beurteilung des Ausbaus und der im Haus eingebauten Einrichtungen sollte man zum Kenntnis nehmen, dass es sich hier um kein luxuriöses Chalet- oder Minergie-Haus handelt, sondern um ein ökonomisch gebautes kleines Ferienhaus im Berggebiet. Das Haus dient auch als Experimentier-Haus, um die nötige Energie für das Leben in den Bergen bei gleicher Qualität des Wohnens stets zu reduzieren. In dieser schwierigen Ortslage erfüllt das Haus fast alle Ansprüche für einen angenehmen Ferienaufenthalt.

Der Ausbau des Ferienhauses dauerte zehn Jahre und brachte uns aktive Beschäftigung im Pensionsalter, was wir auch erzielen wollten. Wir sind überzeugt, dass die richtige seelische und körperliche Beschäftigung bei den Menschen im Ruhestand sehr viel zu ihrer Vitalität beiträgt. Darauf sollten sich die Menschen schon vor der Pension vorbereiten. Nur das Fernsehen bringt keine guten Ergebnisse im Pensionsleben.

Wir konnten nach einem Jahr nach dem Beginn des Ausbaus des Rusticos dort schon wohnen. Am Anfang war es zwar nicht so komfortabel, mit der Zeit wurde es jedoch immer angenehmer und wir sammelten die Kräfte für unser weiteres Vorhaben. Auch heute gibt es am Haus immer noch zu tun – wir verbessern unseren Komfort oder beseitigen kleine Mängel, die uns die Natur bei der Alterung des Hauses brachte.

Beim Ausbau des Ferienhäuschens haben meine Frau Nada und ich zusammengearbeitet. Jeder nach seinen Kräften und Möglichkeiten. Auch unsere Söhne Rene und Peter und die Schwiegertochter Irene haben beim Ausbau kräftig mitgeholfen und später haben noch alle Enkelkinder Hand angelegt (siehe **Bild 01**). Der Aufenthalt am so schönen und ruhigen Ort in herrlicher Bergnatur wird ihre Belohnung sein.
Viele Menschen müssen einen Ferienveranstalter suchen, um ruhige Ferien in den Bergen zu geniessen. Das wird erst in späterem Alter geschätzt, wenn man nicht soviel reist und mehr Ruhe haben will.

Bild 01 Mitarbeit der Kinder

An erster Stelle danke ich meiner lieben Frau Nada. Sie hat mich ihr ganzes Leben durch ihre unermüdliche Arbeit für die Familie so sehr entlastet, dass ich mich meinem Beruf und Hobby voll widmen konnte. Dabei war sie in ihrem eigenen Beruf sehr erfolgreich und hat sich weiter ausgebildet. Die Kurse der russischen Sprache hat sie besucht, die mit den Prüfungen erfolgreich abgeschlossen hat.
Von Anfang an hat meine Frau Nada an unserem Objekt mitgearbeitet, angefangen bei der Suche einschließlich des ganzen Ausbaus des Ferienhäuschens.

Ich danke Herrn Siegfried Carl von Gams – CH, Solar - und Heizungstechnik Spezialist, für seine umfangreiche Beratung bezüglich Heizungen und Solaranlagen.

Ich danke Herrn Gamboni, Bauunternehmer aus Calpiogna, Tessin – CH, der alle unsere Wünsche beim Roh-Ausbau respektierte und mit seinen Vorschlägen sehr zum Gelingen beigetragen hat.

Meinem Freund Ing. Jaroslav Capponi – CZ danke ich für seine interessanten Vorschläge bei der Ausführung aller elektrischen Einrichtungen und der Satellitenanlage.

Ich danke meinem Sohn Dr. Rene Stepanek und seiner Frau Irene für die Manuskript-Ergänzungen, Beratungen im Chemie-Bereich und bei der Vorbereitung des Manuskripts zu möglicher Ausgabe des Buches.

Alle Familienmitglieder danken der damaligen Behörde Gemeinde Rossura und den Einwohnern von Rossura für den freundlichen Empfang in der Gemeinschaft der Bergbürger.

Dieses Buch soll den Lesern auch zeigen, wie wichtig die Mitarbeit aller Mitglieder der Familie ist, die zum Erfolg bei verschiedenen Lösungen führt.

Der Autor, 20.7.2007

Berufliches Profil des Autors:

Studium an der HTL Schule in Brno, Tschechien, Fachrichtung Starkstrom-Elektrotechnik, dann angestellt drei Jahre als Konstrukteur bei der Firma »Tesla Brno« – CZ (Herstellung der elektronischen Messgeräte) und weitere 17 Jahre bei gleicher Firma als Chefkonstrukteur. Zehn Jahre in der Konstruktionsabteilung bei der Firma Omni Ray AG – CH (Elektronische Geräte für die Steuerung der Herstellungsprozesse), Zehn Jahre bei der Firma BBC / ABB - CH – im Bereich der Hochspannungsgeräte.

Der Autor ist Mitglied der SSES – Schweizerische Vereinigung für die Sonnenenergie.

INHALTSVERZEICHNIS

1. KAUF DES RUSTICOS

Durch die unermüdliche Suche meiner Frau Nada und mit der Unterstützung eines Vermittlungsbüros fanden wir einen alten aus Holzbalken gebauten Ziegenstall in den Tessiner Bergen im Gebiet der Gemeinde Rossura.
Es war ein alleinstehendes Gebäude – wir nennen es in der Folge Rustico. Es diente in früherer Zeit als Viehstall.
In oberem Teil des Gebäudes war Heu gelagert für die Ziegen zur Fütterung während der Wintermonate und im unteren Teil war der eigentliche Ziegenstall. In heutiger Zeit werden die Rustico nicht mehr genutzt und viele verfallen wegen ungenügender Wartung.

Das schlussendlich gewählte Objekt **(vgl. Bild 1a)** erfüllte alle Anforderungen, die wir uns vor dem Kauf stellten:

- nicht zu weit von unserem ständigen Wohnsitz
- ein anderes Klima
- wunderschöner Blick auf die Berge
- sonnige Südseite
- und möglichst allein stehend

An diesem schönen Ort gab es leider kein Wasser und keine Zufahrtstrasse. Trotz dieser Nachteile haben wir uns für den Kauf des Rusticos entschieden.
Vor der Unterzeichnung des Vertrages wurde mit dem Verkäufer vereinbart, dass er die Kosten für den Bau einer zukünftigen Zufahrtsstraße übernehmen würde, da er die Straße auch selbst nutzen wollte. Das Nutzungsrecht der neu errichteten Zufahrtstrasse, die über das Grundstück des Verkäufers, also unseres Nachbars führt, haben wir ins Grundbuch eintragen lassen, sodass auch bei einem Wechsel des Besitzers in der Zukunft die klaren Verhältnisse herrschen.

Bei der Gemeinde stellten wir ein Gesuch für die Bewilligung zum Ausbau des Rusticos zu einer Wohneinheit inklusive der Bewilligung für die Wasserentnahme aus dem Bach in nahem Wald.
Nach dem Erhalt der Baubewilligung konnte der Kauf des Rusticos beim Notariat beglaubigt werden.

Zu den Notariatskosten sind die Gebühren für die Baubewilligung und die Luftschutzkeller-Befreiungskosten der Gemeinde zu entrichten, die mehrere tausend Franken betragen können.

Bild 1a Das gekaufte Rustico vor dem Umbau

2. ROHBAU DURCH DIE BAUUNTERNEHMUNG

Mit einem Tessiner Bauunternehmer wurde der Rohbau des Rusticos vereinbart. Die detaillierten Arbeiten wurden in einem Pflichtenheft definiert:

Gebäude:

- Projektzeichnungen für den Rohbau (die Zeichnungen mussten der Gemeinde vorgelegt werden), **Bild 2a.**
- Grundmauern des Rusticos verfestigen und den Keller ausbauen.
- Verfaulte Balken **(Bild 2c)** der Außenwände auswechseln und die Wände für den späteren Ausbau des Obergeschosses um 20 cm (ein Balken mehr) erhöhen.
- Ausschnitte in den Balkenwänden machen und dort neun Fenster und die Eingangstür einbauen.
- Fußbodenplatte herstellen.
- Einstieg in den Keller vom künftigen Wohnraum durch ein Eintrittsloch in der Fußbodenplatte herstellen.
- Fertigung der Zwischendecke für das Obergeschoss aus Balken und 30 mm dicken Brettern.
- Ausbau des Badezimmers mit Zelltonsteinen, Einbau einer Badewanne, eines Lavabo und WCs.
- Verlegen von den Wasser- und Abwasserleitungen.
- Aufstellen zweier Kamine für den Herd und das Cheminée.
- Rückbau des Steindaches und Neubau mit den Dachziegeln.

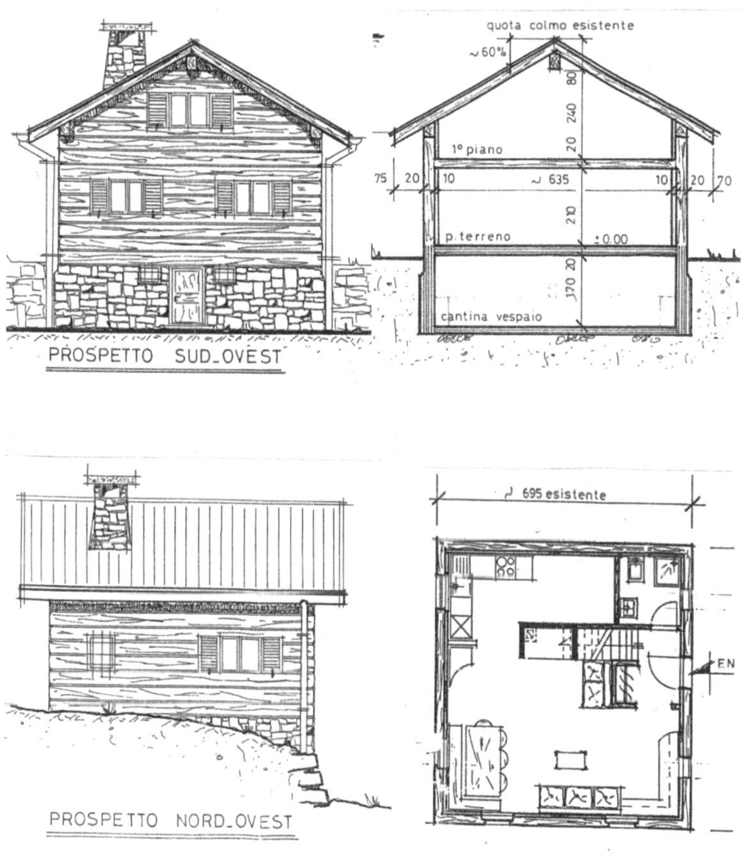

Bild 2a Projektpläne des Bauunternehmers

Umgebung:

- Bau der Abwasser-Aufbereitungsanlage (Bedingung der Gemeinde) - **Bild 2b**
- Verlegung einer Wasserleitung vom Bach im Wald zum Haus, ca. 200 m lang mit der Wasserfassung.
- Herrichten des Geländes vor dem Haus mit einem Auto-Abstellplatz.

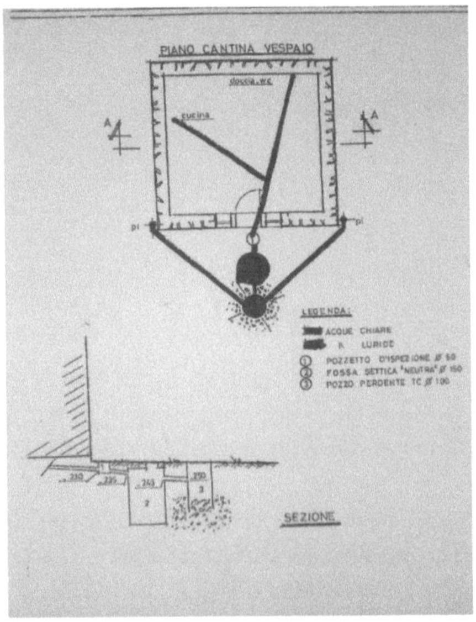

Bild 2b Abwasserleitungen

Bild 2c Verfaulter Balken

Zur Beachtung:

Beim Ausbau durfte das äußere Aussehen des Rustico nicht verändert werden, auch der ursprüngliche Eingang ins Rustico durfte nicht versetzt werden. Für das Innenlayout nach den **Bildern 3.1a** (EG) und **3.2a** (OG) wurde keine Bewilligung der Gemeinde benötigt.

Die geänderte Abdeckung des Daches aus Ziegelsteinen musste von der Gemeinde bewilligt werden. In der Regel dürfen bei den Rustico-Gruppen die Steindächer nicht durch andere Materialien wie Dachziegel ersetzt werden (Heimatschutz + Ortsbild). Die Reparatur oder sogar ein Wiederaufbau der alten Steindächer sind kostspielig.

2.1 FENSTER

In die vorbereiteten Ausschnitte der Außenwände wurden die Fenster und die Eingangstür eingebaut. Weil der Schnee schon kam, mussten die Bauteile mit dem Helikopter zur Baustelle geliefert werden.
Bei klassischem Einbau der Fenster mit tiefen Fensterrahmen und Mehrflügelfenster verliert man viel Lichtfläche. Insbesondere bei schräg einfallendem Licht.

Durch eine abgeänderte Konstruktion der Fensteröffnungen, die der Bauunternehmer vorgeschlagen hat, erzielten wir eine Fensterrahmentiefe von 20 cm bei gesamter Wanddicke des Hauses (Balkengrösse + Wärmeisolation) von 30 cm. Die Wärmeisolation rund um den Fensterrahmen wurde dabei etwas versetzt **(vergl. Bild 2.1a)**.

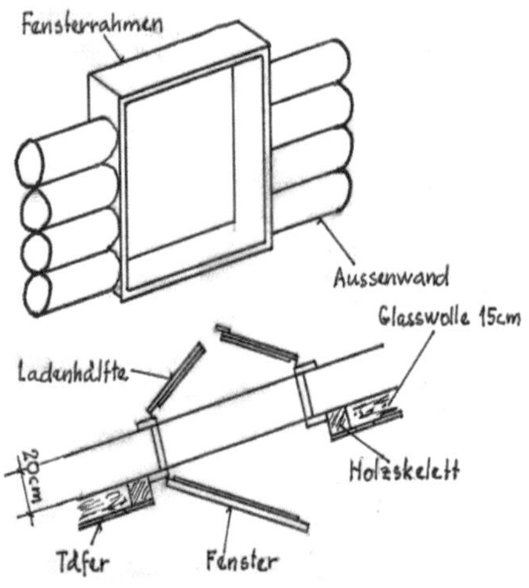

Bild 2.1a Einbau der Fenster und der Fensterläden.

In die Fensterrahmen hängten wir Einflügelfenster mit der Isolierverglasung und Gummidichtungen ein. Von außen kamen dicht schließende Zweiflügelläden, um die Wärmeverluste während der Nacht und im Winter durch die Fenster zu reduzieren. Passende Gummidichtungen rund um jeden Ladenflügel sind wichtig.
Die robusten Zweiflügelfensterläden sind formstabil und deformieren sich weniger durch die Hitze der einstrahlenden Sonne und auch ihr Öffnen und Schließen ist einfacher entgegen einem großflächigen Laden.

3. KONZEPT DES INNENBAUS UND DIE WÄRMEISOLATION-EIGENLEISTUNGEN

Aus früherer Erfahrung haben wir beschlossen den Wohnbereich auf zwei getrennten Etagen zu verteilen, um das Innenvolumen des Hauses besser auszunützen und eine ungleichmäßige Verteilung der Lufttemperaturen, wie es in einem hohen Raum der Fall wäre, zu vermeiden.

In einem zuvor ausgebauten Rustico musste im hohen Raum ein Deckenventilator montiert werden, um die Wärme im Raum gleichmäßig zu verteilen **(Bild 3a)**. Diese Lösung wurde nachträglich erfolgreich realisiert, aber sie verlangte zusätzliche elektrische Energie für die Speisung des Ventilators.

Bei der Beschaffung des Deckenventilators sollte man einen mit 24 V DC (Gleichstrom) Anschluss finden. Dann spart man einen Wechselrichter 24 V DC / 230 V, 50 Hz, der sonst einem Standard-Deckenventilator mit dem 230 V AC Anschluss vorgeschaltet werden müsste.

Bild 3a Montage des Deckenventilators

3.1 UNTERGESCHOSS

Nach der Beendigung des Rohausbaus durch die Bauunternehmung begann unsere Tätigkeit auf der Baustelle. Wir haben nach eigenen Plänen gearbeitet.

Das Untergeschoss wurde in drei Bereiche geteilt: die Küche mit dem Essraum, das Wohnzimmer und das Badezimmer. Das Badezimmer ist an der Nordseite des Erdgeschosses ausgebaut.
Unter der Treppe, die in das Obergeschoss führt, ist die Deckenöffnung zum Keller mit der Kellertreppe. Das Treppenhaus hat zudem eine Funktion als Raumteiler zwischen dem Wohn- und Essraumbereich. Jeder Quadratzentimeter des Raumes wurde damit sinnvoll ausgenützt. (siehe **Bild 3.1a)**

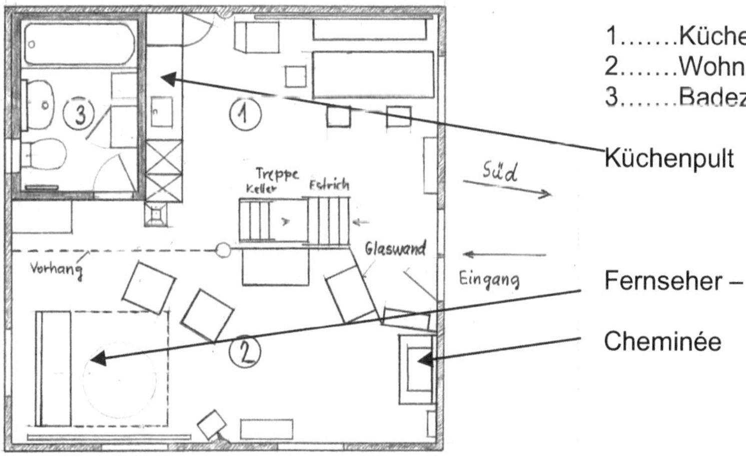

1.......Küche und Essraum
2.......Wohnzimmer
3.......Badezimmer

Bild 3.1a Definitive Einteilung des Erdgeschosses

Beim Ausbau des Inneren des Hauses haben alle Mitglieder der Familie geholfen.

3.2 OBERGESCHOSS – SCHLAFBEREICH

Zur Raumeinteilung des Obergeschosses erstellten wir ein Skelett aus Kanthölzern, 10 x 10 cm **(Bild 3.2a).** Es teilt den Grundriss der oberen Etage in zwei Schlafzimmer und einen kleinen Raum für die Unterbringung des Warmwasserspeichers.

Der Warmwasserspeicher wurde liegend, direkt unter dem Schrägdach platziert. So wurde auch die nicht bewohnbare Fläche voll ausgenützt.

Beide Schlafzimmer sind durch das Treppenhaus getrennt. In der kleinen Kammer mit dem Warmwasserspeicher hatten wir noch Platz für den Einbau eines kleinen WCs.
Es wurde später sehr geschätzt, da man so in der Nacht nicht über die Treppe in das unterliegende Badezimmer hinuntersteigen musste.
Die Kammer ist von beiden Schlafzimmern zugänglich und eine elektronische Steuerung signalisiert mittels LED, ob das WC frei ist.

Bild 3.2a Ausbau des Obergeschosses schematisch dargestellt

In das Holzskelett des Treppenhauses haben wir 10 cm dicke Glaswolle mit 3 mm dicken Kompaktkarton eingebaut und deckten es zusätzlich von beiden Seiten mit Täfer ab. Als Schallschutz kann man auch Gipskarton oder Gipsfasserplatten verwenden.

3.3 WÄRMEISOLATION

Richtige Abdichtung der Außenwände, der Isolierfenster und der Türen, die Verwendung von Glaswolle als Wärmedämmstoff für die Außenwände und das Dach sowie ein gut isolierter Fußboden sollten die Wohnräume vor Außeneinflüssen schützen.

3.3.1 AUSSENWÄNDE

Nachdem die verfaulten und mit den Insekten befallenen Balken ausgewechselt und die Öffnungen für alle Fenster und die Eingangstür durch die Bauunternehmung ausgesägt waren, haben wir alle Außenwände von beiden Seiten mit dem Holzschutzmittel und anschließend noch von außen mit Holzlasur gespritzt.
Die Spalten zwischen den Balken wurden von innen sorgfältig mit einem Ein-Komponenten-Polyurethanschaum abgedichtet. Die Abdichtung der Spalten ist sehr wichtig, da sonst bei starken Windgeschwindigkeiten, die in den Bergen nicht selten sind, die kalte Luft in die Isolationsschicht eindringt und die Temperatur der geheizten Räume merklich sinkt. (**siehe Bild 3.3.1a**)

Für das Spritzen der Balken haben wir eine Garten-Spritzgarnitur verwendet, die üblicherweise zum Spritzen von Bäumen eingesetzt wird. Das Gefäß und die Spritzdüse werden unmittelbar nach der Beendigung der Arbeit mit einem geeigneten Lösungsmittel gereinigt. Man muss darauf achten, dass das Material der Spritzdüse und des Gefäßes, manchmal Polypropylen, gegen das Holzschutzmittel beständig sein muss.

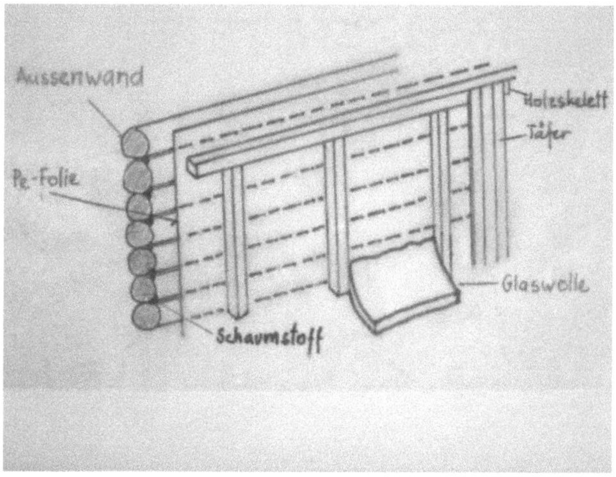

Bild 3.3.1a Einzelne Isolationsschichten.

Zwischen die mit Polyurethanschaum abgedichteten Baumstämme legten wir Installationsrohre für elektrische Leitungen. Die Außenwände der Raum-zugewandten Seite wurden mit einer dicken Polyethylenfolie ausgelegt (ca. 0,2 mm). Darüber wurde ein Holzskelett aus 10 x 10 cm Kantholzern auf die Balken genagelt.
Das Holzskelett bietet den Halt für die Wärmedämmung, bestehend aus 150 mm dicker Glaswolle, und dient zugleich als Träger für die Beplankung mit dem Täfer.
In der Regel wird über die Wärmedämmung noch eine Dampfsperre gelegt. Wir haben auf diese zusätzliche Schicht verzichtet, denn die Hinterlüftung der Wände sollte trotz der Polyurethanschaumabdichtung genügen.

Vor dem Abdecken der Spalten zwischen allen Wänden, den Fenstern, der Zwischendecke und dem Fußboden mit den Zierleisten, dichteten wir die Spalten sorgfältig mit einer Silikon-Dichtungsmasse ab, um den Zugang von Insekten von außen in die Innenräume möglichst zu unterbinden.

SEHR WICHTIG: Die Wärmedämmungsschicht muss gegen das Eindringen kleiner Waldtiere (Mäuse, Siebenschläfer, Marder) geschützt werden. Durch den Luftzug finden die Mäuse die kleinsten Löcher, die sie größer machen, und dann ist die Maus in der Wohnung.

Wir legten über alle Öffnungen, die in Frage kommen, ein Drahtgitter mit einer Maschenweite kleiner als 8 mm. Bei größerer Maschenweite kommen die kleine Mäuse durch. Das Drahtgitter fixiert man mit Nägeln und klebt es noch mit einem Polyurethanschaum ab. Gerade beim Übergang der vertikalen Wände zum Dach ist das Einlegen eines Drahtgitters sehr wichtig. Das Unterdach ist ein idealer Ort für den Nesterbau der Nager und der Marder.

3.3.2 DACH

Das Dach wurde durch die Bauunternehmung neu gebaut und mit Dachziegeln gedeckt. Es ist ein klassisches hinterlüftetes Satteldach. Die Dachsparren (17 x 17 cm) tragen die Dachbedeckung. Von außen wurden auf die Dachsparren die Spanplatten genagelt. Die nachfolgende Schicht von Bitumenbahnen schützt die Spanplatten gegen Feuchtigkeit. Das Bitumen wurde mit den vertikal verlaufenden Dachlatten auf der Dachfläche befestigt. Auf die horizontal genagelten Konterlatten wurden die Dachziegel eingehängt. Diese Konstruktion sorgt bei allfälligem Eindringen vom Regenwasser für die richtige Belüftung und die Austrocknung des Daches. Siehe **Bild 3.3.2a.**

Unter den Dachziegeln sind Schneehalter eingeschoben (nicht im Bild), die das schnelle Rutschen der sich auf dem Dach befindlichen Schneemassen verhindern. An der Menge der Schneehalter sollte nicht gespart werden, sonst werden sie dem Druck der Schneemassen nicht standhalten. Beim Rutschen der Schneemassen könnten die Dachziegel und die Rinnen beschädigt werden.

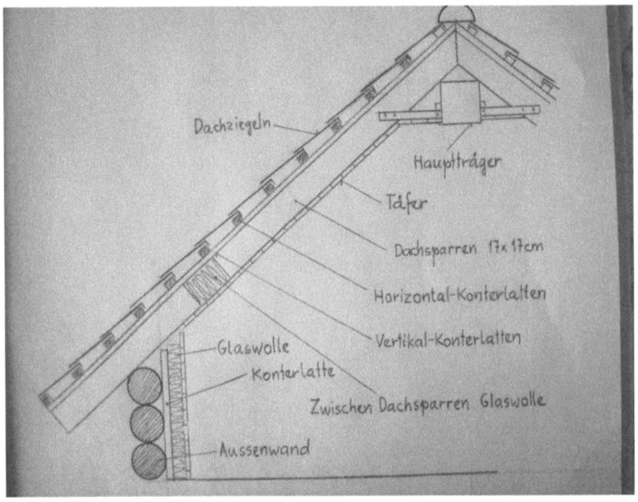

Bild 3.3.2a Klassischer Dachausbau mit der Innenwärmedämmung

Vor dem Einlegen der Wärmedämmungsbahnen von innen haben wir uns nochmals überzeugt, dass keine Schädlinge die Möglichkeit haben in die Wärmeisolation einzudringen. Alle Dachecken, der Dachfirst und Übergänge der vertikalen Wände zum Dach wurden kontrolliert und eventuell durch das Einlegen des Drahtgitters der Zugang ungebetener Mieter in den Wärmedämmraum verhindert.

Wir erlebten noch andere lästige Tierchen, die in die Wärmedämmschicht oder in die Wohnräume kommen – die Ameisen. Sie lassen sich an warmen Orten nieder, z.B. an der sehr warmen Südseite hinter dem Cheminée in die Wärmeisolation oder in letzter Zeit im Obergeschoss beim warmen Duospeicher. Von dort machen sie ihre Erkundungszüge in die Wohnräume. Bei kaltem Wetter oder kaltem Duospeicher verschwinden sie wieder. Ideales Abdichten gegen die Insekten ist in einem Holzhaus schwierig. Wir müssen sie aus den Räumen vertreiben.

Wenn das Ameisennest entdeckt wird und die Stelle zugänglich ist (wir mussten die Wändeverkleidung demontieren), saugen wir die Ameisen mit einem starken Staubsauger ab und schütteln sie etwas weiter vom Haus auf die Wiese aus. Dann wird der befallene Ort gereinigt, mit Schutzmittel gespritzt und geschlossen.

Eine ganze Ameisenfamilie kann auch ins Innere des Wohnraums umsiedeln, dort, wo sie nicht gestört wird, z.B. unten in den Sockel eines Kleiderschrankes.
Wenn die Ameisen sehr oft im Wohnraum erscheinen, ist das ein Zeichen, dass sie in der Nähe sind, und man muss das Ameisennest suchen.

Die Arbeit im Obergeschoss wird fortgesetzt.

Einlegen der Wärmeisolation beginnt vom First. Glaswolle (15 cm dick) drückt man zwischen die Dachsparren. Für dauerbewohnte Häuser sollte eine Schichtdicke von minimal 20 cm eingehalten werden.

Wir haben die Glaswolle mit einer Dampfsperreauflage eingesetzt. Zwischen der Wärmedämmung und den Spanplatten des Daches entsteht etwas Hohlraum. Dies ist wichtig für die Hinterlüftung des Daches. Die Decke des Obergeschosses schließt man mit dem Täfer.

In einem Rustico, wo wir beim Ausbau geholfen haben, wurde für die ganze Wärmeisolation des Hauses Glaswolle verwendet, die auf eine Aluminiumfolie geklebt ist. Ihre Isoliereigenschaften sind vergleichbar mit der Glaswolle auf Papier.
Jedoch funktioniert ein so wärmeisoliertes Haus als Faraday-Käfig. Keine elektromagnetischen Wellen dringen ins Haus durch. Ein Radio oder ein Fernseher funktionieren mit der Raumantenne nicht mehr. Auf dem Haus musste eine Außenantenne installiert werden.
Dafür verhindert Glaswolle auf Aluminiumfolie Strahlung ins Haus, z.B. von der in der Nähe verlaufenden Hochspannungsleitung.

Trotz sorgfältigen Abdichtens der Außenbalken und der Ausführung aller Isolationsschichten können wir nicht sagen, dass die Hülle des Hauses perfekt gegen Außeneinflüsse abgedichtet ist – verglichen mit einem aus Ziegelsteinen gebauten Haus. Bei starkem Nordwind während der Wintermonate sinkt die Temperatur der Räume. Die eingeschaltete Fußbodenheizung, die träge ist, kann die Raumtemperatur nicht schnell genug ausgleichen. Die Temperaturverluste im Wohnraum müssen durch das Einschalten von Umlaufpumpen für die Radiatoren kompensiert werden.

Dagegen verliert man in dem gemauerten Badezimmer keine Wärme und im Baderaum ist es bis zum nächsten Tag immer noch warm.

Zur Schneebelastung des Daches:

Am Anfang haben wir den Schnee vom steilen Dach geräumt, später nicht mehr, weil wir dabei die Dachziegel ungewollt beschädigten. Das Dach muss den Druck des gefallenen Schnees bei allen Bedingungen mit Sicherheit aushalten. Die Verantwortung dafür trägt der Statiker, der den Dachstuhl entworfen hat.
Es ist aber gut zu wissen, wie sehr der gefallene Schnee, wenn er manchmal über ein halb Meter auf dem Dach liegt, das Dach (Dachstuhl) belastet. Das betrifft auch den Solarkollektor, den wir auf einem Gestell montiert haben.

Die Schneebelastung für ein Flachdach erklärt vereinfacht nachfolgende Rechnung:

1 m hoch auf dem Dach gesetzter Pulverschnee entspricht einer 6 cm hohen Wassersäule,
spezifische Belastung für $1m^2$ Bs_1 = 0,6dm x 100 dm^2 = 60 dm^3 Wasser = 60 kg / m^2

1 m hoch auf dem Dach gesetzter Pappschnee entspricht 20 cm Wassersäule,
spezifische Belastung für $1m^2$ Bs_2 = 2dm x 100 dm^2 = 200 dm^3 Wasser = 200kg / m^2

Zur Erinnerung: 1 Liter Wasser = 1 dm^3 = 1 kg

Beispiel 1:

Das Flachdach mit einer Fläche F = 70 m^2 mit dem H = **0,3 m mit Pappschnee** bedeckt:

Die Belastung des ganzen Daches B = F x Bs_2 x H = $70m^2$ x 200 dm^3 x **0,3 m** = **4200 kg**

davon ist die **spezifische Belastung** des mit Pappschnee bedeckten Daches in kg / m^2
Bs = 4200 kg : 70 = **60 kg / m^2**

Bei steilem Dach ist die Belastung kleiner, da die Last nicht senkrecht das Dach belastet und der Schnee schneller vom Dach abrutscht.
Auch bei **Pulverschnee** ist die Belastung **3 Mal kleiner.**

Beispiel 2:

Unser Solarkollektor Süd mit der Fläche F = 0,9 x 1,8 = **1,62 m^2**, der sehr flach positioniert ist, wird mit **0,4 m Pappschnee** belastet:

Die Belastung des Solarkollektors (Solarglas) B = 1,62 m^2 x 200 dm^3 x **0,4 m** = **129,6 kg**

Spezifische Belastung des Solarglases in kg / m^2 Bs = 129,6 kg : 1,62 = **80 kg / m^2**

Nähere Auskunft über die Schneebelastungen verschiedener Dächer unter den unterschiedlichen Klima-Bedingungen findet man in der Schweizerischen Norm SIA 261:2003, in der Deutschen Norm 1055-5 und im Internet.
Nach DIN Vorschriften (Jahr 2006, in der **1500 m** über Meerhöhe) **spez. Belastung für die Dächer 75 kg** / m^2

Literaturverweis::

Internet-Google-Suche: Wikipedia Wärmedämmung, Wikipedia Schneelast

3.4 FUSSBODEN ZWISCHEN DEM KELLER UND DEM WOHNRAUM .

Die Fußbodenplatte zwischen dem Keller und dem Wohnraum wurde durch die Bauunternehmung neu eingezogen. Sie besteht aus den vorfabrizierten Hohlraumprofilziegeln, die mit armiertem Beton überzogen wurden.
Die Fußbodenplatte und die aus den Zelltonsteinen gefertigten Wände des Badezimmers übernehmen in unserem Holzhaus die Funktion eines Wärmespeichers.

Wir installierten in der Hälfte der Fußbodenfläche eine Fußbodenheizung, um dort die Wärme zu speichern. Die Aktivität der Fußbodenheizung wird die Wärmeverluste während der Nacht kompensieren. Eine detaillierte Konstruktion der Fußbodenheizung ist im **Kapitel 4.1.2** beschrieben.

Als eine Wärmeisolierunterlage für die Heizungsrohre der Fußbodenheizung legten wir auf die betonierte Fußbodenplatte trittfeste 5 cm dicke Polyurethanplatten **(Bild 3.4a).**

Die Gesamtlänge der gelegten Heizungsrohre beträgt 80 m. Um einen geringeren Durchflusswiderstand in den Heizungsrohren zu erreichen, halbierten wir die Gesamtlänge der Rohre und zogen die zwei Stränge parallel über den Polyurethanplatten. Die Rohre sind in ca. 20 cm Abständen mit Kunststoffklemmen auf der Isolierplatten fixiert.
Wir begannen mit der Rohrführung in der Nähe der Außenwände, da hier die tiefsten Bodentemperaturen herrschen. Die Heizungsrohre wurden mit einer Magerbetonmischung (1 : 10) plan überdeckt.

So hergestellte Fläche dient perfekt als Grundlage zum Verlegen von Bodenfliesen. Den Betonüberzug ließen wir zwei bis drei Wochen ruhen. Dann werden die Bodenfliesen über die ganze Betonfläche mit einem Spezialkleber geklebt und später noch die Spalten zwischen den Bodenfliesen mit dazugehöriger Masse ausgefüllt. In letzter Zeit werden die Bodenfliesen ohne Zwischenspalte gelegt. Ihre Reinigung ist einfacher.

Um mehr Licht im Wohnraum zu bekommen, wählten wir weiße Bodenfliesen, obwohl sie später mehr Pflege brauchen. Aber das hat sich gelohnt. Wir erzielten einen sehr hellen Wohnraum.

Die Badewanne wurde schon vor der Verlegung der Fußbodenheizung im Badezimmer auf die betonierte Fußbodenplatte gesetzt. Sie sitzt damit 15 cm tiefer als der Fußboden mit der Fußbodenheizung und den Bodenfliesen. So wird der Einstieg in die Badewanne leichter und bequemer.

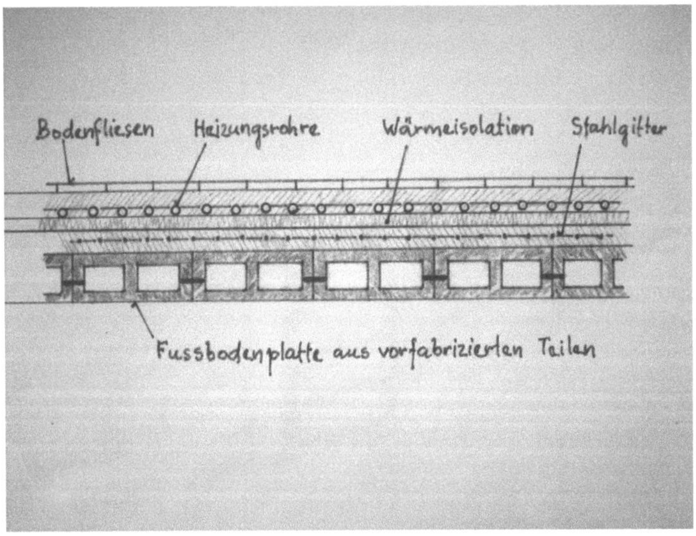

Bild 3.4a Fußboden zwischen dem Keller und dem Wohnraum

4. WÄRME - VERSORGUNG

Im Berggebiet haben wir Holz, Wasser und Sonne zur Verfügung. Diese Energieträger möchten wir nutzen, um energienunabhängig zu bleiben. Sie sind erneuerbar und belasten das Umweltklima nicht. Zudem ersparen wir uns die Probleme mit der Anlieferung von Heizöl in das schwer zugängliche Berggebiet und hohe Kosten für den elektrischen Netzanschluss vom 2 km entfernten Dorf.

4.1 BEHEIZUNG

Ein Heizungsherd einschließlich einer Fußbodenheizung und zwei Radiatoren versorgen das Haus mit Wärme. Zusätzlich kann noch mit einem separat eingebauten Cheminée geheizt werden. Der Wärmespeicher in der zweiten Etage des Hauses sammelt die Wärmeenergie.

Die Solarkollektoren, die später installiert wurden, spielen bei der Beheizung der Wohnräume eine große Rolle, damit in den Übegangsjahreszeiten nicht mit Holz geheizt werden muss.

Unser Bedarf an Rohstoffen für die Beheizung des Hauses begrenzt sich auf die Lieferung von Feuerholz und einer kleinen Menge von Gas in Gasflaschen für das Kochen.

4.1.1 HEIZUNGSHERD

Das Herz der Heizungsanlage ist ein zentraler Heizungsherd K97 mit einem Backofen **(Bild 4.1.1a),** hergestellt von der Firma Wamsler – De. Er wurde so gewählt, dass er in die Küchenlinie passt. Den Abgasanschluss kann man links, rechts oder hinten wählen. Die kleine Größe und das kleinere Gewicht (220 kg) des Heizungsherdes erleichtern den Transport und seine Unterbringung. Ähnliche Heizungsherde dieser Klasse wiegen über 300 kg.

Die Wärmeabgabe des K97 im Standortraum beträgt 7 kW bei der Holz-Verfeuerung, die maximale Nennwärmeleistung mit den Radiatoren (heizungswasserseitig) ist 17 kW. Das ergibt eine gute Wärmereserve. Es wird ausschliesslich mit dem Holz gefeuert.

Im Heizungsherd eingebauter Wärmetauscher erwärmt das eingefüllte Wärmeträgermedium. Dieses Medium wird in einen Wärmespeicher transportiert und dort gibt es seine Energie ab.

Bild 4.1.1a Heizungsherd K97

Zur Wartung des zentralen Heizungsherdes gehört das monatliche Wegkratzen der Russbestände auf den Herdplatten und auf dem Wärmetauscher.
Auf der Decke des Backofens sich befindliche Asche wird dabei beseitigt. Sie sammelt sich außerdem im Raum unter dem Backofen und von dort wird sie nach einigen Monaten weggeräumt. Die Asche lässt sich begrenzt als Dünger für Kompost und im Garten verwenden.

Nach der Reinigung des Herdes werden wir mit einer schnelleren Erwärmung der Herdplatten belohnt.

Da das Haus nicht ganzjährig bewohnt ist, genügt ein Rußen des Kamins alle 2 bis 3 Jahren und dabei kontrollieren wir die Blech-Abdeckungen beider Kamine, einschliesslich einer Kontrolle des Daches. Manchmal müssen einige durch die Schneelast beschädigte Dachziegel ausgewechselt werden.
Der Spezial-Kamm für die Reinigung des Kamins siehe **Bild 4.1.1b.**

Es ist wichtig, keine Plastikteile (PET-Flaschen und Ähnliches) im Feuerraum des Herdes zu verbrennen. Das bedeutet versteckte Gefahr.
Die Reste der Plastikteile bleiben im Kaminrohr sitzen, beim Feuern können sie sich im Kamin entzünden und im schlimmsten Fall kommt es zur Explosion.
Also nicht nur des Umweltschutzes wegen ist das Sparen an Plastikmaterial wichtig, sondern auch zum Verhindern eines Unfalls mit unvorstellbaren Folgen.

Bild 4.1.1b Kamm für die Kaminreinigung mit den Verlängerungsstangen

Der Wärmespeicher, ein sogenannter Duospeicher, wurde von der Firma Rehberg – De geliefert. Er besteht aus zwei Teilen: dem Außenbehälter und dem in ihm eingebauten Wasserbehälter mit 200 Liter Inhalt. Der Außenbehälter und der Wasserbehälter haben einen Gesamtinhalt von total 400 Liter. Der Außenbehälter ist mit einem Frostschutzmittel-Wassergemisch (weiter Medium) gefüllt.
Im Wasserbehälter aus korrosionsbeständigem Stahlblech erwärmt sich das Brauchwasser durch das umliegende Medium.
Die Vorbereitung des Mediums für die Füllung des Duospeichers: siehe **Kapitel 7.2** Solarkollektoranlage.
Der über dem Heizungsherd platzierte Duospeicher im Obergeschoss des Hauses bietet die Möglichkeit, das Medium drucklos ohne eine Umlaufpumpe zu transportieren. Dieses Transport-Prinzip nennt man Thermosyphon-Betrieb oder Schwerkraftbetrieb. Er spart uns die elektrische Energie für den Betrieb einer Umlaufpumpe. **(Bild 4.1.1c).**

Ein im Wärmetauscher des Heizungsherdes erwärmtes Medium wird leichter (es hat ein größeres Volumen) und steigt nach oben in den Duospeicher ohne den Einsatz von den Beförderungseinrichtungen.
Die Verbindung des Wärmetauschers mit dem Duospeicher besteht aus den Kupferrohren ø 26 / 28 mm.

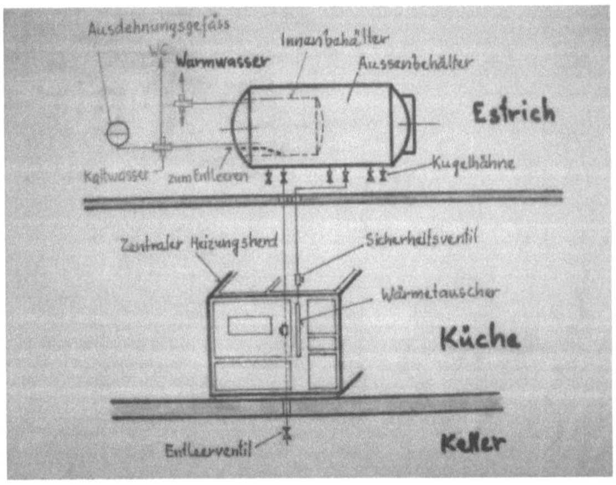

Bild 4.1.1c Verbindung des zentralen Heizungsherdes mit dem Duospeicher

Es darf nicht vergessen werden, zwei Sicherheitsventile in die Leitungen vom Heizungsherd zum Duospeicher einzubauen. Sie gleichen einen möglichen Überdruck in der Anlage aus.

Den Transport des erwärmten Mediums vom Duospeicher in die Radiatoren in den unteren Räumen besorgen die Umlaufpumpen.
Auf eine automatische Schaltung der Umlaufpumpen für die Erwärmung der Radiatoren wurde verzichtet. Die Pumpen werden selten eingeschaltet, nur an sehr kalten Wintertagen oder nach langer Abwesenheit im Haus zu schneller Erwärmung der Wohnräume.

Jeder Radiator ist bei einem Sitzplatz platziert, wo man mehr Wärme braucht. Ein Radiator ist im Esszimmerraum **(Bild 4.1.1d),** der zweite Radiator im Wohnzimmer beim Fernsehen untergebracht.

Radiator **Bild 4.1.1d Radiator im Esszimmerraum**

Die Temperatur des Mediums soll 60°C nicht übersteigen. Bei höheren Betriebstemperaturen setzt Kalksteinbildung in der Heizungsanlage ein.

Durch vorsichtiges und sparsames Feuern im Heizungsherd lässt sich die Mediumstemperatur gut regeln. Dazu wird der Feuerrost im Feuerraum des Heizungsherdes optimal eingestellt.

Ein Thermostat überwacht die Durchschnittstemperatur. Seine Temperatursonde ist auf dem Ausgangsrohr des Wärmetauschers vom Heizungsherd untergebracht und beim Erreichen von 60°C schaltet der angeschlossene Schalter die Umlaufpumpen für die Radiatoren ein. So wird ein weiteres Ansteigen der Temperatur im Duospeicher verhindert. Es ist eine beliebige Grenztemperatur beim Thermostat einstellbar.

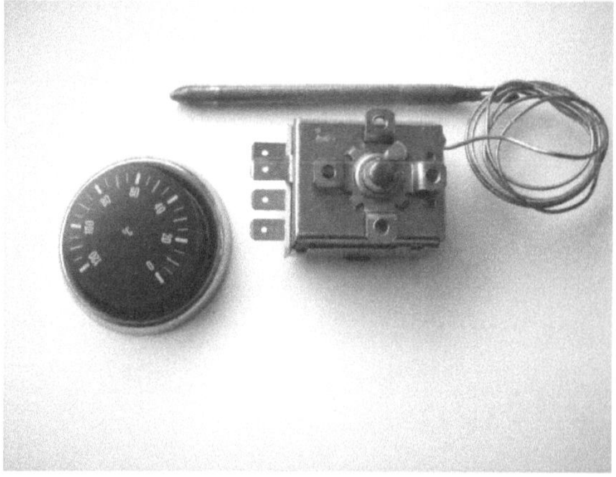

Bild 4.1.1e Thermostat Nr. 61 58 89 - 11 Katalog Conrad Electronic AG

Auch durch manuelles Einschalten der Umlaufpumpe für die Fußbodenheizung kann die überhöhte Durchschnittstemperatur schnell gesenkt werden. Den Betrieb der Umlaufpumpen für die Radiatoren zeigt eine Leuchtdiode an. Sie ist auf der Stirnseite des Küchenpultes platziert.

Das Obergeschoss, wo wir die zwei Schlafzimmer errichtet haben, bekommt keine direkte Heizung.

Das Temperieren beider Schlafzimmer zwischen 19 und 21°C während der Nacht gewährleistet der in der Nähe liegende Duospeicher mit seinen warmen Leitungen. Die Wärmeverluste des Duospeichers werden gezielt für die Erwärmung beider Schlafräume genutzt.
Der Duospeicher funktioniert als Wärmequelle am besten, wenn die Temperatur des Mediums bei ca. 45°C liegt. Über die Nacht verliert der Duospeicher ca. 4°C. Er ist gut isoliert.
Auch der Kamin gibt Wärme ab.

Im Sommer wird die Wärme vom Duospeicher nicht mehr gebraucht und die Tür der Kammer, in der der Duospeicher ist, bleibt geschlossen. Die warme Luft lässt sich mit einem Ventilator in das darunter liegende Badezimmer befördern und der Ventilator hilft einer schnelleren Belüftung des Badezimmers.

Ausdehnung des Wassergemisches und des Brauchwassers bei Temperaturänderungen:

Frostschutzmittel-Wassergemisch im Außenbehälter des Duospeichers:

Für unsere Heizungsanlage wurde ein offenes System gewählt. Die Anlage arbeitet ohne Druck. Die Vergrösserung des Volumens des erwärmten Wassergemisches und damit die Vergrösserung des Drucks in der Anlage wird in einem Gefäß ausgeglichen.

Die minimale Menge des Wassergemisches in dem Ausgleichsgefäß sollte so gewählt werden, dass bei der Abkühlung des Wassergemisches nahe 0°C (Schrumpfung des Wassergemisches) immer genug Flüssigkeit in dem Ausgleichgefäß bleibt und damit keine Luft in die Leitung kommt.

Ausdehnungskoeffizienten Gamma (Internet)

°C	Wasser	Frostschutz 30 %	40 %
0	1	1	1
10	1,0004	1,0096	1,0128
20	1,0018	1,0114	1,0146
30	1,0044	1,0140	1,0172
40	1,0079	1,0175	1,0207
50	1,0121	1,0217	1,0249
60	1,0171	1,0267	1,0299
70	1,0228	1,0324	1,0356
80	1,0290		

Nach beiliegender Tabelle wird die Ausdehnung (Schrumpfung) des Wassergemisches ausgerechnet.

Beispiel:

In der Heizungsanlage ist **230 Liter** des Wasser-Gemisches (30 %), das von **20°C auf 0°C** gekühlt wird.

$\mathbf{V_0} = \mathbf{V_{20}}$ x (Gamma$_{20}$: Gamma$_0$) =
= 230 x (1,0114 : 1) = 23**2,62 Liter**

In dem Ausdehnungsgefäss sollte über **2,62 Liter** Wassergemisch bleiben, mit der Reserve wären es **3 Liter.**

Für die **gleiche** Heizungsanlage bei der Erwärmung des Wassergemisches von **20°C auf 60°C:**

$\mathbf{V_{60}} = \mathbf{V_{20}}$ x (Gamma$_{60}$: Gamma$_{20}$)
$\mathbf{V_{60}}$ = 230 x (1,0267 : 1,0114) = 23**3,48 Liter**

Die Ausdehnung macht **3,48 $\leq$ 4 Liter**

Wenn die Wassergemisch-Temperatur zwischen **0°C und 60°C** pendelt, bewegt sich das Niveau des Wassergemisches im Ausgleichsgefäss um: **3 + 4 = 7 Liter.**

Mit der Reserve sollte das Ausgleichsgefäß **10 Liter Wassergemisch** beinhalten und **das Volumen des Ausgleichsgefäßes ca. 15 Liter betragen.**

Ausdehnung des erwärmten Wassers im Wasserbehälter des Duospeichers:

Das Brauchwasser im Wasserbehälter des Duospeichers ist bei normalem Betrieb unter dem statischen Druck des zugeführten Wassers (2,2 bar) und dieser Wasserdruck soll nicht durch andere Einflüsse erhöht werden. Durch die Erwärmung des Brauchwassers mit einem zentralen Heizungsherd oder mit den Solarkollektoren wird das Volumen des Wassers vergrößert und damit steigt auch der Druck im Wasserbehälter.

Ein eingebautes **A**usdehnungsgefäß mit **G**ummi-**M**embrane (**MAG**, **Bild 4.1.1f)** gleicht den erhöhten Wasserdruck aus und das Sicherheitsventil in der Wasserleitung sichert nochmals die Anlage gegen Überdruck (Anschluss des Ausdehnungsgefässes siehe Bild **4.1.1c**)

Rechnung der Ausdehnung des Wassers: .

Gegeben:

Volumen des Wasserbehälters $\mathbf{V_{20}}$ = 200 Liter, Erwärmung des Wassers von **20°C auf max. 60°C**

Volumen des Wassers bei 60°C $\mathbf{V_{60}} = \mathbf{V_{20}}$ x ($Gamma_{60}$: $Gamma_{20}$) = 200 x (1,0171 : 1,0018) = 20**3,05** Liter

Die Vergrößerung des **Wasservolumens bei Erwärmung des Wassers um 40°C ist 3,05 Liter.**

Zur Wahl des Membran-Ausdehnungsgefäßes:

Für unsere Anlage hat der Lieferant 18 Liter Gesamtvolumen des Membran-Ausdehnungsgefäßes (MAG) (ø 30 cm x 25 cm) empfohlen (**Bild 4.1.1f**).

Der Gasraum im oberen Teil des MAGs, der zur Ausdehnung des erwärmten Wassers bestimmt ist, hat zwei Drittel des gesamten Volumens, (ca. 12 Liter), also eine 4 x größere Reserve bei Ausdehnung der Erwärmung des Wassers auf 60°C.
Dabei ist auch die mögliche Dampfbildung in einem Notfall berücksichtigt (Öffnung eines Sicherheitsventils).

Das Ausdehnungsgefäß wurde im Kaltwasserkreis eingebaut. Seine Lage inklusive der Anschlussleitung haben wir so gewählt, dass bei der Entleerung aller Wasserleitungen im Winter auch das Wasser aus dem Ausdehnungsgefäß abfliesst (siehe Frostschutzsicherheit der Anlage im **Kapitel 14.3**).

Bei der längeren Abwesenheit im Haus wird die Anlage für die Warmwasseraufbereitung (**mit Solarenergie betrieben**) auf den drucklosen Betrieb umgeschaltet.

Bestimmung des Drucks für das Ausdehnungsgefäß und Bestimmung des Fülldrucks (Internet-Auszug Google: »Die 10 wichtigsten Tipps ...«):

Bei einer statischen Höhe von 20 m kann bei jeder Anlage der Vordruck auf 2,5 bar und der Anlagedruck auf 3,0 bar eingestellt werden.

Ab 20 m ist zu rechnen:

Statische Höhe + 5 m = Vordruck im MAG   1 m = 0,1 bar
Vordruck + 5 m = Fülldruck der Anlage

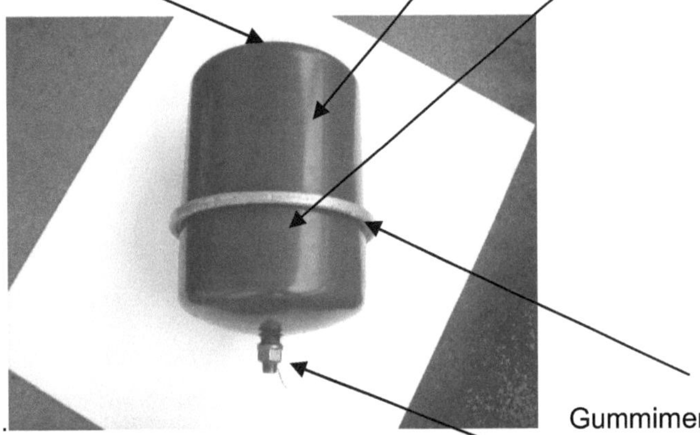

Bild d 4.1.1f Membran-Ausdehnungsgefäö 18 Liter

Bemerkung:

Die richtige Funktion des MAGs sollte 1 x jährlich kontrolliert werden.
Ein im Wasserkreis eingebauter Manometer hilft den Anlagedruck und den Vordruck im MAG zu beurteilen.

Die Lebensdauer des MAGs hängt auch von seiner Größe ab. Ein überdimensioniertes MAG in einer Anlage hat eine längere Lebensdauer (die Gummimembrane wird nicht so viel beansprucht).
Weil die Gummimembrane ein Verschleißmaterial ist, empfiehlt man das MAG nach 10 Jahren durch ein Neues zu ersetzen.

Literaturverweis::

Katalogliste der Firma Wamsler – Herd und Ofen GmbH Landsbergerstrasse 372, München 21
Katalogliste der Firma Rehberg GmbH, Apparate- und Behälterbau Hofmannstrasse 2 – De – 4730 Ahlen
Buch: Die Ära der neuen Heiz-Systeme, Autor Siegfried Carl – CH
Buch: Neue Heizsysteme, Autor Siegfried Carl – CH
Internet-Google-Suche: Zentralheizungsherde vom Wamsler
Internet-Google-Suche: Wikipedia, Holzheizung
Internet-Google-Suche: Wikipedia, Ausdehnung des Wassers
Internet-Google-Suche: Ausdehnung von Wasser bei der Erwärmung (Ausdehnungskoefizienten)
Internet-Google-Suche: Ausdehnungsgefässe in der Heizungsanlagen-IKZ-Haustechnik
Internet-Google-Suche: Die 10 wichtigsten Tipps bei der Installation von Solaranlagen

4.1.2 FUSSBODENHEIZUNG

Die im **Kapitel 3.4** erwähnte Fußbodenheizung mit zentralem Heizungsherd ist so leistungsfähig, dass die zwei Radiatoren in den Übergangsjahreszeiten selten zur Wärmeabgabe eingeschaltet werden müssen, um zuzuheizen. Dagegen werden die Radiatoren in den Wintermonaten öfter genutzt.

Es sollte aber nicht vergessen werden, dass die zwei flachen Radiatoren, die eine große Abstrahlfläche haben, **2 x** (3 x 0,4 m), bei ihrer Abkühlung über Nacht die absorbierte Kälte am Morgen früh ausstrahlen. Sie verursachen den Luftzug im Wohnraum.
Am Morgen sollten sie einigen Minuten durch Einschalten der Umlaufpumpen erwärmt werden, auch wenn ihre Wärme später nicht mehr gebraucht wird.

Konstruktion der Fußbodenheizung:

Das erwärmte Medium im Duospeicher wird mithilfe einer Umlaufpumpe in die Rohre der Fußbodenheizung im Untergeschoss befördert.

Zuvor muss die Temperatur des Mediums, das sich im Duospeicher befindet, von 50 bis 60°C , auf 28 bis 31°C gesenkt werden. Eine geeignete Konstruktion des Wärmekreises bewirkt dazu diese massive Abkühlung.

Eine Fußbodentemperatur von 22 bis 23°C sollte für ein gesundes Raumklima nicht überschritten werden. Die Alterung der Heizungsrohre durch die höheren Temperaturen ist kein Problem, da man mit mehrschichtigen Rohrsystemen aus Aluminium und einem temperaturbeständigten Kunststoff arbeitet.

Das heiße Medium im Duospeicher wird zuerst vom unteren Teil des Außenbehälters des Duospeichers in den im Badezimmer platzierten Radiator und von dort in den Fußboden des Badezimmers geleitet, wo ein Teil der gesamten Fußbodenheizung liegt. Die Wärme wird unterwegs in den Radiator und in die Fußbodenplatte abgegeben und erwärmt den Badezimmerraum **(Bild 4.1.2a).**

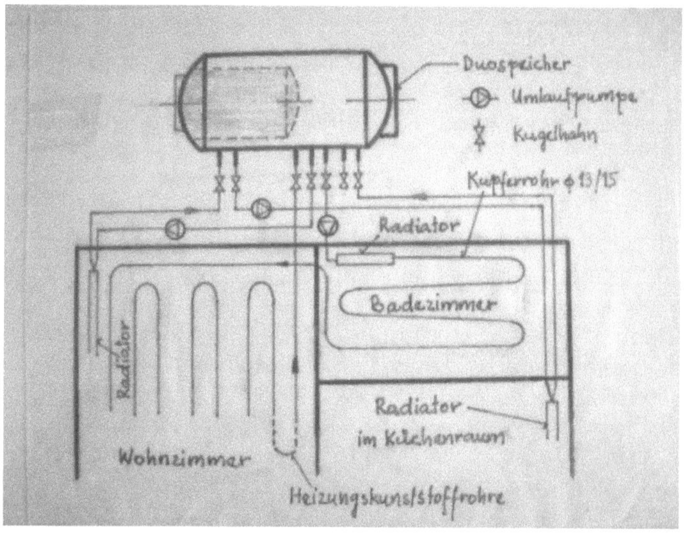

Bild 4.1.2a Schema der Fußbodenheizung

Für die Badezimmer-Fußbodenheizung wurden Kupferrohre ø13 / 15 gewählt. Das durchfließende, noch heiße Medium verursacht eine Ausdehnung der Kupferrohre (TK100 = 1,7 mm / m, das heißt, dass sich bei dem 100°C Temperaturunterschied 1 m des Kupferrohrs um 1,7 mm verlängert).

Die Rohre haben wir in eine Sandschicht gelegt, was diesen erlaubt, sich spannungsfrei auszudehnen. Die Verlegung der Kupferrohre ist arbeitsaufwendiger als die Verlegung der Aluminium- / Kunststoffrohre.
Sie wurden mit geeignetem Werkzeug **(Bild 4.1.2b)** gebogen und dann in die Sandschicht gedrückt. Die Fußbodenfläche des Badezimmers ist klein, sodass sich der Aufwand in Grenzen hielt.
Es wird empfohlen die Rohre unter die Badewanne zu führen, um die Badewanne auch zu erwärmen.

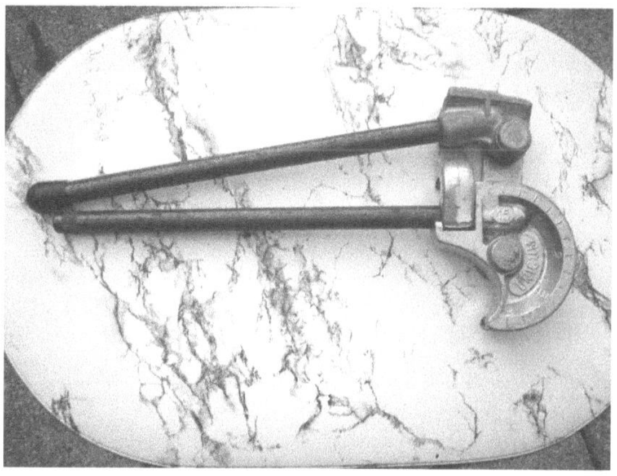

Bild 4.1.2b Biegewerkzeug

Neben den Nachteilen der Ausdehnung haben die Kupferrohre den Vorteil der besseren Wärmeabgabe im Vergleich zu den entsprechenden Kunststoffrohren.
Die durchgeführten Messungen bei den beiden Rohren ergaben 10°C Temperaturunterschied an ihrer Oberfläche beim Durchfluss des gleich warmen Mediums (Auszug aus dem Buch »Neue Heizsysteme«, Siegfried Carl).

Der Wärmeaustausch zwischen den Kupferrohren und dem Fußboden geschieht schneller. Das heiße Medium wird rasch abgekühlt, der Fußboden im Badezimmer schneller erwärmt.

Die Sandschicht mit den eingelegten Kupferrohren wird mit Polyethylen-Folie überdeckt und dann kommt eine 5 cm dicke und mit Stahlgittern verstärkte Betonschicht (Zement zu Sand 1: 10). Nach 3 Wochen wurden die Bodenfliesen auf die Betonfläche geklebt.

Die Fußbodenheizung im Badezimmer wurde mit der Fußbodenheizung im Wohnzimmerraum in Reihe geschaltet. Die Temperatur des Mediums sinkt auf dem Weg über den im Badezimmer platzierten Radiator und die dort verlegten Kupferrohre.

Der Thermostat (**Bild 4.1.1e**), der die Temperatur des Mediums beim Eintrit in die Fußbodenheizung des Wohnzimmers überwacht, ist eingestellt auf 28 bis 30°C.
Den Betrieb der Fußbodenheizung signalisiert eine Leuchtdiode beim Eingang ins Badezimmer.

Die Bodenfliesen im Badezimmer sind während des Betriebs der Fußbodenheizung angenehm warm – ca. 23 bis 24°C und das geschlossene Badezimmer wird für eine Dusche schnell erwärmt. Über Nacht schaltet man die Umlaufpumpe für die Fußbodenheizung ab.

Ein Digitalthermometer **(Bild 7.2e)** im Wohnzimmer misst die zwei Temperaturen. Eine ist die Temperatur im Wohnraum, die zweite ist die Temperatur der Fußbodenplatte (die Sonde des Thermometers ist auf die Fußbodenplatte geklebt).
Wenn beide Displays des Thermometers die gleichen Werte der Temperaturen aufweisen, ist die warme Luft im Wohnzimmerraum gleichmäßig verteilt und es gibt keinen Luftzug mehr.
Im Fall, dass die Temperatur der Fußbodenplatte die Wohnraumtemperatur übersteigt, erwärmt die Fußbodenplatte die Luft im Wohnraum.

Temperaturmessungen im Haus Winter 2007, Mitte Dezember:

Außentemperatur **Minus 2 °C, sonnig**.
Ankunft ins Haus 14 Uhr, **Raumtemperatur im Haus +1°C, Fußbodenplatte +1 °C.** (Wohnraum ca. 100 Kubikmeter).

Es wurde in zentralem **Heizungsherd** und **Cheminée** angeheizt.

Warmwassertemperatur (einschließlich des Frostschutzmittel-Wassergemisches im Außenbehälter des Duospeichers) **nach den ersten 3 Stunden + 30°C, nach weiteren 7 Stunden + 45°C.**

Fußbodenheizung im Wohnzimmer wurde nach den ersten 3 Stunden eingeschaltet.
Temperatur der Fußbodenplatte erreichte um 21 Uhr +19°C und nach einer Stunde später + 20°C.
Raumtemperatur im Wohnzimmer um 22 Uhr + 22°C (Radiatoren wurden nicht eingeschaltet)

Raumtemperatur im Obergeschoss nach 4 Stunden nach dem Anfeuern mit dem Cheminée **19 bis 20°C.**

Es wurde mit gut ausgetrocknetem Hartholz gefeuert.

Wie schon geschrieben, haben wir die Heizungsrohre nur in einer Hälfte der Fußbodenplatte eingebaut. Heute hätten wir es über die ganze Fußbodenfläche des Untergeschosses gelegt.
Eine Fußbodenplatte aus Hohlraumziegeln und Beton mit eingebauter Fußbodenheizung in einem Holzhaus ist ein aktiver Wärmespeicher und trägt zu einem angenehmen Wohnraumklima bei.

In den Übergangsjahreszeiten werden die Wohnräume überwiegend mittels Solarkollektor mit der Fußbodenheizung warmgehalten.

Literaturverweis:

Internet-Google-Suche: Wikipedia – Fußbodenheizung

4.13 CHEMINÉE

Das Cheminée ist im Wohnzimmer aufgestellt. Meistens hilft es bei der ersten Erwärmung der Wohnräume nach einer längeren Abwesenheitsperiode bei kaltem Wetter.
Der zentrale Heizungsherd erwärmt gleichzeitig das Medium im Duospeicher, das zur Erwärmung des Badezimmers und der Fußbodenplatte im Wohnzimmer gebraucht wird.
Die heiße Luft vom Cheminée wird durch Kanäle in die beiden Schlafzimmer geleitet. Keine Ventilatoren sind dabei nötig.

Das Cheminée **(Bild 4.1.3b)** dient auch als Reserve für das Nachheizen der Wohnräume, wenn die elektrische Energie in einem harten Winter aussetzt (teilweise gefrorenes Wasser im Bach, kurze Zeit der Sonneneinstrahlung) und die Umlaufpumpen für die Radiatoren und für die Fußbodenheizung wegen Mangel an elektrischer Energie nicht mehr voll funktionieren können.
In diesem Extremfall gäbe der Heizungsherd selbst eine kleinere Wärmeleistung (7 kW) ab. Um die Wohnräume genug schnell zu erwärmen, müsste mit dem Cheminée nachgeheizt werden. Dies ist aber bisher nicht geschehen. Die Wärmeleistung des Cheminées beträgt 8,5 kW.

Es wäre eigentlich besser, einen kleinen einfachen Kaminofen im Untergeschoss aufzustellen (Alpinofen) nach **Bild 4.1.3a.** (Investition weniger als 600,- CHF).
Der Kaminofen strahlt unmittelbar nach dem Anheizen die Wärme in die unteren Wohnräume, er braucht weniger Platz zum Aufstellen und mit geeigneter Montage des Rauchrohrs könnte er auch die obere Etage des Hauses erwärmen.

Bei der Verwendung eines Kaminofens in unserem Rustico könnten wir mindestens die Hälfte der Kosten sparen, die für den Ausbau des Cheminées gebraucht wurden.
Die Ansicht, dass ein Cheminée in ein Rustico gehört, ist veraltet.

Bild 4.1.3a Kaminofen

Bild 4.1.3b Eingebautes Cheminée

Cheminée oder Kaminöfen brauchen keinen speziellen Unterhalt. Die verschmutzte Türverglasung des Feuerraumes wird mit einem feuchten Lumpen und Holzasche gereinigt.

Literaturverweis:

Fritz R. Barran/***M*** Rudolf Müller, »Alle Öffen und Kamine«

4.1.4 MONTAGE EINES GAS-DURCHLAUFERHITZERS

Ein einfacher Weg, Warmwasser zu gewinnen ist die Montage eines Gas-Durchlauferhitzers.
Wenn in einem Berghaus nur mit einem Standard-Cheminée geheizt wird und man keine Warmwasseraufbereitungsanlage hat, kann man das Wasser mit einem Gas-Durchlauferhitzer erwärmen, (**Bild 4.1.4a**).

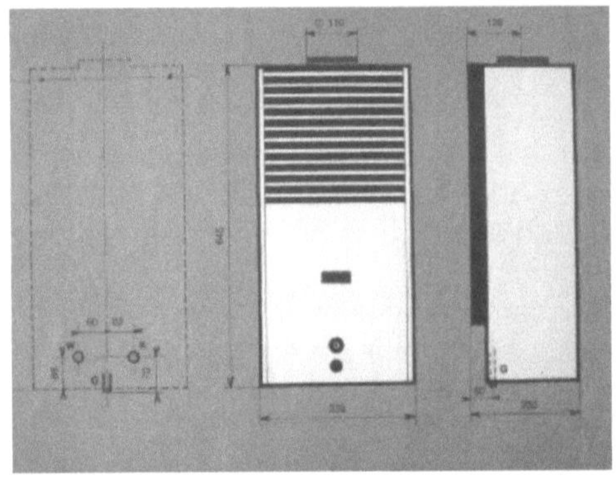

Bild 4.1.4a Gas - Durchlauferhitzer SD 27 V / 250 (sunier duval), Kaltwasserdruck min. 0,5 bar, Nennleistung 17,5 kW

Wichtig ist der minimale Wasserdruck, der für die unterschiedlichen Gas-Durchlauferhitzer vorgeschrieben wird. An der Leistung des Gas-Durchlauferhitzers sollte nicht gespart werden. Das zugeführte Wasser vom Bergbach bleibt im Sommer sehr lange 13°C kalt, im Winter ist seine Temperatur +2 bis +3°C.

Der Gas-Durchlauferhitzer der Firma Sunier Duval wird gespeist von einer 10,5 kg Gasflasche mit Propangas. Dieser leistungsfähige Gas-Durchlauferhitzer braucht ein Abluftrohr (normales feuerverzinktes Rohr ø 120 mm), das nach außen ziemlich große Mengen der feuchten Luft abführt.

Bei Geräten mit kleineren Leistungen ist das Abluftrohr nicht vorgeschrieben, jedoch spürt man nach längerem Betrieb des Gerätes die feuchte Luft im Wohnraum (im kleinen Badezimmer) und es muss öfter gelüftet werden.

Verschiedene Typen von Gasflaschen:

Das Sortiment von Gasflaschen mit Propangas sieht man auf dem **Bild 4.1.4b**. Das Propangas verträgt Temperaturen bis Minus 25°C und die großen Gasflaschen kann man gut geschützt gegen Feuchtigkeit auch außerhalb des Hauses positionieren.

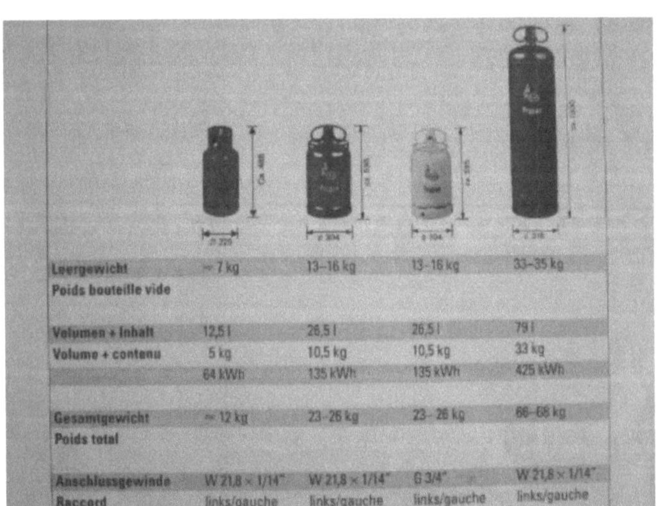

Leergewicht Poids bouteille vide	~ 7 kg	13–16 kg	13–16 kg	33–35 kg
Volumen + Inhalt Volume + contenu	12,5 l 5 kg 64 kWh	26,5 l 10,5 kg 135 kWh	26,5 l 10,5 kg 135 kWh	79 l 33 kg 425 kWh
Gesamtgewicht Poids total	~ 12 kg	23–26 kg	23–26 kg	66–68 kg
Anschlussgewinde Raccord	W 21,8 × 1/14" links/gauche	W 21,8 × 1/14" links/gauche	G 3/4" links/gauche	W 21,8 × 1/14" links/gauche

Bild 4.1.4b Verschiedene Typen Gasflaschen

Für unseren Gebrauch (Kochen auf dem Gaskocher im Sommer und in den Übergangsjahreszeiten) wählten wir die 10,5 kg Flaschen, die wir in unserem kleinen Personenwagen transportieren können.
Der Inhalt der Flasche reicht für ein ganzes Jahr. Eine Reserve einer vollen Gasflasche ist empfehlenswert.

Bei großem Gasverbrauch wäre es günstiger, das Gas in 79-Liter-Flaschen zu kaufen. Der Transport wird etwas schwieriger.

Literaturverweis:

Katalogliste der Firma Esso GmbH, Zürich – CH

5. ELEKTRISCHE ENERGIE

Mit dem Anspruch möglichst in allen Energiebereichen autonom zu sein, entschieden wir uns, die elektrische Energie mit eigenen Mitteln herzustellen. Wir bauten ein kleines kombiniertes elektrisches Kraftwerk.

Es besteht ...:

Für den Niederspannungsbereich 12 / 24 V DC Spannungen

- aus einer Turbinenanlage mit kleinem Generator
- aus zwei Solargeneratoren
- aus zwei Solarbatterien je 12 V **DC** (**D**irect **C**urent) für die Hausnetz-Gleichspannung 12 / 24 V
- aus einem Thermoelektrischen Generator (TEG)

Für den 230 V, 50 Hz Bereich

- aus einem Wechselrichter für 24 V / 230 V, 50 Hz / 2 kVA und
- aus einem leistungsfähigen Motor-Stromgenerator (MSG) für 230V, 50 Hz / 4 - 5 kVA

In unserem Gebiet gibt es wenig Windenergie, um sie für Windgeneratoren zu verwenden, aber ein Bach im Wald bietet die Möglichket das Druckwasser als Energieträger zu nutzen.

Bei kostspieligem Bau der Wasserversorgung vom Bach im Wald zum Haus haben wir damals schon geplant, das fließende Wasser als Energieträger zu nutzen.

Die hydraulische Leistung des Wassers in ein Gefälle in Watt kann man durch folgende mathematische Formel ausdrücken:

$$W = g \times H \times Q$$

g = 9,81 Gravitation der Erde
H......... Gefälle in Meter
Q......Fliessgeschwindigkeit (Liter/sec)

Wir beauftragten den Bauunternehmer den Wasseranschluss am Bach im Wald möglichst hoch über der Ebene des Hauses zu errichten.

Es ist gelungen, einen Höhenunterschied (Gefälle) von 26 m zwischen dem Haus und dem Wasseranschluss am Bach zu erreichen. Dieser Höhenunterschied brachte einen statischen Druck des Wassers im Keller von 2,6 bar (1 m Wassersäule bringt 0,1 bar des Wasserdrucks). Aus jedem Wasserhahn fließt jetzt das Wasser, wie in einer Stadtwohnung. Im Berggebiet ohne Infrastruktur ist das nicht so selbstverständlich.

Die hydraulische Leistung des vom Bauunternehmer hergestellten Wassergefälles (Fließgeschwindigkeit des Wassers 0,83 Liter / sec)* nach genannter Formel:

W = 9,81 x 26 m x 0,83* Liter/sec. = **211,7 Watt**
*maximaler Wasserzufluss zur Turbine

5.1 WASSERTURBINE

Mit der Energie, die im Druckwasser steckt, betreiben wir eine kleine Wasserturbine mit einem Generator. Sie ist das Kernstück der elektrischen Anlage der Bauart Pelton-Turbine, die im Keller des Hauses platziert ist.

Der betriebene Generator produziert Wechselstrom **AC** (**Al**ternating **C**urent). Über einen Brückengleichrichter wird Gleichstrom zum Laden von zwei Batterien geliefert. Die Leistung des Turbinengenerators hängt vom dynamischen Druck des Wassers (Druck bei fließendem Wasser) und der zufließenden Wassermenge ab.
Bei ca. 0,83 / sec Wasserzufluss bekommen wir vom Generator bei der 25 - 29 V Spannung 2,9 - 3 A Stromleistung für das Nachladen der Batterien.

Der Turbinengenerator wurde von der Firma Officina Technika-Giubiasco / Tessin – CH geliefert.

Der Generator ist wartungsfrei, er hat einen größeren Wirkungsgrad als ein Drehstromgenerator, der zusätzlichen Strom für die Erregungsspulen braucht. Sein Rotor besteht aus den Permanent-Magneten, sodass eine Erregungswicklung, notwendig für die Magnetfelderzeugung des Stators, entfällt.

Auf dem Bild 5.1a sieht man die Turbinenanlage der Firma Officina Technika - CH

Bild 5.1b zeigt den Einbau der Turbinenanlage in ein Betonrohr

Bild 5.1c zeigt die Turbinenanlage der Firma Ecomat

Bild 5.1a Turbinenanlage der Firma Officina Technika

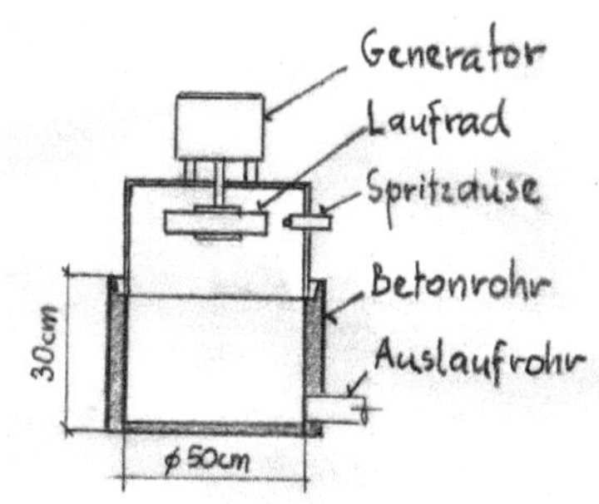

Bild 5.1b Einbau der Turbinenanlage in ein Betonrohr

Bild 5.1c Turbinenanlage der Firma Ecomat

Später haben wir noch einen großen Hersteller von Turbinenanlagen gefunden.

Es ist die Turbinenanlage der Firma Ecomat, Vertretung »Büro D'INDSCHEGNERIA« LIUN QUARDI, CHANF – CH.

Die italienische Firma Ecomat stellt ein großes Sortiment von Turbinenanlagen in der Leistung von 50 W bis 100 kW inklusive präzisen Steuerungen her. Eine kleine Turbinenanlage bis 500 W sieht man auf dem **Bild 5.1c.**

Für einen Inselbetrieb, wo in der Nähe immer genug Wasser fließt, wäre es vorteilhaft, eine Turbinenanlage mit Steuerung zu installieren, die **ohne Speicher-Batterien auskommt.**

Die Wasserleitung zu einer kleinen Turbinenanlage (von 100 – 200 W Leistung) sollte mindestens 1 ¼ Zoll (Innendurchmesser 34 mm) betragen (hängt auch von der Länge der Zuleitung ab), um den Durchflusswiderstand in der Wasserleitung und damit den Druckverlust bei fließendem Wasser (dynamischer Wasserdruck) möglichst gering zu halten.

Bei einer Turbinenanlage mit einer Wasserzuleitung mit einem Innendurchmesser von 1 ¼ Zoll und einer Länge von 36 m haben wir den Druckabfall zwischen statischem und dynamischem Wasserdruck gemessen. Der Wasserdruckabfall betrug 0,4 bar. Von 2,5 bar statisch ist 2,1 bar bei fließendem Wasser geblieben.

Für unsere 200 m lange Wasserleitung aus Polyethylen-Rohren wählten wir einen Innendurchmesser der Rohre von 2 Zoll, um den Wasserdruckabfall bei einer so langen Wasserleitung zu vermindern. Damit wurde der Druckverlust bei fließendem Wasser auf etwa 0,1 bar begrenzt.

5.1.1 STEUERUNG DES TURBINENGENERATORS

Für die Steuerung des Ladevorgangs der Batterien setzten wir die Ladeautomatik Nr. 19 79 12 der Firma Conrad Electronic AG ein (siehe **Bild 5.1.1a,** Bausatz). Die Schaltspannungen zwischen der voll geladenen und bis zur vorgegebenen Grenze entladenen Batterien wurden auf der Steuerplatte der Ladeautomatik mit dem Spindel-Trimm-Potentiometer nach der Bedienungsanleitung eingestellt. Die Grenzspannungen liegen zwischen 12,5 und 14 V.
Die Steuerung reagiert auf diese Werte und gibt die Impulse zum Öffnen oder zum Schließen der Wasserzufuhr zur Turbine. Die Speisespannung der Ladeautomatik ist 12 V DC. Sie wird an eine der zwei Batterien angeschlossen.

Bild 5.1.1a Ladeautomatik Conrad Electronic AG

5.1.2 WASSERSCHLIESSANLAGE

Zum Öffnen oder zum Schließen der Wasserzufuhr zur Turbine hatten wir zwei Optionen:

- Einbau eines Elektro-Magnetventils in die Wasserleitung oder
- Einbau eines Schiebeventils, das mittels eines Elektromotors betätigt wird.

Die Montage eines Magnetventils mit einem 24 V DC Anschluss ist einfach. Der durch die Steuerung zugeführte Strom öffnet das Magnetventil und damit die Wasserzufuhr zur Turbine.

Nachteile des gelieferten Magnetventils:
Beim Abschalten des Stroms durch die Steuerung schließt das Magnetventil die Wasserzufuhr zur Turbine. Die Schließung geschieht sehr schnell und verursacht Druckschläge in der Wasserleitung, die in unserem Fall mehr als 10 bar betrugen. Es musste ein Ausgleichsgefäß in die Leitung eingebaut werden, um alle Leitungen und die angeschlossenen Geräte gegen diese Druckschläge zu schützen.

Bei längerem Betrieb der Turbine stellten wir fest, dass das Magnetventil gegen Verschmutzung anfällig ist. Das sogenannte Servoloch in der Gummimembrane des Ventils wurde regelmäßig mit kleinen Schmutzteilchen, die das schnell fließende Wasser vom Bach zuführt, verstopft und das Magnetventil funktionierte nicht mehr. Die Anlage musste abgeschaltet werden, das Magnetventil zerlegt und das Servoloch in der Gummimembrane gereinigt werden. Für dieses Problem fanden wir bislang keine befriedigende Lösung.

Zu den Nachteilen kam noch der Stromverbrauch des gelieferten Magnetventils von 0,4 A während des Ladens (bei 10 Stunden des Turbinen-Betriebs gingen 4 Ah verloren).
Nach Reklamation bei der Firma Festo Pneumatic wurde das Magnetventil überprüft. Nach Information des Herstellers sollten die Magnetventile diese Sorte nur für reine Flüssigkeiten verwendet werden **(siehe Bild 5.1.2a**).

Bild 5.1.2a Magnetventil-Anschluss

Die unzuverlässige Funktion des Ladevorgangs mit dem Magnetventil führte zur Verwendung eines Schiebeventils:

Ein Elektromotor, der durch die Steuerung eingeschaltet wird, öffnet oder schließt ein Schiebeventil und damit die Wasserzufuhr zur Turbinenanlage. Den Elektromotor mit einem Getriebe haben wir in einem Auto-Verwertungsbetrieb gefunden – ursprünglich betrieb er eine Scheibenwischeranlage. Das Getriebe hat die richtige Drehzahl-Untersetzung, die wir für den Lauf des Schiebeventils brauchen.

Das Schließen und das Öffnen der Wasserleitung mit dem Schiebeventil geschieht langsam, ohne dynamische Schläge in der Wasserleitung. Kein Ausgleichsgefäss muss in der Leitung montiert werden. Der Elektromotor läuft nur kurz während etwa 8 sec. bei einer Stromaufnahme von ca. 1,8 A und verursacht einen geringfügigen Energieverlust **(siehe Bild 5.1.2b).**

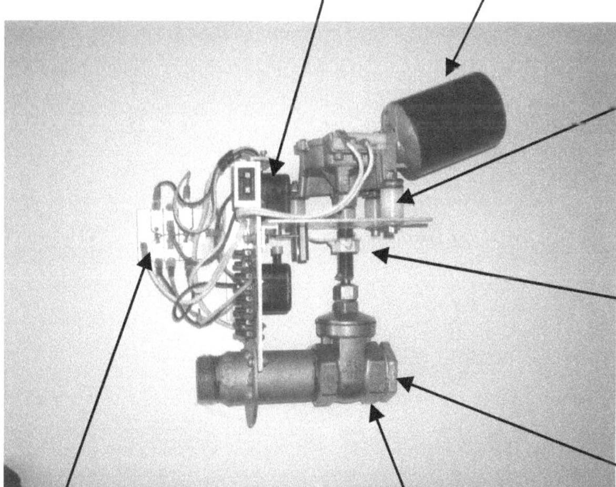

Bild 5.1.2b Wasserschliessanlage mit dem Schiebeventil

Die Herstellung dieser Wasserschliessanlage verlangte etwas mehr Arbeit, aber die Anlage funktioniert ohne Störung seit vielen Jahren. Sie ist nicht verschmutzungsanfällig.

Bei der Montage des Elektromotors mit dem Schiebeventil musste folgendes berücksichtigt werden:

- Ein Polanschluss des Motors ist mit seinem Gehäuse verbunden, sodass bei direkter Montage der Wasserschließanlage an die Wasserleitung der Polanschluss des Motors galvanisch mit der Wasserleitung verbunden ist. Die Wasserleitung ist geerdet.

- Wegen Blitzschutz und wegen Änderung der Plus- / Minus-Pole des Motors bei einer Drehrichtungsänderung sollten die Niederspannungsleitungen Plus und Minus frei ohne Erdung bleiben (siehe **Kap. 9 Blitzschutz**).

Um die galvanische Trennung des Elektromotors von der geerdeten Wasserleitung zu gewährleisten, isolierten wir die Antriebseinheit mit drei Distanzbolzen aus Polyamid-Material von der Befestigungsplatte ab. Die Achse des Elektromotors und die Achse des Schiebeventils wurden mit einer Kupplung aus gleichem Material galvanisch getrennt (**Bild 5.1.2b**).

Die neue Schließanlage ist mit 12 V Spannung von der Batterie B1 gespeist (Schema **Bild 5.1.2d**).

Funktion der Wasserschliessanlage (Bild 5.1.2b, 5.1.2d):

Nach dem Impuls der Ladesteuerung schaltet das Umpolrelais den Elektromotor ein. Er dreht sich nach dem Steuerimpuls links bzw. rechts und öffnet oder schließt das Schiebeventil. Die zwei eingebauten Endschalter schalten den Elektromotor in der Endlage des Schiebers des Wasserventils aus – das Ventil bleibt geöffnet bzw. geschlossen. Die Kontakte beider Endschalter sind in der **Ruhestellung (keine Betätigung) geschlossen.**

Ein Gewindebolzen M12 verbindet die Antriebswelle des Elektromotors mit der Schiebeventilachse. Beim Drehen schiebt der Gewindebolzen eine Mutter mit angeschweißtem Anschlag zum oberen oder unteren Endschalter.

Einstellung der Grenzlage beider Endschalter:

Die Einstellung der Lage beider Endschalter in der Schließanlage geschieht bei manuellem Umschalten des Elektromotors (mit dem Umschalter Ein / Aus im Keller) ohne Wasserdurchfluss. Die Wasserleitung zur Turbine wird mit dem Kugelhahn geschlossen.

Der Wasserschlauch zur Turbine wird abgeschraubt, sodass man den laufenden Schieber des Ventils durch das Ventilrohr sieht.

Die Endschalter auf der Befestigungsplatte der Schließanlage sind verstellbar.
Der untere Endschalter bestimmt die Lage »geöffnet«. Er wird in dieser Lage festgemacht, wenn der Schieber des Ventils beim nach oben Laufen 1 bis 2 mm in der Ventilrohröffnung stehen bleibt. Den überstehenden Schieber sieht man durch das Ventilrohr. So verhindert man die Blockierung des Schiebers in der oberen Endlage (siehe **Bild 5.1.2c).**

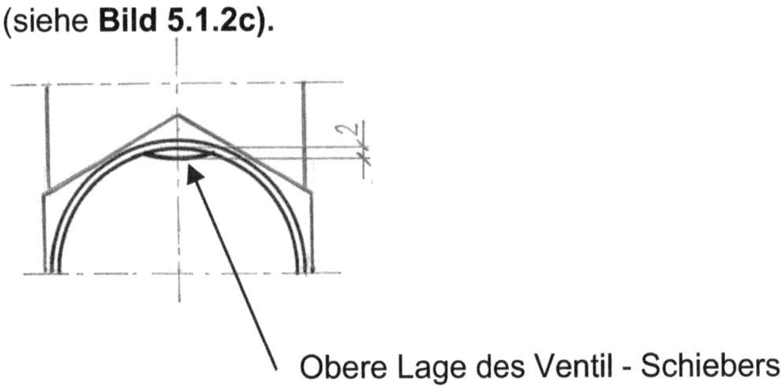

Bild 5.1.2c Endlage des Schiebers beim „Öffnen“

Kritisch ist die Einstellung der Lage des oberen Endschalters für das Schließen des Wasserventils. Einige Zehntel Millimeter des Hubes des Schiebers entscheiden, ob das Wasser durch das geschlossene Wasserventil mehr oder weniger tropft.

Der Umschalter (Ein / Aus) auf der Wasserschließanlage für die manuelle Betätigung des Elektromotors wird auf „Aus“ umgeschaltet und der Schieber des Ventils läuft in die untere Richtung (Motorumdrehung in der Uhrzeigerrichtung).

Den oberen Endschalter, der betätigt wird (die Mutter auf dem Gewindebolzen läuft nach oben), sollte man bei laufendem Schieber so einstellen, dass er den Motor ca. 0,5 mm vor seiner Endlage abschaltet. So wird die Blockierung des Schiebers verhindert.

Das Schiebeventil hat entgegen dem Magnetventil den Nachteil, dass der Elektromotor das Ventil nicht fest schließen darf, um die Blockierung des Schiebers zu verhindern.
Etwas Wasser fließt über das geschlossene Ventil immer durch.
Dieser Nachteil bringt einen Vorteil. Das Wasser in der Leitung bleibt nicht still und wird immer frischgehalten (Stillwasser, siehe weiter Bakterien-„Legionellen").

Bei der Verwendung eines Kugelhahnes für die Wasserschließanlage wäre das Tropfen des Wassers beim Schließen des Wasserventil beseitigt. Das verlangt eine andere Konstruktion der Wasserschließanlage.

Motor-Umpolrelais Endschalter „Schließen" auf der Befestigungsplatte oben

Drucksensor im Keller ohne Wasserdruck (in einer Notsituation)

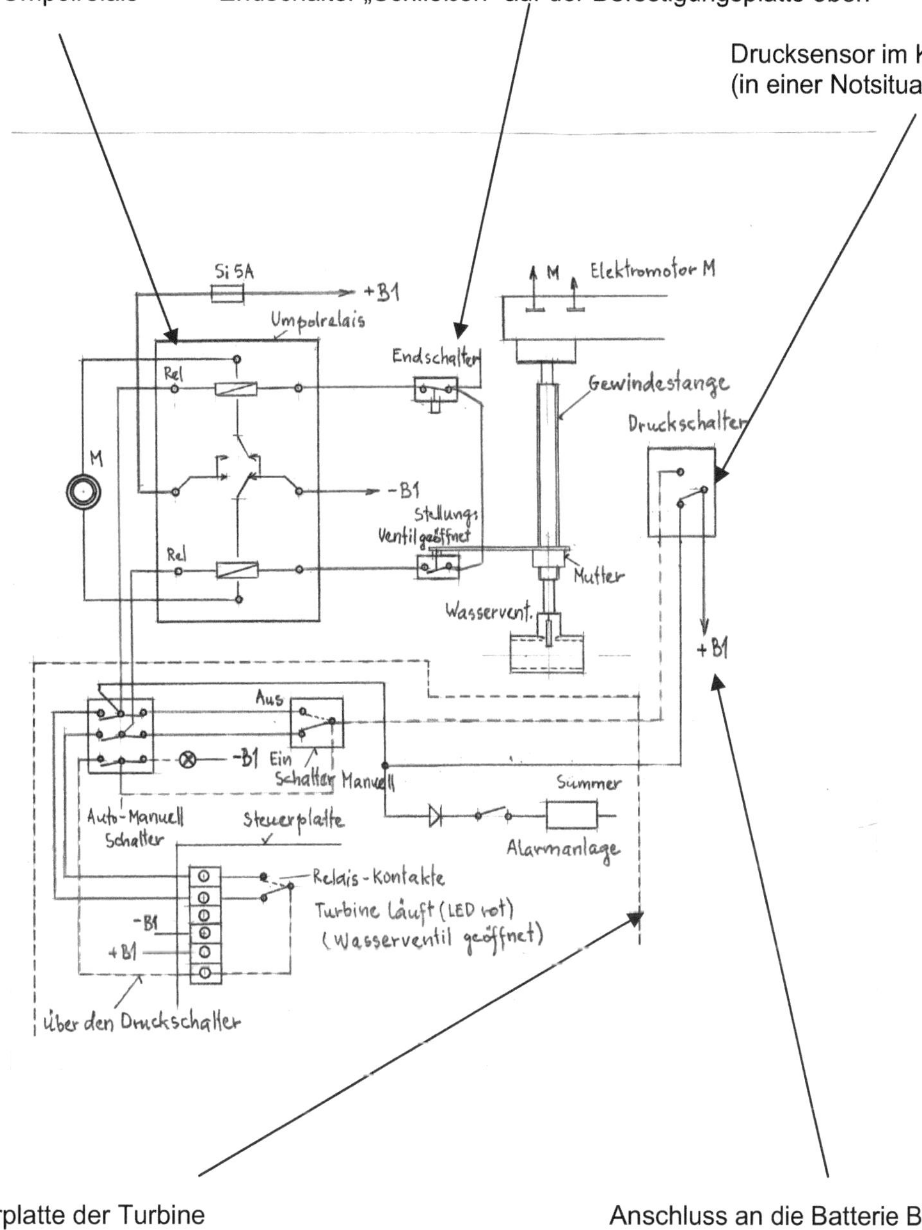

Steuerplatte der Turbine Anschluss an die Batterie B1

Bild 5.1.2d Schema der Wasserschliessanlage

Anschlussplatte für das Umpolrelais

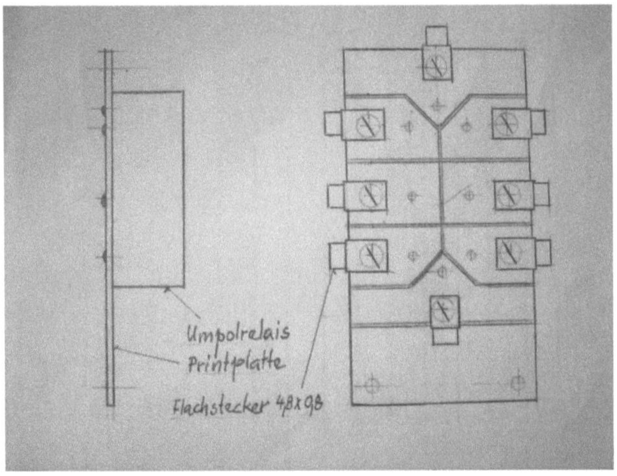

Für die Änderung der Drehrichtung des Elektromotors wurde ein Motorumpolrelais verwendet (Conrad Katalog Nr. 50 50 13). Das Umpolrelais hat die Pin-Kontakte, die ursprünglich für einen Printplatten-Einbau bestimmt waren. Um die steckbaren Anschlüsse für das Umpolrelais einzubauen, haben wir eine spezielle Printplatte hergestellt.
Die verwendete Printplatte hat eine Kupferfolie über der ganzen Fläche.

Bild 5.1.2e Anschlussplatte für das Umpolrelais

Die Fläche der Kupferfolie wurde nach dem **Bild 5.1.2e** mit einem kleinen Fräser so geteilt, um die einzelnen Felder für die steckbaren Anschlüsse zu bekommen. Dann werden die Löcher in die Printplatte gebohrt, das Umpolrelais auf die Printplatte gesteckt und die Pin-Kontakte des Relais auf die Kupferfolie gelötet. Nachher werden Flachsteckerzungen mit Schrauben auf die Printplatte befestigt.

5.1.3 STEUERPANEL FÜR DIE TURBINENANLAGE

Die Bedienung der Steuerung zum Laden der Batterien wird auf einem Steuerpanel zusammengefasst, **Bild 5.1.3a.** Der Steuerpanel ist ein Teil des Hauptverteilers der ganzen elektrischen Anlage, die sich im Wohnzimmer des Hauses befindet.

Beschreibung der Bedienung des Steuerpanels:

Der automatische Lauf der Turbine zum Nachladen der beiden Batterien (Umschalter U1 auf »Automat« gestellt) wird durch den Umschalter „Steuerung Ein“ vorbereitet. Dann leuchtet die grüne Leuchtdiode der Steuerung auf und die Steuerung ist in der Bereitschaftsposition.

Wenn die Steuerung automatisch auf den Ladevorgang umschaltet (bei der Spannung 12,5 V), erlischt die grüne Leuchtdiode. Die rote Leuchtdiode leuchtet auf und das Amperemeter zeigt den Ladestrom des Turbinengenerators.

Mit einem Analog-Voltmeter auf dem Steuerpanel kann man wahlweise die aktuelle Ladespannung an den beiden Batterien kontrollieren (Umschalten auf die Batterie B1 bzw. B2).

Der Lauf des Elektromotors für die Schiebeventil-Betätigung und damit auch das richtige Schalten der beiden Endschalter im Keller wird durch die zwei orange Leuchtdioden, die einzeln beim Vorwärts - bzw. Rückwärtsdrehen des Elektromotors leuchten, angezeigt. Beim Stillstand des Elektromotors sind beide Leuchtdioden blind.

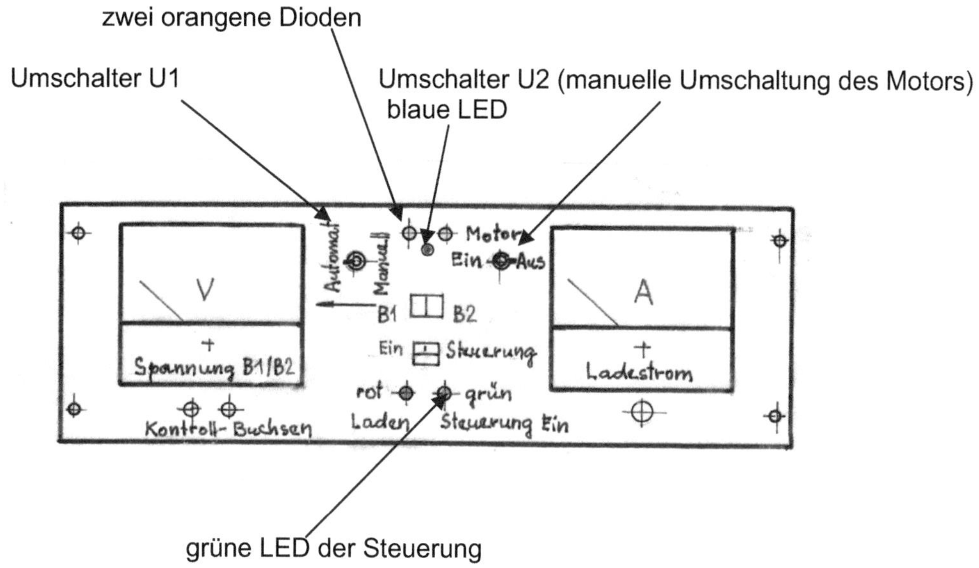

Bild 5.1.3a Steuerpanel für die Turbinenanlage

Wenn aus unterschiedlichen Gründen einer der beiden Endschalter den Elektromotor nicht abschaltet, brennt die dazugehörige orangene Leuchtdiode weiter und meldet so eine Störung der Wasserschließanlage. Während dieser Zeit ist der Elektromotor unter Spannung zugleich durch das Schiebeventil gebremst und verbraucht dreimal mehr Strom als im normalen Betrieb. Seine Überhitzung wäre die Folge.

Der elektrische Kreis zum Elektromotor ist mit einer automatischen Sicherung geschützt, die den Elektromotor bei dieser Störung abschaltet und so vor Schaden bewahrt.

Es kann auch passieren, dass die beide orangenen Leuchtdioden mehrmals abwechselnd blinken.
Die Ursache ist:

die fehlerhafte Einstellung des Wasserdrucksensors im Keller, oder
kleinerer statischer Druck des Wassers – wenig Wasser im Wasserreservoir im Wald oder
wenig geöffneter Hauptkugelhahn zur Turbine

Das Nachladen der Batterien funktioniert auch ohne Steuerungsautomatik. Der Umschalter U1 wird von der Position »Automat« auf »Manuell« umgeschaltet.
Mit dem Umschalter U2 »Ein / Aus« wird dann der Elektromotor direkt ohne Steuerung geschaltet.

Dies geschieht jedoch nur bei einem Unfall, wenn die Steuerungsautomatik nicht mehr funktioniert (z.B., wenn die Steuerung durch Blitzentladung beschädigt wurde).
In diesem Fall muss die Kontrolle des Endladepunktes (14 V zulässig für jede Batterie) durch eine Person übernommen werden, damit es nicht zum Überladen der Batterien kommt.

Beim Umschalten auf »Manuell« leuchtet eine blaue LED auf dem Steuerpanel auf und macht darauf aufmerksam, dass die automatische Abschaltung beim Aufladen der Batterien zur Zeit nicht funktioniert.

Vor Ende der Aufladung beider Batterien beginnen die LED der Solarladeregler auf dem oberhalb liegenden Solarpanel rot / grün zu blinken.

Beim Einschalten von mehreren Verbraucher (Leuchten, Fernseher, Notebook) wird die Schlussladespannung von 14 V beim Lauf der Turbine nur selten überschritten.

5.1.4 MODIFIZIERUNG DER STEUERPLATTE DER LADEAUTOMATIK

Für den Einsatz des Elektromotors fürs Öffnen bzw. Schließen des Schiebeventils musste die ursprüngliche Ladeautomatik (**Bild 5.1.1a**) angepasst werden.
Das Relais auf der Steuerplatte der Ladeautomatik braucht Wechselkontakte, die wir für den Vorwärts - bzw. Rückwärtsbetrieb des Elektromotors benötigen.
Wir hatten Glück, denn das im Bausatz gelieferte Relais hatte schon die erforderlichen Wechselkontakte, jedoch mussten die getrennte Zuleitungen auf der Printplatte hergestellt werden.

Wir bauten die zwei zusätzlichen Klemmen auf der Printplatte ein und trennten einige Leiterbahnen. Die Verbindungen nach dem **Bild 5.1.4a** wurden hergestellt.

Ansicht auf die Printplatte von der Kupferseite

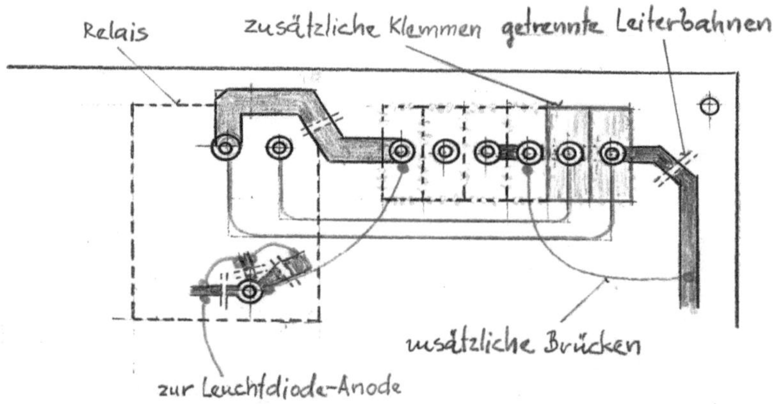

Bild 5.1.4a Modifizierung der Steuerplatte

Literaturverweis: :

Die Katalogliste IREM, Vertretung Ecowatt, Liun Quardri, 7525 S-chanf – CH
Buch: Autonome Stromversorgung, Autor Philipp Brückmann
Internet-Google-Suche: Wikipedia – Pelton-Wasserturbine

5.1.5 SEPARATES NACHLADEN JEDER BATTERIE MIT DEM TURBINENGENERATOR

Unser Hausnetz erlaubt den Anschluss eines 12 V Verbrauchers. Das hat die Folge, dass jede einzelne Batterie ungleich entladen wird. Das Nachladen der zwei in Reihe geschalteten Batterien, die mit durchgehendem Strom geladen werden, ermöglicht keinen Ausgleich der Ladung beider Batterien.
Die nachfolgende Schaltung **(Bild 5.1.5a)** mit dem gleichen, aber modifizierten Generator beseitigt den erwähnten Nachteil.

Die zwei Wicklungen (15 V + 15 V) des Generators, ursprünglich in Reihe geschaltet, werden abgetrennt und ihre vier Ausgänge über die zwei separaten Gleichrichterbrücken zu jeder Batterie geschaltet. So entstehen zwei unabhängige Ladekreise.

Die Last der Verbraucher mit 12 V Spannung übernimmt die Batterie B1. Die Batterie B2, die weniger belastet wird, wäre früher aufgeladen, sodass in ihrem Kreis ein Regler (Solarladeregler Conrad Kat. Nr. 11 33 44 - 33) eingebaut werden musste. Er verhindert die schädliche Überladung der Batterie B2.

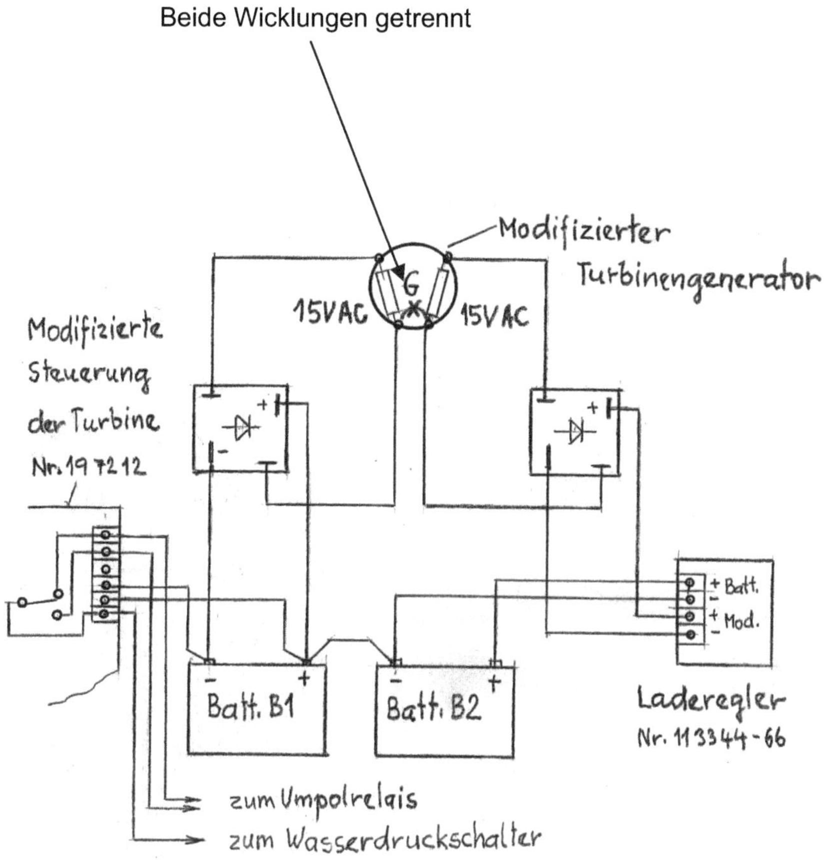

Bild 5.1.5a Einzelne Kreise für das separate Nachladen jeder Batterie.

Wenn zu bestehender Turbinenanlage zwei Solargeneratoren eingebaut sind, werden sie den Ladeausgleich automatisch durchführen. Dann braucht man keine solche Schaltung.

5.2 THERMOELEKTRISCHER GENERATOR (TEG)

Um den Nachschub von Energie im Bereich »Elektro« über das ganze Jahr möglichst zu gewährleisten, versuchten wir noch eine elektrische Quelle zu finden, die unsere bestehenden Ladegeräte ergänzt.

Wir haben fast das ganze Jahr genug elektrische Energie, nur in den kritischen Wintermonaten (Dezember, Januar, Februar) müssen wir elektrische Energie sparen. In dieser Zeit scheint die Sonne nur max. 3 Stunden und das Wasser für den Lauf der Turbine ist auch nicht gesichert.

Im Winter hingegen haben wir einen Überschuss an Wärmeenergie vom zentralen Heizungsherd.
Einen Teil des Wärmeüberschusses möchten wir in elektrische Energie umwandeln, die uns in den Wintermonaten manchmal zum Nachladen der Batterien fehlt.

Dazu wäre ein **T**hermo **E**lektrischer **G**enerator (**TEG**) geeignet. Es handelt sich um ein Gerät, das aus den Peltierelementen (**Bild 5.2a)** zusammen gebaut ist. Normalweise werden die Peltierelemente zum Kühlen in den Kühlboxen genutzt. Dieser Bauteil kann auch als ein Generator funktionieren.

Bei der Nutzung eines Peltierelementes als eine elektrische Quelle wird das untere keramische Plättchen des Peltierelementes erwärmt und das obere Plättchen gekühlt. Durch die Temperaturdifferenz (ΔT) an den Plättchen entsteht auf den PN Transistor-Übergängen des Peltierelementes, die sich zwischen den beiden Keramikplätchen befinden, die elektrische Spannung.

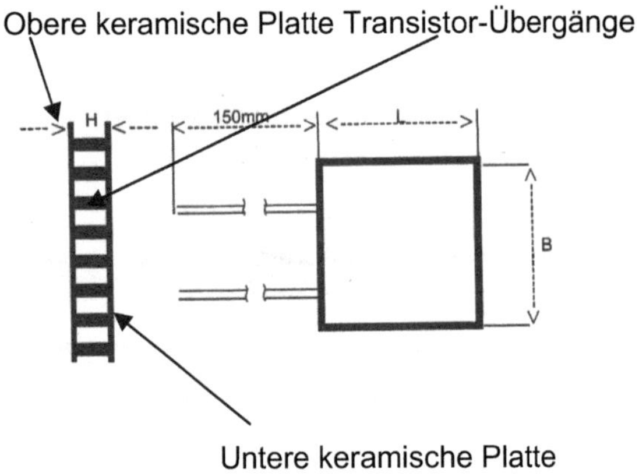

Bild 5.2a Peltierbauteil

Den Impuls zur Verwendung eines TEG gab uns ein Bild im Büchlein »Das private E-Werk« (Autor Dipl.- Ing. Alois Stork, **Bild 5.2b**), wo der Autor ein TEG schon vor 15 Jahren beschrieb. Der untere Teil des TEG wurde mit einer Gasflamme erhitzt und der obere Teil mittels eines Kühlkörpers mit Luft gekühlt. Seine Leistung bei der 12 V Spannung war 35 W. Es ist uns nicht gelungen die weiteren Angaben von diesem Gerät zu finden.

Abb. E.1.3. TV-Generator auf kleinem Gaskocher für Licht und Musik in freie

Bild 5.2b TV - Energie Box OTEG /OVONIC, USA

In Internet fanden wir eine wassergekühlte „**T**hermo**e**lektrische **G**enerator - Steckdosenleiste" (TEG).
Die Steckdosenleiste amerikanischer Herkunft heisst „50 W Power Strip" **(Bild 5.2c)**.

Der Thermoelektrische Generator braucht kontinuierliche Wärme, z. B. vom Holzofen, und Wasser zum Kühlen. Nach den Herstellerangaben wird das vom TEG erwärmte Wasser zu einem Kühler geführt und eine Umlaufpumpe transportiert das gekühlte Wasser zurück zum TEG.

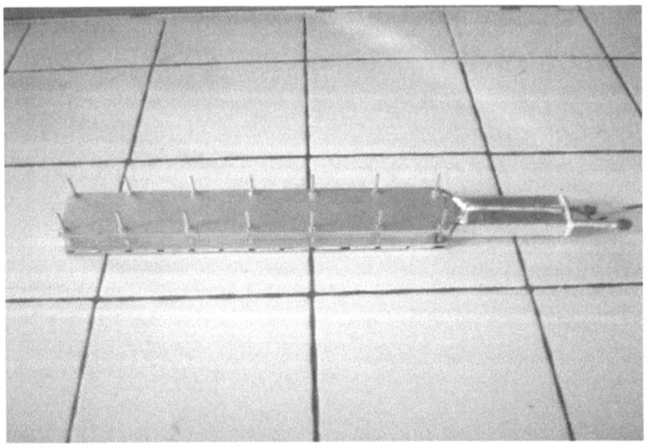

Bild 5.2c Thermoelektrische Generator - Steckdosenleiste

Das Gerät konnte an die heiße Herdplatte unseres zentralen Heizungsherdes gelegt werden **(Bild 5.2d)** und die obere Seite des Gerätes, die gekühlt werden muss, wurde mit kaltem Bergbachwasser versorgt.

Die miserable Effektivität (ca. 7 %) des TEG zur Verwendung als elektrische Quelle spielt keine Rolle, weil er nur einen Bruchteil von der Wärme, die für die Erwärmung der Wohnräume im Winter verwendet wird, braucht.

Bild 5.2d Auf die Herdplatte gesetzte TEG, belastet beim Test mit einem Widerstand

TEG

Parameter des Thermogenerators nach den Angaben des Lieferanten:

Model: TEG50WPS 232°C (450 F), 1,6 A, 50,5 W / Delta T = 214°C (417 F). Bei der Kühlwassertemperatur von 18°C sollte das Gerät die folgenden Maximal-Parameter haben:

Spannung	31,6 V
Ladestrom	1,6 A
Leistung	50,5 W
Preis	499,-$

In diesem Model sind 24 Peltierelemente der Größe 30 x 30 mm eingebaut und in Reihe geschaltet.

Erfahrungen mit der Thermischen Generator Steckdosenleiste TEG50WPS :

Vor dem ersten Versuch haben wir die Temperatur der heißen Herdplatte unseres zentralen Heizungsherdes mit einem Thermometer gemessen (am Besten ein Infrarot-Thermometer) und festgestellt, dass die ganze Fläche der Herdplatte nicht ganz kontinuierlich erwärmt ist. Die ungleiche Dicke der Herdplatte und die verschiedene Führung der Feuerflamme beeinflusst ihre örtliche Erwärmung.

Eine gleichmäßige Erwärmung und die richtige Kühlung der in der Reihe 24 Stück zusammengesetzten Peltierelemente sollte die maximale Leistung des TEG gewährleisten. Ein etwas weniger erwärmtes Peltierbauteil in der ganzen Reihe könnte als eine Bremse funktionieren und die Leistung des TEG vermindern.

Das Nachladen der Batterien mit TEG machten wir am frühem Morgen, wenn die Raumtemperatur über die Nacht in den Wohnräumen etwas sank und nachgeheizt werden musste.

Erwärmung der unteren Alu-Platte des TEG:

Die gleichmässige Erwärmung der unteren Alu-Platte des TEG über 200°C kann erreicht, aber nicht über längere Zeit gehalten werden. Ständige Überwachung der Feuerstelle ist notwendig.

Jedes Zehntel Millimeter einer Luftspalte zwischen der unteren Alu-Platte und der heißen Herdplatte verhindert die richtige Übergabe der Wärme, sodass die Temperatur an der unteren Alu-Platte und dann an den nachfolgenden Peltier-Keramik-Plättchen ungleichmäßig wird. Der TEG muss bündig auf der Herdplatte sitzen, sonst müsste im Herd mehr geheizt werden.

Um das Schwanken der Temperatur und damit das Schwanken der gesamten Leistung des TEG zu eliminieren, empfiehlt der Lieferant einen Superkondensator (SuperCap) 3 Farad im Kreis anzuschließen. Es wäre nötig für den 12 V Kreis 6 bis 7 SuperCap in der Reihe zu schalten (Betriebsspannung eines SuperCap = 2,3 V- 2,5 V, siehe Katalog Conrad Electronic AG).

Der Betrieb mit dem SuperCap wurde nicht getestet. Diesen Versuch schätzen wir als zu kostspielig ein und nicht genug wirksam für die Erhöhung der TEG-Leistung.

Kühlung der oberen Alu-Platte des TEG mit Kühlwasser:

Die Kühlung des Gerätes ist bei unserer Verwendung einfach, weil wir das erwärmte Kühlwasser nicht mehr kühlen müssen, es wird einfach abgelassen und der Nachschub des kalten Wassers kommt wieder vom Wasserhahn.

Die Wassertemperatur im Winter (Anfang Dezember) beträgt in unserem Gebiet ca. +5°C.
Da wir eine eigene Wasserquelle mit 2,6 bar Überdruck haben, dann brauchen wir keine Umlaufpumpe in den Kühlungskreis einzubauen, wie es in der Anleitung des Herstellers steht.

Damit wurde die Kühlung des TEG vereinfacht. Die Umlaufpumpe, der Kühlradiator und dann die elektrische Energie für die Pumpe wurden gespart. Die Wasser-Durchflussmenge beträgt ca. 5 Liter / Minute. Die Kühlung des TEG funktioniert einwandfrei.

Laden mit dem TEG:

Das Laden der zwei in der Reihe geschalteten Batterien mit dem TEG ist uns nicht gelungen.
Die Spannung 31,6 V (Angabe des Herstellers) erreichen wir bei 286°C nur als Leerspannung, also ohne Belastung des TEG.

Die Reklamation bei dem Lieferanten in den USA ist sehr kompliziert und die Sendung der Ware hin und her kostspielig.

Um das Laden einer 12 V, 100 Ah Batterie auszunützen, wurde eine Schaltung entworfen nach dem **Bild 5.2e.**
Beim Laden wird der TEG wechselweise auf die eine oder andere Batterie umgeschaltet.

Wir haben 0,4 A bis 0,48A Ladestromleistung erzielt. Diese 6 W Leistung (13,8 x 0,48 = 6,62 W) des TEG ist sehr tief entgegen der Leistungsangaben des Herstellers.

Beim Laden wurde die Herdplatte-Temperatur auf 260°C - 280°C gehalten, die Temperatur des zugeführten Kühlwassers betrug bei dem Versuch ca. +7°C.

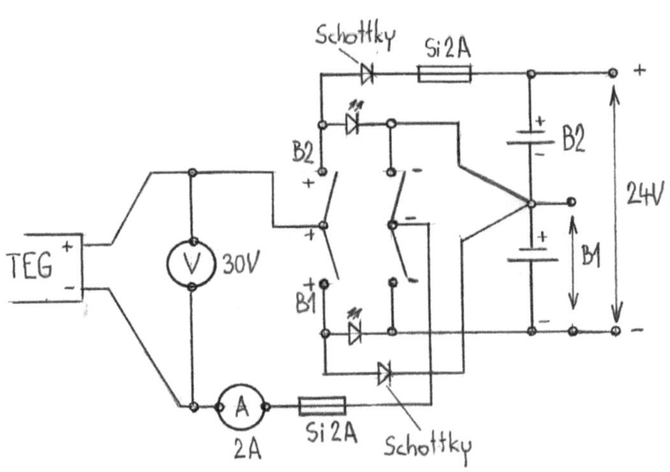

Bild 5.2e Schaltung für das Nachladen der Batterie B1 oder B2 mit dem TEG

Bei kleinerer TEG Spannung könnte ein Rückwärtsstrom im Ladekreis durch den TEG fliessen. Um das zu verhindern, wurde zwischen jeder Batterie und dem TEG eine Schutzdiode (Schottky Diode mit kleiner Durchlassspannung) eingebaut. Sobald die Spannung des TEG die Batteriespannung übersteigt, beginnt das Laden der Batterie.

Der gelieferte TEG hat einen grossen Innenwiderstand. Bei seiner Belastung sinkt die Spannung um ca. 30 bis 50 %, was die Leistung des TEG unmittelbar verkleinert.

Wer in dieses beschriebene Not-Aggregat nicht so viel Zeit und Geld investieren will, kauft ein kleines preisgünstiges Motor-Stromagregat, 230 V, 12 V / 8 A (z. B. von Landi - CH, mit 5 Jahre Garantie, Lärmpegel ca. 95 dB, Preis 260,- CHF), mit dem er im Notfall beide Akkus etappenweise nachladen kann. An den Lärm des Benzin-Motors muss man sich gewöhnen.
Das Motor-Stromaggregat mit der Leistung 2,5 kVA kann man auch für die Speisung der verschiedenen anderen Geräte verwenden **(Bild 5.2f).**

Bild 5.2f Motor – Stromgenerator 2,5 kVA

Literaturverweis:
Internet-Google-Suche: http:tecpower.com/product.html
http:ernst-ratz.de/waermelehre.pdf
Buch „Das private E – Werk, Autor Dipl. Ing. Alois Stork

5.3 BRENNSTOFFZELLE

Der Vorrat an fossilen Brennstoffen wie Kohle, Erdöl und Erdgas, die man heute überwiegend zur Herstellung elektrischer Energie, Wärme und für unsere Mobilität braucht, ist begrenzt. Ihre Emissionen beeinflussen das Umweltklima erheblich negativ. Deshalb ist man bestrebt, erneuerbare Energiequellen zu nutzen. Der Vorrat an Sonnen-, Windenergie und Wasserkraft ist unerschöpflich.

Die Brennstoffzelle, die neue elektrische Energiequelle der Zukunft, verwendet für die Herstellung von elektrischer Energie gerade die Energienarten, die uns reichlich zur Verfügung stehen.

Die Brennstoffzelle ist ein Generator (kein Akkumulator) für die Herstellung von elektrischer Energie.
In einer vereinfachten Darstellung möchten wir das Prinzip der Brennstoffzelle den Lesern näherbringen.

Die Brennstoffzelle ist ein elektrochemischer Stromerzeuger, der direkt elektrischen Strom erzeugt. Eine Brennstoffzelle besteht aus einer Brennstoffelektrode-Anode und einer Sauerstoffelektrode-Kathode, die durch einen Ionen-leitenden Elektrolyten miteinander verbunden sind **(Bild 5.3a).** Für die chemische Reaktion werden Wasserstoff und Sauerstoff zusammengeführt..
Nach der chemischen Gleichung

$2\ H_2 + O_2$ ------> $2\ H_2O$ + Energie

wird elektrischer Strom erzeugt und als Abfallprodukt bleibt Wasser (H_2O). Bei äusserem Verbinden der Elektroden durch den Verbraucher fließt elektrischer Strom.

In umgekehrter Richtung verläuft die Elektrolyse des Wassers, wo der Wasserstoff (H_2) und der Sauerstoff (O_2) durch den zugeführten elektrischen Strom entstehen.

$2\ H_2O$ =---> $2\ H_2 + O_2$

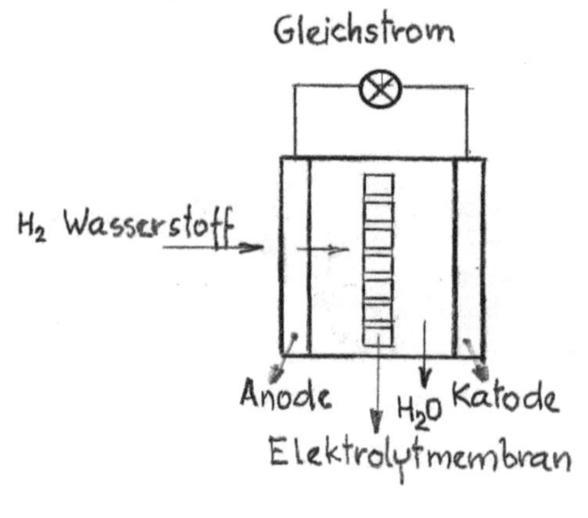

Bild 5.3a Prinzip der Brennstoffzelle

Die theoretische Spannung der Wasserstoff-Sauerstoff-Brennstoffzelle liegt bei 1,23 V bei einer Temperatur von +25°C. Die Spannung ist von verschiedenen Parametern abhängig, sodass man in der Praxis ca. 0,5V pro Zelle erzielt. Der Wert der Spannung wird vermindert durch Verluste bei der chemischen Reaktion.
Für eine höhere Spannung und höhere Strom-Leistung werden die Zellen in der Reihe und parallel geschaltet.

Unsere Erde enthält 90 % Wasserstoff (H_2) als Gas und im Wasser gebunden und bietet sich damit als Energiequelle an. Die geeignete Speicherung und der Transport (Verflüssigung bei Minus 200 °C) müssen noch ökonomisch verbessert werden.

Der Wasserstoff wird durch Elektrolyse des Wassers hergestellt. Den für die Elektrolyse benötigten Strom bekommt man aus erneuerbaren Energie-Quellen (z. B. Wind-Kraftwerken).

Neben der geringen Schadstoffemission beträgt der Wirkungsgrad der Brennstoffzelle zwischen 40 und 65 %, im Vergleich zu anderen Techniken ein hoher Wert dank dem direkten Herstellungsprozess.

Dabei	Ottomotor	bis 20%
	Dieselmotor	20 bis 35%
	Gasturbine	15 bis 40%

Der Gesamtwirkungsgrad der angegebenen Antriebseinheiten einschließlich eines Generators wird noch um weitere 10% reduziert, da Wärme ausgestrahlt wird.

Die Brennstoffzelle könnte auch in abgelegenen Gebieten eingesetzt werden, wo eine Führung von Netzleitungen zu teuer wäre.

In Deutschland laufen jetzt schon viele Pilotprojekte z. B.: (Stand 2008)

- Für Mehrfamilienhäuser BZ-Blockheizkraftwerke (bei Leipzig) 5 kW Brennstoffzelle
- Die Nutzung im PKW (Daimler-Benz)
- Die BZ als Energielieferant für Notebook: Fraunhoferinstitut
- In Hamburg und Stuttgart werden Busse mit Wasserstoffantrieb im normalen Linienbetrieb getestet. (Speicherung des Wasserstoffes, Gewicht, Kosten, Startfähigkeit bei niedrigen Temperaturen u. s. w.).
- Serienmässig werden in Deutschland U-Bote mit dem Brennstoffzellenantrieb hergestellt. (Die HDW Kiel in Kooperation mit den Nordseewerke Emden, 300kW / 408 PS).

Zu den Brennstoffzellen-Geräten:

Es wird prognostiziert, dass man in einigen Jahren eine serienmässige Herstellung von günstigen Brennstoffzellengeräten für die Haushaltsnutzung erwartet (Stand 2009).

Für das Nachladen der Akkus in einem Rustico wäre momentan die Verwendung eines Brennstoffzellen-Gerätes vom Conrad Katalog realistisch. Es gibt drei Leistungsstufen (**Bild 5.3b**):

Ladekapazität / Tag **50, 100 und 130 Ah,**
in den Leistungen **25, 50 und 65 Watt,**
Betriebsspannung **12 V**

Die Geräte werden mit Methanol angetrieben, der im Kanister zu 4 oder 8 Liter geliefert wird. Methanol wird im Gerät in Wasserstoff und Sauerstoff zerlegt.
Methanolverbrauch **1,1 Liter pro 1 kWh.** Die Geräte sind wetterunabhängig.

Bild 5.3b Brennstoffzellen-Geräte, Conrad Elektronic AG

Die Verwendung der Brennstoffzelle in einem Rustico kann man momentan nicht empfehlen. Sie verlangt die Lieferung von Gasflaschen mit Wasserstoff oder Kanister mit Methanol.
Damit wäre die Energieunabhängigkeit von Rohstoffen teilweise verloren, abgesehen von den großen Anschaffungskosten für ein Brennstoffzellen-Gerät.

5.4 SOLARBATTERIE

Die autonome elektrische Anlage braucht einen Speicher-Akkumulator, der die elektrische Energie bei verschiedenem Verbrauch ausgleicht.

Für unsere elektrische Anlage könnten wir zwischen einer geschlossenen **Blei-Gel (oder Vlies)-Batterie** und einer **Blei-Säure-Batterie** wählen. Der Unterschied besteht in der Wartung, der Lebensdauer und den Anschaffungskosten.

Die geschlossene Batterie (Blei-Gel) braucht keine Wartung. Sie darf nicht überladen werden. Ihre Lebensdauer ist länger, beurteilt nach der Zahl der in den Katalogen angegebenen Entladungszyklen.
Der Kataloglistenpreis ist doppelt so hoch wie der der Blei-Säure Batterie (2011).

Die Blei-Säure Batterie muss gewartet werden. Der Elektrolyt wird einmal im Jahr kontrolliert. Wenn es nötig ist, wird destilliertes Wasser in die Batterie nachgefüllt.
Eine **Säureschichtung** in den Batterie-Zellen verkürzt ihre Lebensdauer. Gelegentliche Überladung der Batterie vermischt die Säure-Wasserlösung und damit wird die Säureschichtung begrenzt.

Durch die Messung der Dichte der Schwefelsäure (1,28 g / cm^3 bei vollgeladener Batterie) in den einzelnen Batteriezellen kann man beurteilen, ob jede einzelne Batteriezelle gleichmäßig geladen wurde. So kann man prüfen, ob sie richtig funktioniert.
Die Lebensdauer der Blei-Säure-Batterie liegt nach den Herstellerangaben und Betriebsbedingungen bei 3 bis 7 Jahren.
Die Zahl der Entladungszyklen (Zyklenfestigkeit) sollte die Lebensdauer einer Batterie definieren:

Ein Beispiel soll es verdeutlichen:

Entnommene Kapazität	**Anzahl der Zyklen**
100 %	**200**
50 %	**400**
10 %	**2000**

Maßgebend für die Wahl der Solarbatterie für unsere elektrische Anlage war das Preisleistungsverhältnis, das bei der Blei-Säure-Batterie günstiger war. Die Wartung der Blei-Säure-Batterien haben wir vernachlässigt, da sie bei zwei Batterien relativ gering ist.

Die Wahl der Batteriekapazität in einem Rustico hängt vom täglichen Verbrauch während der Wintermonate und von der Größe der Ladekapazität der elektrischen Anlage ab. Bis zu jedem Abend sollten die Batterien voll nachgeladen sein, um ihre Lebensdauer zu verlängern.

Wir entschieden uns für die zwei Solar-Blei-Säure Batterien, Varta SF 125, 12 V, mit je einer Kapazität von 125 Ah (1,5 kWh).
Das ist die so genannte 100-Stunden-Kapazität (C100) bei 25 °C und einem Entladungsstrom von 125 :100 = 1,25 A. Das bedeutet, dass die Batterie nach 100 Stunden komplett entladen ist – dies nennt man einen Entladungszyklus. Die Batterie wiegt 30 kg und die Anschaffungskosten sind ca. 250.- bis 300.- CHF (Stand 2011).

Die nächstgrößere Batterie hat 200 Ah und wiegt 70 kg. Wegen des großen Gewichtes ist sie nicht gut zu handhaben und die große Investition bei der Anschaffung der Batterien alle 5 bis 6 Jahre bremst auch ihre Verwendung in den Berghäusern.

Es gibt andere Wege mit den zwei kleineren Batterien auszukommen.

Wie erwähnt, hängt die Lebensdauer der Batterie im praktischen Betrieb von der entnommenen Kapazität ab. Darum versuchten wir immer die während eines Tages verbrauchte Kapazität unter 10 % der gesamten Batteriekapazität zu halten.

Das erreichen wir durch die Verwendung von sparsamen Verbrauchern. Der laufende Turbinengenerator und andere angeschlossene Energiequellen tragen ebenfalls zur Kompensation des Verbrauchs bei. Am späten Abend werden beide Batterien fast immer voll nachgeladen sein.

Die aktuelle Kapazität der Batterie ist von der Größe des Entladungsstroms abhängig (**Bild 5.4a**).

Die Kapazität der Batterie Varta 12 SF 125

C100 (100 Stunden Entladung) 125 Ah, mit 1,25 A entladen,
bei C20 (20 Stunden Entladung) 116 Ah, mit 5,8 A entladen

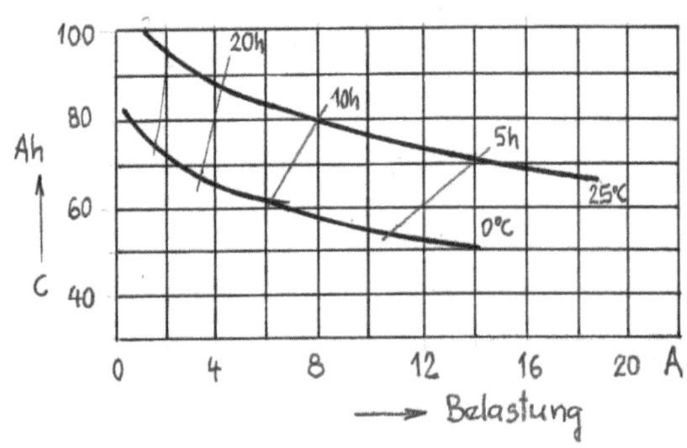

Bild 5.4a Abhängigkeit der Kapazität von den grossen Strömen (Batterie Varta 82000, Auszug aus dem Buch „Das private E – Werk", Ing. Alois Stork)

Der **Ladezustand** der Blei-Säure-Batterien kann **durch eine Ruhespannungsmessung** kontrolliert werden. Die Batterie sollte vor der Messung einige Stunden unbelastet bleiben. Die Werte bei +20°C:

12,8 V .... 100% Ladezustand
12,4 V .... 50% Ladezustand
11,98 V .... ganz entladen

Der **Ladezustand** der Batterie **nach der Säuredichte** (Akku muss vorher geschütelt werden):

1,28 g / cm^3 100% Ladezustand
1,21 g / cm^3 50% Ladezustand
1,14 g / cm^3 ganz entladen

Selbstentladung:

Die Standard-**Autobatterie** verliert auch ohne Belastung täglich ca. 1 % ihrer Kapazität. Nach einer dreimonatigen Lagerung (z. B. im Winter bei abgestelltem Personenwagen) ist sie ganz entladen. Eine Solarbatterie ist dagegen für die tieferen Entladungen konstruiert und ihre Selbstentladung ist geringer.

Das **Bild 5.4b** zeigt die unterschiedlichen Werte der Selbstentladung zwischen der **Solarbatterie** Varta A 600 und einer Standard-**Autobatterie**. (Auszug aus dem Buch „Das Private E-Werk). Die Lagerung einer Batterie bei **niedrigeren Temperaturen** (z. B. in einem kalten Keller untergebracht) **verringert ihre Selbstentladung.**

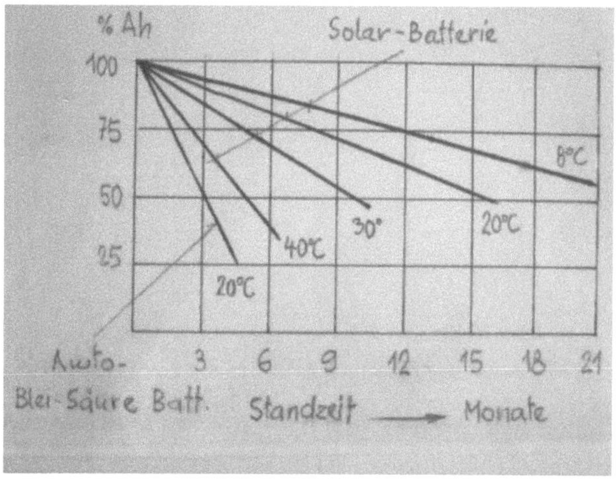

Bild 5.4b Selbstentladung verschiedener Batterien

Die Selbstendladung der Autobatterie kann man durch eine ständig angesetzte Ladespannung, z. B. von Solargeneratoren, kompensieren.

Bei der Verwendung einer Standard-Autobatterie für den Solarbetrieb muss man mit einer kürzeren Lebensdauer rechnen. In einem anspruchsvollen Betrieb (z. B. bei oft länger eingeschaltetem Wechselrichter) kann sie schon nach 1 bis 2 Jahren verbraucht sein.

Der Vorteil sind ihre geringeren Anschaffungskosten im Vergleich mit der teuren Solarbatterie, welche bei zweckgebundenem Betrieb über 6 Jahre dienen sollte.
Eine verbrauchte Batterie und damit resultierende Verkleinerung ihrer ursprünglichen Kapazität (Nennkapazität) wird durch immer kürzer werdende Nachladeintervalle angekündigt.

Den Kapazitätsverlust der Batterien in einer elektrischen Anlage, die gleichmäßig nachgeladen wird, nimmt man nicht so ernst. Die Batterien werden in diesem Fall in den kürzeren Intervallen automatisch nachgeladen und bei der Belastung mit dem schwächeren Verbraucher funktioniert die elektrische Anlage immer noch.

Der Ernstfall kommt, wenn die Batterien durch einen leistungsfähigen Wechselrichter belastet werden. Der Wechselrichter verbraucht manchmal mehr als 50 A DC Strom zum Speisen der Verbraucher mit einem 230 V, 50 Hz Anschluss. Unter starker Belastung der Batterien bricht die stabile 12 /24 V DC Spannung zusammen und der Wechselrichter setzt aus.

Batterie-Kontrolle:

Merkmale einer erschöpften Solar-Batterie (Blei-Säure-Batterie):

Eine veraltete Batterie hat eine kleinere Kapazität und beim Laden wird daher die Schlussladespannung in kürzerer Zeit erreicht, d.h. bei fortgeschrittener Alterung manchmal schon nach einigen Stunden.
Mit einem Dichtemesser wird die Schwefelsäure-Wasser-Lösung in jeder Batteriezelle gemessen:

- Bei älteren Batterien steigt die Dichte der Schwefelsäure-Wasser-Lösung bei einzelnen Zellen ungleichmäßig. Die Dichte soll bei voll geladener Batterie 1,28g / cm^3 betragen. Durch die Alterung der Batterie entsteht Sulfat an den Plattenoberflächen einzelner Zellen, der den Innenwiderstand der Batterie vergrößert.

- Die Schwefelsäure-Wasser-Lösung ist verschmutzt durch den Zerfall der Batterieplatten, der einen Kurzschluss einiger Batterieplatten verursacht. Sollche Batterien gehören in die Abfallverwertung. Jede Geschäftstelle, die die Batterien verkauft, übernimmt die ausgedienten Energiespeicher kostenlos.

Unsere zwei Batterien Varta SF 125 haben uns 5 Jahre gut gedient. Ein weiteres Jahr konnten wir sie für die Verbraucher wie die Beleuchtung und für den Fernseherbetrieb unter der Beischaltung der Turbinenanlage noch verwenden.

Wir fanden im Internet die preisgünstige **Blei-Vlies-**Batterie Typ **AGM 90** (geschlossene Batterie (10. 2012) vom Lieferant preVent – DE. Ihre Parameter sind:

Spannung: 12 V
Kapazität: 90 Ah
Startstrom: 900 A
Technik: URLA-Technologie
Lebensdauer: 400 Testzyklen bei 75 %
Zyklenfestigkeit: nach EN 60 254 / 1 Eurobatt.
Ladespannung: 14,8 V
Masse: L x B x H, 353 x 175 x 190 cm
Gewicht: 27,0 kg
Preis:155,- Euro

Geeigneter Solarladeregler: (14,5 V) M149, Lieferant Reichelt – DE

In der nahen Zukunft erwartet man auf dem Markt eine neue Art des Akkumulators, sogenannte Kolibri Batterien (siehe Information in Internet). Ihre Entwicklung ist abgeschlossen, es folgen verschiedene Tests in der Praxisbenutzung in einem Personenwagen (2011).
Die Herstellung kleinerer Batterie-Einheiten läuft schon und einige Speicherpakete mit 12 / 24 V bis 4 kWh sind auf dem Markt.

Die Kolibri-Batterie für das Elektroauto hat die Speicherkapazität 250 W / kg (etwas größer als die Li-Ionen-Batterie), 10000 Zyklen Lebensdauer, sie ist leichter im Vergleich zu einer Blei-Säure-Batterie und bei der Herstellung braucht sie keine giftigen Stoffe. Nach der Aussage des Entwicklers – DE soll sie bald billiger hergestellt werden.

Von einer leistungsfähigen Batterie hängt die Mobilität eines Elektro-Autos ab:

Ein Tesla-Elektroauto fährt schon einige Jahre auf der Straße mit der Lithium-Ionen-Batterie (6800 kleine Laptop-Akkus sind in das große Batterie-Paket eingebaut).

Hersteller: Tesla-Motors Inc., USA / Kalifornien.
Das beste Erzeugnis ist das Tesla-Auto Model S (2012), das mit 20000 Stück momentan mit Verlusten hergestellt wird. Er wird in den EU-Ländern und in der Schweiz lieferbar, Preis 50000, - CHF.
Im Jahr 2014 sollte das Auto in größeren Serien ohne Verluste hergestellt werden **(Bild 5.4c).** Die Lieferfristen sind sehr lang – über einige Jahre.

Das Tesla-Auto Model S (5 Sitze) hat die Parameter, die von den anderen Herstellern noch nicht übertroffen wurden. Die Europäier ziehen nach, aber wenn die Angaben des Tesla-Werkes stimmen, sind die Europäer in der Reichweite des Elektromobils im Verzug.

Die Parameter des Model S:

Leistung: 362 PS / 270 kW
Max. Geschwindigkeit: 209 km / h
Beschleunigung: 0 – 97 km /h 5,6 sec.
Drehmoment: 415 Nm / 0 -700 Rpm
Reichweite nach dem Akku-Paket: 256, 368, 480 km
Gewicht: 1735 kg

Lithium-Ionen-Batterie, Akku-Paket: 45, 60, 85 kWh
Ladezeit: 7 bis 8 Stunden, z. B. über Nacht mittels einer normalen Steckdose, Schnellladung ca. 50 Min. (80 %) mit einem speziellen Ladegerät
Preis eines Nachladens: 10 US Dolar (2012)
Gewicht: ≥ 400 kg
Lebensdauer 7 bis 10 Jahre / 160000 km
Preis der Ersatz-Batterie unbekannt

Bild 5.4c Tesla Auto Model S

Literaturverweis:

Buch: Privates E-Werk, Dipl. Ing. Alois Stork, Verlag VTL, Hirschau – DE
Internet-Google-Suche: Wikipedia – Solarbatterie
Internet-Google-Suche: Kolibri-Batterie

5.5 ZYLINDERZELLEN (BATTERIEN) FÜR KLEINE HAUSHALTGERÄTE

Im Haushalt verwenden wir Geräte, die mit Zylinderzellen gespeist werden zu verschiedenen Zwecken. Dazu gehören Taschenlampen, Fernbedienung für den Fernseher, Digital-Thermometer, Wanduhren, Handgerät des drahtlosen Telefons, Luxmeter, Feuchtigkeitsmesser u.s.w. Im Handel findet man dazu passende Batterie-Typen.

Es gibt zwei Typen von den Zylinderzellen:

PRIMÄR-Zylinderzellen (Spannung 1,5 V), die nach dem Verbrauch ihrer Kapazität entsorgt werden sollten.
AKKU-Zylinderzellen (Spannung 1,2 V und neu 1,6 V), die nach dem Entladen durch ein geeignetes Ladegerät aufgeladen werden und so mehrmals für die Speisung der Geräte verwendet werden können.

Betreffend der Größe beschränken wir uns bei der Beschreibung auf die Zylinderzellen Micro, Mignon und 9 V Block nach der **Tab. 5.5a und dem Bild 5.5b,** die wir meistens brauchen:

Bezeichnung/Grösse	USA	Europa Zink / Kohle	Europa Alkaline	Masse
Micro	AAA	R03 / UM -4	LR 03 / AM-4	Ø 11 x 45
Mignon	AA	R6 / UM-3	LR6 / AM-3	Ø 15 x 51
Baby	C	R14 / UM-2	LR14 / AM-2	Ø 26 x 60
Mono	D	RM2o / UM-1	LR20 / AM-1	Ø 33 x 62
9V Block	E	F33 / E-Block	E-Block / AM-6	48,5 x 26,2 x 17

Tab. 5.5a Grössen der Zylinderzellen und 9 V Block

Bild 5.5b Zylinderzellen und 9 V Block

Wenn möglich, kaufen wir keine Geräte, die mit Knopfzellen gespeist werden (außer für Armbanduhren) und rund um die Uhr im Betrieb bleiben, z.B. kleine Digital-Thermometer. Die Knopfzellen in diesen Geräten sind bald erschöpft, manchmal schon in drei bis vier Monaten, und müssen ersetzt werden. Ihr Preisleistungsverhältnis ist deshalb sehr ungünstig. Bei unseren 10 bis 12 Thermometern, die wir im Haus installierten, wäre es mühsam, in den so kurzen Zeitabständen die Knopfzellen zu ersetzen.

Im Conrad Katalog fanden wir Digitalthermometer, bestückt mit Zylinderzellen (Micro, Mignon).
Diese Thermometer haben einen Speicher eingebaut, der uns ein späteres Ablesen der minimalen bzw. maximalen Temperatur im Wohnraum, bei dem Duospeicher oder bei den Solarkollektoren erlaubt.

Primär-Zylinderzellen:

Die unterschiedlichen Primär-Zylinderzellen sind in der **Tab 5.5c** zusammengestellt.

Bezeichnung	Spannung	Verwendung
Zink-Kohle (ZnC)	1,5V	für wenig anspruchsvolle Anwendungen
Alkali-Mangan (MnAl	1,5 V	höhere Stromabnahme
Lithium (Li)	3,6 V	hohe Belastbarkeit, kleine Selbstentladung

Tab.5.5c Typen der Primär - Zylinderzellen

Die Zink / Kohle Zelle (ZnC) ist im Preis die billigste Ausführung mit kleiner Kapazität.

Die Mangan-Alkali-Zelle (MnAl) ist zwar teurer als die ZnC, aber sie hat eine größere Kapazität und man kann sie lange mit minimalem Kapazitätsverlust lagern. Die MnAl Zylinderzellen bekommt man in Warenhäusern zum halben Preis und dann ist das Preisleistungsverhältnis sowieso günstig.

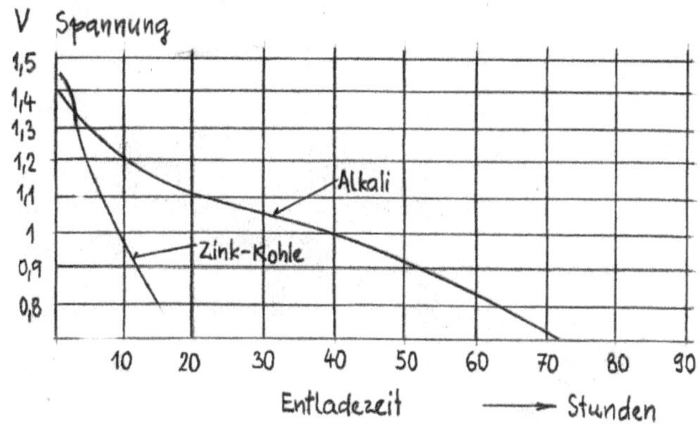

Tab. 5.5d Vergleich der Kapazität der Alkali- und Zink-Kohle-Batterie

In der **Tab. 5.5d** sieht man den schnellen Verlust der Spannung bei der ZnC Zylinderzelle nach einigen Stunden bei gleicher Belastung im Vergleich zur MnAl (Alkali) Zelle.

Die neueste GP - Super Alkaline Zylinderzelle Mignon (AA) hat die Kapazität **2800 mAh**
Micro (AAA) **1250** mAh
GP - Super Alkaline 9 V Block Typ E **600** mAh

Lagerung der Primär- Zylinderzellen:

Bei der Lagerung der Zylinderzellen zu Hause sollen die Zylinderzellen in einem kühlen und trockenen Raum aufbewahrt werden.
Vor dem Einsatz der Zylinderzelle aus unserem Hauslager und auch bei neu gekauften Zylinderzellen kontrollieren wir immer zuerst ihre Betriebstüchtigkeit durch die Messung der Leerspannung.

Die Spannung einer neuen Alkali-Primär-Zylinderzelle und 9 V Block
Micro AAA (LR03/AM4) zwischen **1,58 und 1,6 V**
Mignon AA (LR06/AM - 3) zwischen **1,58 und 1,6 V**
9 V Block (E-Block/AM - 6) **9,63 V**

Die niedrigeren Spannungen zeigen eine erschöpfte Zelle durch die lange Lagerung an. Ein Gerät, bestückt mit den neuen Zellen, das nicht funktioniert, ergibt keine richtige Beurteilung der Fehler des Gerätes oder der Qualität der Zylinderzellen.
Mit einem Universalmessgerät, das mit einem geeigneten Messbereich ausgestattet ist, kann man jede Zylinderzelle unter Belastung prüfen (z. B. Conrad Katalog Universalmessgerät VC666, Preis 10,-CHF).

Aufladbare Akku - Zylinderzellen:

Diese Akku-Zylinderzellen kann man nach dem Verbrauch ihrer Kapazität mehrmal aufladen. Sie werden in Geräten eingesetzt, die eine größere Leistungsaufnahme benötigen. Die Verwendung einer Primär-Zylinderzelle wäre da unrentabel.

Folgende Ausführungen der Akku-Zylinderzellen stehen zur Verfügung:

Nickel-Cadmium (NiCd) und
Nickel-Metall-Hybrid (NiMH)

Die beiden Akku-Zylinderzellen haben eine Spannung von 1,2 V

Li-Ionen Akku 3,6 V / 7,2 V, 4,2 / 8,4 V
Neu NiZn Akku **1,6 V** (**2011** auf dem Markt, Conrad Electronic AG)

Die Akku-Zylinderzelle kann 500 bis 1000 Mal mit einem geeigneten Ladegerät aufgeladen werden. Der Nachteil der Akku-Zylinderzelle ist, dass sie nicht immer griffbereit ist, sie eine bestimmte Selbstentladungsrate hat und sie vor dem Gebrauch aufgeladen werden muss, um ihre volle Leistung abzugeben.

Der Vergleich der Parameter von NiCd und den NiMH Zylinderzellen nach der **Tab. 5.5e:**

	NiCd	**NiMH**
Strombelastbarkeit		**für hohe Ströme**
Betriebstemperatur	bei - 40°C noch 50 % Kapazität	bei 0°C unbrauchbar
Empfindlichkeit beim Laden	_	hoch beim Überladen
Memory - Effekt	ja	kein
Selbstentladung	2 Monate	1 Monat
Energiedichte	40 Wh / kg	90 Wh / kg
Lebensdauer	3 Jahre	6 Jahre
Umweltfreudigkeit	giftige Cadmium	
Preis	X	2 X

Tab. 5.5e Vergleich der NiCd und NiMH Zellen

Die NiCd-Zylinderzellen werden in Zukunft wahrscheinlich durch die NiZn-Zellen aus dem Markt verdrängt, die NiMH Zylinderzellen durch die NiMH Zellen mit sehr kleiner Selbstentladungsrate ersetzt (2011).

Die Akku-Zylinderzellen brauchen wir für Geräte, die ständig unter Spannung liegen, z.B. in einem Handgerät des Funktelefons, aber auch für eine Digitalkamera, die mehr Strom verbraucht.

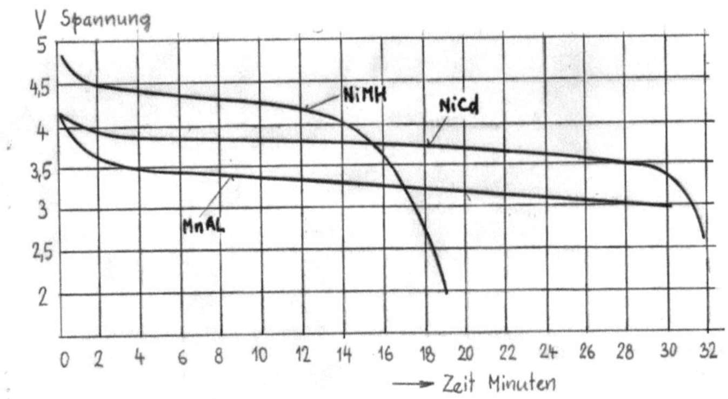

Die Leistungsfähigkeit der Akku - Zylinderzellen NiCd und NiMH gegenüber den Primär-Zylinderzellen MnAl (Alkaline) sieht man auf **dem Bild 5.5f**.

Bild 5.5f Spannungsverlauf bei den NiCd, NiMH und Alkali (MnAl) Zylinderzellen

Lithium-Ionen-Akku-Zylinderzellen:

Die Lithium-Ionen-Akku-Zylinderzellen haben im Vergleich mit den Ni-Akkus eine größere Lebensdauer, ein kleineres Gewicht und Volumen, eine größere Energiedichte (ca. 100 bis 200 Wh / kg) und keinen Memory-Effekt. Nach dem Nachladen sind sie lange auch nach mehreren Monaten griffbereit. Es gibt fast keine Selbstentladung. Die Spannung einer Li-Ionen-Zylinderzelle ist 1,5 / 3,6 V. Diese Akkus brauchen zum Laden spezielle Ladegeräte.

NiZn-Akku:

In der zweiten Hälfte 2011 sind die NiZn-Akkus in der Ausführung Mignon (AA) Zylinderzellen auf den Markt gekommen (siehe Conrad Katalog). Die technischen Parameter:

Nominal Zellespannung: 1.6 V (Spezial-Ladegerät notwendig, siehe Conrad Katalog Nr. 20 00 06-77)
Schnelles Laden: C, C/2
Interne Impedanz: 5 mOhm

Zyklenfestigkeit: 400 -1000
Spezifische Energie: 100 Wh / kg
Spezifische Leistung ≥ 90 W / kg
Keine Selbstentladung
Spezial-Gerät zum Laden

Die mit dieser Technologie hergestellten Akkus sind im Vergleich zu den Blei-Säure-Akkus gleicher Leistung um 75 % leichter.

Für eine Digitalkamera, die viel Strom verbraucht, nimmt man **NiMH-Akkus ohne Selbstentladung**, z. B. Conrad Electronic Katalog Nr. 25 22 00 - 77.

In den Wintermonaten sollte man nicht vergessen, dass die **NiMH** Zylindezellen viel Kapazität bei Kälte verlieren, **bei 0°C haben sie keine Kapazität mehr**. Eine Digitalkamera sollte immer in warmem Zustand erhalten bleiben.

Eine Digitalkamera, mit **Lithium Ionen Akkus** bestückt weist eine längere Betriebszeit auf und die Außentemperaturen bei 0°C spielen keine Rolle.

Vergleich der Energiedichte verschiedener Speicher (Quelle: Internet - Empa/ eawag)

Blei-Batterie: 40 Wh / kg, erneuerbar
NiCd: 40 Wh / kg
NiMH: 90 Wh / kg
Lithium-Ionen: 200 Wh / kg (für Notebook)
Lithium-Ionen in der Elektromobilität: 90 Wh / kg
Perspektive Kolibri-Akku: 250 Wh / kg – für Elektromobilität (2011 in Internet)

Fossile Werkstoffe
Holz: 4070 Wh /kg
Heizöl: 11630 Wh /kg
2 kg Holzpeletts = 1 Liter Heizöl = 1 m^3 Erdgas (Quelle: Katalog ÖkoFen)

Laden der Spezial-Akkus und der Akku-Zylinderzellen über das Hausnetz 12 / 24 V

NICHT VERGESSEN: Die **Selbstentladung** bestehender **NiCd** Zellen dauert **zwei Monate**, bei **NiMH** beträgt sie **einen Monat**!
Die Akku-Zylinderzellen NiCd (giftig) sind vom Markt verschwunden, sie sind nur als Gruppen in den Akku-Geräten eingebaut.
Durch die weitere Entwicklung der NiMH-Akkus wurde die Selbstentladung dieser Zellen drastisch verkleinert. (Stand 2011, Katalog Conrad Electronic AG-GP und Emmerich Akku).

Für das Laden der Akku-Zylinderzellen oder den 9 V Akku-Block findet man im Conrad Katalog verschiedene Ladegeräte mit einer Automatik-Abschaltung und schonendem Laden in der Preisklasse von 15 bis 150 CHF. Viele diese Ladegeräte haben einen Anschluss für 12 V Gleichspannung. Sie zeichnen sich durch kurze Ladezeit aus (1 bis 6 Stunden).

Bei der Firma Conrad Electronic AG haben wir ein günstiges automatisches Ladegerät gefunden (BC - 300, Voltcraft, 30,- CHF, **Bild 5.5g**) zum Laden der Zylinderzellen Mignon, Micro mit vier getrennt ladenden Schächten. Beim Laden wird der Ladezustand und die Spannung der Zylinderzelle angezeigt (die Kapazität in % oder defekt).

Das Ladegerät ist mit einem mitgelieferten Netzteil 230 V /12 V DC Spannung gespeist. Über ein geeignetes Kabel kann man das Ladegerät auch an 12 V DC Spannung im Auto direkt anschließen. Es lädt die erschöpften Batterien in ca. 3 Stunden auf.

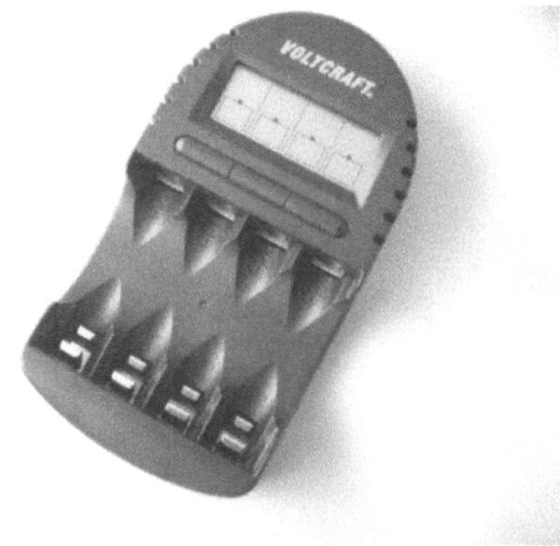

Bild 5.5g Ladegerät BC-300 (Conrad Electronic AG)

Eine entladene Zylinderzelle, die eine Spannung unter 1 V hat, kann nicht mit dem Gerät nachgeladen werden. Das Ladegerät zeigt „defekt" an. Trotzdem kann eine solche Zylinderzelle mit einem Ladegerät ohne elektronische Überwachung voll geladen werden.

Ein kleines Ladegerät für das Laden von Micro- und Mignon-Akku-Zylinderzellen, das an das Notebook über den USB-Stecker angeschlossen wird, fanden wir bei der Firma Pearl – CH. Das Ladegerät kann auch die Akku-Zylinderzellen, die eine drahtlose Computermaus speisen, nachladen. **(Bild 5.5h).**

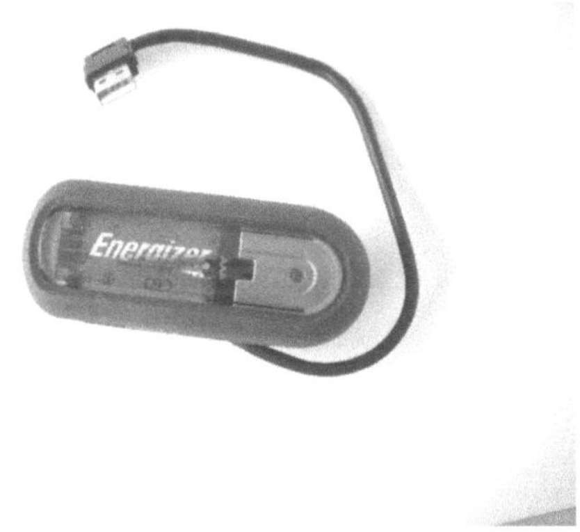

Bild 5.5h Ladegerät für die zwei Mignon- oder Micro-Akku-Zylinderzellen (Pearl – CH)

Spezialbatterien für die Akku - Geräte mit dazu gehörigem Netzgerät 230 V, 50 Hz und ihr Laden:

Die Batterien von Akku-Bohrer, Akku-Säge, Akku-Gartenschere werden üblicherweise mit einem kleinen mitgelieferten Netzgerät geladen, das an 230 V, 50 Hz Spannung angeschlossen wird. Die Ladezeit dauert ca. 2 bis 4 Stunden.
Im Akku-Gehäuse dieser Spezial-Batterie sind NiCd Akku Zylinderzellen eingebaut. Siehe **Bild 5.5i.**

Bild 5.5i Offener Speziell - Akku eines Akkubohrers mit NiCd Zylinderzellen

Für das Laden dieser Spezial-Akkus mit einem mitgelieferten Netzgerät verwenden wir einen kleinen Wechselrichter mit der 24 V DC / 230 V AC Spannung, 150 oder 300 W Leistung.

Ladegerät für das Laden von kleinen Akkus ohne die elektronischen Überwachung über das Hausnetz 12 / 24 V:

Dazu kann man ein Netzgerät (Katalog Conrad Electronic AG, Bausatz Nr. 19 82 26, **Bild 5.5k**) einsetzen, das an die 12 V oder 24 V DC Spannung angeschlossen wird.

Das Netzgerät wird als regelbarer DC / DC Umwandler modifiziert (**Bild 5.5i**).

Der im Bausatz mitgelieferte Brückengleichrichter wurde nicht eingelötet, ebenfalls nicht der Elko, der zum Glätten der Pulsspannung vom Brückengleichrichter bestimmt wurde.

Zu dem so modifizierten Umwandler (**Bild 5.5k)** kommt ein Amperemeter mit dem Bereich 1 A für das Einstellen des Ladestromes. Schließlich wird alles in ein Gehäuse eingepackt.

Mit dem eingebauten Pot-Meter stellt man den nötigen Ladestrom ein. Die Anschlussspannung des Umwandlers muss um 3 V höher sein als die Schlussladespannung des geladenen Akkus.

Elko   Anschluss für das Laden

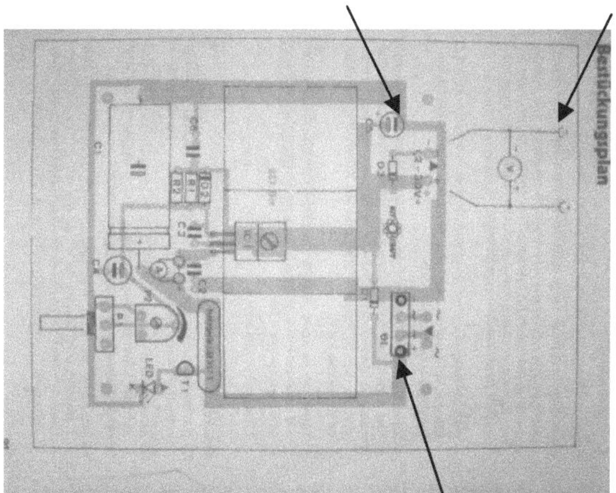

Brückengleichrichter nicht eingelötet
Anschluss für 12 / 24 V

Bild 5.5i Modifizierung der Schaltung des Netzgerätes als DC / DC Umwandler

Bild 5.5k Netzgerät Nr. 19 82 26 komplett Conrad Elektronic AG

Laden eines Akkus ohne elektronische Überwachung (mit dem modifizierten DC/DC Umwandler):

Beim Laden der NiCd und NiMH Akkus mit dem Ladegerät ohne die automatischen Überwachung der Schlussladespannung sollte folgendes berücksichtigt werden:

- **Die Kapazität des Akkus:** Sie ist auf dem Gehäuse des Akkus oder in der Bedienungsanleitung des dazugehörigen Gerätes angegeben.
- **Der Ladestrom für den Akku:** Er ist C10 (bei einer Kapazität von 1,5 Ah ist der Ladestrom 1,5 : 10 = 0,15 A).
- **Die Ladezeit** dauert bei C10 ca. 15 bis 17 Stunden. Dabei sollte ein Timer eingeschaltet werden, der das Ende der Ladung signalisiert oder das Ladegerät abschaltet.
- **Schlussladespannung:** Die Schlussladespannung erhöht sich gegen die Nennspannung um **0,3 V** pro Zelle und wird **1,5 V** bei jede NiCd oder NiMH Zelle.

Ein praktisches Beispiel:

Der Akku eines Bohrschraubers hat 18 V. Er sollte mit dem DC / DC Umwandler nachgeladen werden.
Die Zahl der eingebauten NiCd-Zellen ist 18 : 1,2 = 15, davon die Schlussladespannung 15 x 1,5 = **22,5 V**.

Die NiCd Akkus, die einen Memory Effekt aufweisen, sollten möglichst im entladenen Zustand nachgeladen werden. Durch das Entladen des Kapazitätsrestes wird diese Anforderung erfüllt.

Glücklicherweise wird z. B. bei einem Akkuschrauber oder bei einer Akku-Gartenschere ihre entladene Batterie durch die Funktionsunfähigkeit des Gerätes angegeben. Sie sollte möglichst bald nachgeladen werden, auch wenn das Gerät nicht mehr gebraucht wird. Damit wird die Lebensdauer der Batterie verlängert.

Laden von verschlossenen Blei-Gel-Säure-Akkus (z. B. Akku 6 V, 4 Ah für die Reflektor -Handlampe) und Blei-Säure Akkus:

Die Blei-Gel-Säure Akkus werden wie die NiCd und NiMH Akkus geladen, also nach der Nennkapazität mit einem Strom C10 während 15 bis 17 Stunden unter Kontrolle der Schlussladespannung.

Die Schlussladespannung ist beim **Blei-Gel-Säure Akku** (geschlossener Akku) **2,4 V** pro Zelle (Erhöhung gegen Nennspannung um **0,4 V**), beim **Blei-Säure-Akku ist es 0,3 V.**

Ein praktisches Beispiel:

Ein 6 V **Blei-Gel-Säure-Akku** (drei Zellen je 2 V) hat die Schlussladespannung 6 + (3 x 0,4) = **7,2 V.**

Zweites Beispiel:

Blei-Säure-Akku

Eine 12 V Blei-Säure-Batterie (Solar- oder Autobatterie) hat die Schlussladespannung 6 x 2,3 = **13.8 V.** Die Akkus der neuesten Generation können bis 14,5 V geladen werden, AGM Ausführung (geschlossene Batterie) bis 14,8 V.

Die Schlussladespannung bei einem Blei-Säure-Akku, bzw. Blei-Gel-Säure-Akku ist ein stabiler Parameter, der das Ende der Ladung genau bestimmt.

Es kann passieren, dass ein älterer Blei-Säure-Akku die Schlussladespannung beim Nachladen in kurzer Zeit anzeigt.
Zu seinem Beleben (Vergrößerung der Aufnahmekapazität) vermindert man den Ladestrom auf ca. 10 % und lädt so lange, bis die entsprechende Schlussladespannung wieder erzielt wird.
Wenn einige Glieder des Akkus durch Alterung einen Kurzschluss aufweisen, ist der Ladevorgang nicht mehr erfolgreich.

Literaturverweis:

Katalog Conrad Electronic AG
Buch: Akkus und Ladegeräte, Dipl.- Ing.I. Retzbach, Modell Fachbuch NV
Internet-Google-Suche: Wikipedia – NiCd Akkus,
Wikipedia – NiMH Akkus,
Wikipedia – li-Ionen-Akkus
www.empa.ch/self
Solarbatterien für die unabhängige Stromversorgung

5.6 SPEISEGERÄTE MIT WECHSELSPANNUNG 230 V / 50 Hz

Für die leistungsstarken Verbraucher mit einer Anschlussspannung 230 V / 50 Hz verwenden wir zwei verschiedene Speisegeräte:

für den Kurzzeitbetrieb bis 2 kW / 2 kVA	**einen Wechselrichter**
für den langen Betrieb und die großen Leistungen	**einen Motor - Stromgenerator (MSG)**

5.6.1 WECHSELRICHTER (Umformer)

Ein Wechselrichter wandelt Gleichspannung von 12 V / 24V (DC) auf Wechselspannung (AC) 230 V / 50Hz um. Die elektronische Schaltung des Wechselrichters zerhackt die zugeführte Gleichspannung, in unserem Fall 12 V oder 24 V in eine Wechselspannung, die mit einem Transformator auf 230 V / 50 Hz erhöht wird.

Nach der Herstellungstechnologie des Gerätes gibt es:

- die sogenannten **Trafo-Wechselrichter** (mit einem Standard-Eisenkern-Trafo, er arbeitet mit der Frequenz 50 Hz) und

- die **Hochfrequenz-Wechselrichter**-getaktete Technologie, mit einem Ferit-Transformator, bei dem die Arbeitsfrequenz einige kHz beträgt. Am Schluss kommt 230 V, 50 Hz zur Verfügung wieder.

Nach der Form der sekundären Wechselspannung unterscheidet man zwischen

- **Sinus-Wechselrichter** (Form der Wechselspannung ist gleich wie bei der Netzspannung) und

- **Wechselrichter mit treppenformiger Spannung** (Spannung Sinus-ähnlich).

  Beide Spannungen sieht man auf dem **Bild 5.6.1a.**

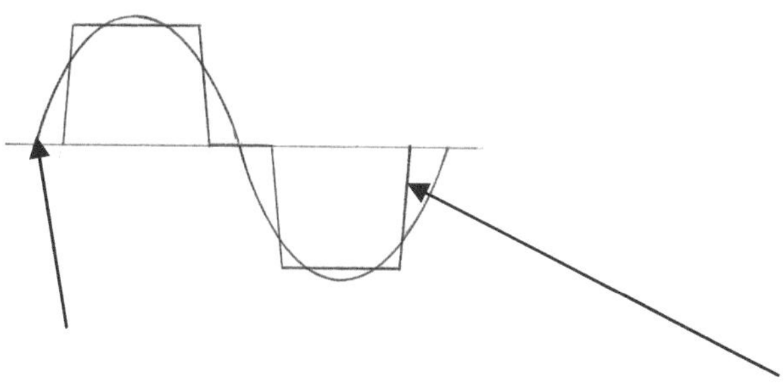

Sinus-Spannung Treppenform-Spannung (Wechselrichter EC 2000S (Berel)

Bild 5.6.1a Sinus - und Treppenform Spannung

Die Wechselrichter mit **Sinus-Spannung** werden überwiegend in Solaranlagen verwendet, die mit dem öffentlichen Netz gekoppelt sind.

Hochfrequenz Wechselrichter

Die Hochfrequenz-Wechselrichter haben einen Transformator mit Ferrit-Kern eingebaut. Da der Ferrit-Kern eine größere Permeabilität (die Fähigkeit mehr magnetischer Energie zu übernehmen) als der Eisenkern eines Transformators hat, kann die Anzahl der Wicklungen geringer sein, die bei höherer Arbeitsfrequenz noch geringer ausfallen können.
Die Kupferverluste werden damit kleiner (Verluste $N = R \times I^2$).

Der Ferrit-Kern ist kleiner und verbraucht auch weniger Energie für die Erzeugung des magnetischen Feldes. Das alles beeinflusst das gesamte Volumen und das Gewicht des Ferrit-Transformators positiv.
Das Gewicht des Hochfrequenz-Wechselrichters ist fast 4 mal kleiner als ein Wechselrichter mit Eisenkern-Trafo.

Im Inselbetrieb, wo jede Menge elektrischer Energie gespart werden sollte, sollte der Hochfrequenz-Wechselrichter so eingesetzt werden, dass er möglichst über 60-70 % belastet wird. Da hat er die besten Wirkungsgradwerte.

Für die Wirkungsgradwerte eines Hochfrequenz - und Trafo-Wechselrichters bei verschiedenen Belastungen siehe Bild **5.6.1b.**

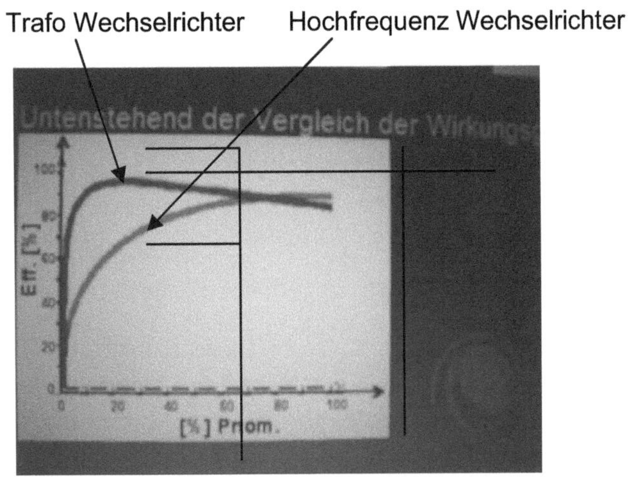

Bild 5.6.1b Abhängigkeit des Wirkungsgrades bei der Belastung des Wechselrichters

Internet-Auszug: http:www.maurelma.ch / Wechselrichter

Trafo Wechselrichter mit Treppenform-Wechselspannung (sinus ähnlich)

Vorteile entgegen dem Hochfrequenz-Wechselrichter:

- Er hat den größeren Wirkungsgrad auch in der Teillast (95 %)
- die große Spitzenleistung (wichtig für die Anlaufströme)
- kostengünstig

Wahl des zentralen Trafo-Wechselrichters für den Solarinselbetrieb.

Für den kleinen Solarinselbetrieb wird ein Trafo-Wechselrichter 2 kVA mit der sinusähnlichen Spannung gewählt.

Bei den elektronischen Geräten wie Fernseher (40 W), Sat-Receiver (30 W), Notebook und Funktelefon, die mit dem Wechselrichter mit der sinusänlichen Spannung gespeist werden, haben wir keine Störungen durch die Treppenform der Speisespannung festgestellt. Ein Sinus-Wechselrichter musste für diese Geräte nicht eingesetzt werden.

Für die Wahl des **zentralen Wechselrichters** sind folgende Parameter wichtig:

- Primär-Gleichspannung
- Dauerleistung und
- Spitzenleistung

Wahl der Primär-Gleichspannung:

Bei der **12 V** Primär-Gleichspannung U_1 des Wechselrichters ist das Verhältnis der Primär- und Sekundärspannung $D_u = U_1 : U_2 = 12 : 230 = 1 : 19$, vereinfacht für die nachfolgende Erklärung 1 : 20.
Das Stromverhältnis ist umgekehrt, also $D_i = 20 : 1 = 20$.

Bei einem Wechselrichter mit der Dauerleistung Ns = 2 kVA ist der maximale Wechselstrom I_2 an der Sekundärseite (230 V/50 Hz) nach der Formel $I_2 = Ns : U_2$

Ns.....Dauerleistung des Wechselrichters
U_2 .....Wechselspannung 230 V / 50 Hz - Sekundärseite
U_1.......Gleichspannung 12 oder 24 V - Primärseite
I_2 ..... max. Wechselstrom (AC) bei 2 kVA - Sekundärseite
I_1.... Gleichstrom (DC) - Primärseite
D_u ...Spannungsverhältnis $U_1 : U_2$
D_i.......Stromverhältnis $I_1 : I_2$

Wenn an der Sekundärseite (230 V/50Hz) des 2 kVA Wechselrichters maximale Belastung entsteht, ist der Sekundärstrom (Wechselstrom) nach der Formel I_2 = Ns : U_2 = 2000 : 230 = **8,69 A**. Dann ist an der Primärseite der Gleichstrom I_1 bei der **12 V DC** Spannung 20 x größer:

$I_1 = I_2 \times D_i$ = 8,69 x 20 = **173,8 A**

Ein so großer Strom beim 12 V DC Anschluss des **2 kVA** Wechselrichters braucht große Querschnitte der Zuleitungen zum Wechselrichter, verursacht den großen Spannungsabfall an den Leitungen und die Belastung der Batterien mit den großen Strömen vermindert ihre effektive Kapazität.

Bei **24 V** Gleichspannung ist das Stromverhältnis D_i = 10 : 1 = 10
Der Primär Gleichstrom ist $I_1 = I_2 \times D_i$ = **8,69** x 10 = **86,9 A**.

Damit wurde die Wahl der optimalen 24 V Gleichspannung U_1 für den zentralen Wechselrichter festgelegt.

Wahl der Leistung des Wechselrichters nach seiner Spitzenleistung:

Die Nennleistung (Dauerleistung) des Wechselrichters in Watt ist gültig für die **ohmschen** Belastungen. Das sind Glühlampen, verschiedene Heizgeräte, Bügeleisen und ähnliche ohmsche Verbraucher.

Für den **induktiven Bereich** und wegen der großen **Anlaufströme** der Verbraucher wird mindestens mit einem **10 Mal größeren Wert der Leistungsaufnahme des Verbrauchers** gerechnet, die dann der **Spitzenleistung des Wechselrichters entspricht.**

Die Spitzenleistung ist die kurzzeitige größere Leistung des Wechselrichters mit der er während einiger Sekunden belastet werden kann ohne auszusetzen.

Sie ist nach den Kataloglisten **ca. 1,5 bis 3x größer als die angegebene Nennleistung**. Die Länge der Belastungsphase ist durch die Qualität des Wechselrichters gegeben.

Die Spitzenleistung ist wichtig bei der Speisung von Geräten, die in induktivem oder kapazitivem Bereich arbeiten und die große Schalt- oder Anlaufströme haben. Das sind die Asynchronmotoren (Induktionsmotoren), Kompressorkühlgeräte , Fluoreszenzlampen, aber auch Glühlampen mit großer Leistungsaufnahme, die im Kaltzustand einen kleinen Widerstand aufweisen.

Beispiele aus unserer Praxis:
Für eine Schleifmaschine mit einem kleinen einphasigen Induktionsmotor **200 W** / 230 V, 50 Hz wählt man die **Spitzenleistung** des Wechselrichter **2000 W**, wobei seine Nennleistung nach den Katalogangaben ungefähr **700 bis 800 VA** wäre.

Die Leistung eines Fernsehers ist **35 W**. Dazu wählt man die **Spitzenleistung** des Wechselrichters **350 W**, seine Nennleistung nach den Katalogangaben ist ca. **100 bis 150 W.**

Beispiele aus den Kataloglisten:
Die Firma Voltcraft schreibt in der Beschreibung des Wechselrichters:
Die hohen Einschaltströme induktiver Lasten sind kein Problem – z.B. mit dem 1000 W Gerät kann man bis zu 130 W induktive Lasten wie Kühlschränke zuverlässig betreiben.

In einer Bedienungsanleitung des Voltcraft Wechselrichters steht:
Für die Glühlampen sollte die Spitzenleistung des Wechselrichters während einer Sekunde 8 Mal größer sein als die Nennleistung des Verbrauchers, für einen Fernseher während einer Sekunde 10 Mal größer und für einen Kompressorkühlschrank während 3 Sekunden 10 Mal größer sein.

Aufgrund all dieser Erwägungen haben wir aus dem Conrad Electronic Katalog den Wechselrichter EC 2000 S 24V DC / 230 V, 50 Hz, 2 kVA mit sinusähnlicher Wechselspannung (Treppenform) von der Firma Berel ausgesucht und gekauft.

Er war kostengünstig, hat einen hohen Wirkungsgrad von 95 % und zeichnet sich durch eine hohe Spitzenleistung 5000 W / VA aus (Spezifikation vgl. **Tab.5.6.1c).**

Zulässige Eingangsspannung	20 – 30 V
Ausgangsspannung	230 V + / - 5% ab 40 °C verminderte Ausgangsleistung
Frequenz (Quarz genau)	50 Hz
Zulässige Umgebungstemperatur	0 – 70 °C
Ausgangsleistung	2000 VA
Nennleistung	100%
Spitzenleistung	5000 W / VA
Wirkungsgrad	bis 95 %
Überlastschutz	serienmässig
Kurzschlussschutz	serienmässig
Tiefentladeschutz	serienmässig
Überspannungsschutz	serienmässig
Eingangssicherung	1 x BF1 100 A
Ruhestrom	230 V aktiv ca. 800 mA
Ruhestrom	Standby ca. 40 mA
Gewicht	ca. 23 kg
Eingangssicherung, Strombegrenzung	
Gehäuseabmessungen	380 x 170 x320 (B x H x T)

Tab. 5.6.1c Spezifikation des Wechselrichters EC 2000 S

Dieser Wechselrichter hat eine Bereitschaftsfunktion (Standby). Aus dieser Stellung schaltet er automatisch auf volle Leistung, wenn ein Verbraucher eingeschaltet wird. Die Schaltautomatik funktioniert erst ab 40 W. Die Verbraucher mit einer Leistungaufnahme unter diesem Grenzwert haben keine Möglichkeit den Wechselrichter automatisch einzuschalten. Die Firma Berel bietet ein Sinus Wechselrichter mit der Schaltautomatik ab 10 W (Reihe SP, **Bild 5.6.1e**).

Um ständigen Verbrauch beim Standby-Betrieb umzugehen (EC 2000 S Wechselrichter braucht 0,8 A DC im Leerlauf), wählen einige Hersteller die Fernschaltung mit galvanischer Verbindung der bestehenden Schaltstellen.
Der Nachteil ist eine vieradrige Leitung zu jeder Schaltstelle zu führen.

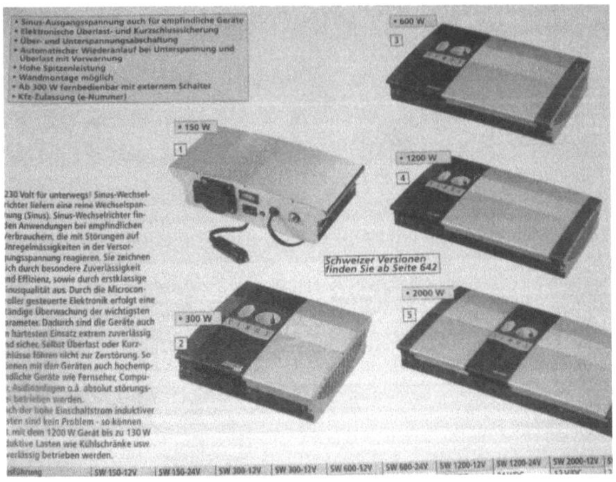

5.6.1d Hochfrequenz - Sinus Wechselrichter Voltcraft, Lieferant: Conrad Electronic AG

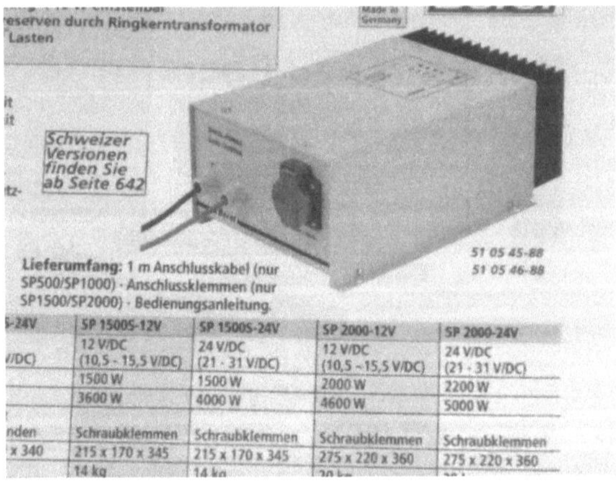

Bild 5.6.1e Trafo- Wechselrichter Berel Sinus Ausführung 24 V DC / 230 V, 50 Hz, 2 kVA, Spitz. Leistung 5000 VA, Lieferant: Conrad Electronic AG

Vergleich der Parameter des Trafo-Wechselrichters und des Hochfrequenz- Wechselrichters gleicher Leistung:

	Wechselrichter Berel EC 2000 24 V DC / 230 V, 50 Hz, mit Eisenkern Trafo Treppenform - Spannung	Hochfrequenz Wechselrichter Voltcraft 2000 W-24 24 V DC / 230 V, 50 Hz Sinus Ausführung
Dauerleistung	2000 W / VA	2000 W / VA
Spitzenleistung	5000 W /VA	3000 W / VA
Wirkungsgrad	95 %	85 %
Gewicht	23 kg	5.2 kg
Richtpreis	ca. 1000,- CHF	ca. 1300,- CHF

Preisvergleich zwischen verschiedenen Wechselrichtern lohnt sich immer. Die Preise sind mit der Zeit variabel.

In der unterstehenden Tabelle sieht man die erlaubte maximale Leistungsaufnahme eines Motors, der über zwei verschiedene Wechselrichter mit gleicher Leistung gespeist wurde (der 10 Mal größere Wert der Motor-Leistungsaufnahme darf die Spitzenleistung des Wechselrichters nicht übersteigen).

Wechselrichter Berel EC 2000 S (mit Trafo) (Sinus ähnlich)		Hochfrequenz - Sinus Wechselrichter Voltcraft 2000 W – 24	
Dauerleistung	24 V / 2000 W /VA	Dauerleistung	24 V / 2000 W / VA
Spitzenleistung	5000 W / VA	Spitzenleistung	3000 W / VA
Motorleistung:	**5000 : 10 = 500 W max.**	**Motorleistung:**	**3000 : 10 = 300 W max.**
Gewicht	23 kg	Gewicht	5,2 kg

Speisen der Verbraucher mit kleinerer Leistungsaufnahme.

Verbraucher, die eine kleinere Leistungsaufnahme haben (drahtloses Telefon, sparsames TV, Notebook und die Ladegeräte für das Laden von Akku-Batterien) werden mit einem kleinen Wechselrichter gespeist.
Dieser Wechselrichter hat kleinere Verluste, sein Leerlaufstrom ist kleiner im Vergleich zu einem großen Wechselrichter, der bei einer 2 kW Leistung ca. 0,8 A verbraucht.

Für den 12 V Anschluss (z. B. im Wohnmobil) kann man den Wechselrichter 12 V DC / 230 V, 50 Hz, 150 W, z. B. Nr. 05 71 80 aus dem Katalog Conrad nach dem **Bild 5.6.1f** verwenden.

Bild 5.6.1f Wechselrichter **12 V DC**, 230 V, 50 Hz, **150 W** (Spannung: Sinus ähnlich, Lieferant: Conrad Electronic AG.

Bei dem Hausnetz 24 V DC Spannung im Rustico haben wir einen Wechselrichter mit 24 V DC Primärspannung benutzt. Sein kleinerer Strom braucht kleinere Querschnitte der Zuleitung und mit der Spannung 24 V werden die beide in Reihe geschaltete Speisebatterien gleichmäßig belastet.

Z. B. der Wechselrichter von der Firma Simpex Wetzikon - CH **Typ A300 - 300** nach dem **Bild 5.6.1g**. Bei 60 W, die wir wegen den grösseren Anlaufströme der Verbraucher von ihm maximal ziehen wollen, wäre der Primärstrom, der die beide Batterie belastet, ca. 2,5 A.

Da der Querschnitt der Hausinstalationsleitung zum Wechselrichter 4 mm^2 beträgt, gibt es keine Probleme mit größerer Abfallspannung an der Leitung.

Parameter des Wechselrichters A300 - 300

SPANNUNG SINUSÄHNLICH	230 V, 50 Hz
INPUT VOLTAGE RANGE	**20 – 30 V**
INPUT FULL LOAD CURRENT	15 A
STANDBY INPUT CURENT	0,2,A
CONTINUE OUTPUT POWER	**300 W**
PEAK OUTPUT POWER	600 W
EFFIZIENTY	90 %
PREIS	50,- CHF

Bild 5.6.1g Wechselrichter 24 V DC / 230 V 50 Hz, 300 Watt, Firma Simpex, Wetzikon - CH

Beim Aussetzen eines Wechselrichters sind folgende Ursachen möglich:

- die zu schwache Speisebatterie sollte nachgeladen werden oder durch eine leistungsfähigere Batterie ersetzt werden

- zu große Abfallspannung an der Zuleitung zum Wechselrichter.
  Zuleitung kürzen oder den größeren Querschnitt der Leitung wählen. (bei 11,5 V / 23 V setzt der Wechselrichter aus).

- der Wechselrichter hat eine zu kleine Spitzenleistung, die den großen Anlaufstrom eines angeschlossenen Verbrauchers nicht verkraftet.
  Ein Wechselrichter mit größerer Spitzenleistung sollte eingesetzt werden.
  (Die Spitzenleistung des Wechselrichters soll 10 Mal größer sein als die Leistungsaufnahme des Verbrauchers).

Literaturverweis:

Betriebsanleitung Spannungswandler (Wechselrichter) EC 2000 S Firma Berel
Katalog Conrad Electronic AG
Katalog Simpex AG – CH
Katalog Reichelt.de
Internet-Google-Suche: Wikipedia – Wechselrichter

5.6.2 MOTOR-STROMGENERATOR (MSG)

Für große induktive Belastungen mit langen Betriebszeiten muss man einen leistungsfähigen Motor - Stromgenerator einsetzen.

Beim Ausbau des Rusticos wurde der MSG mehrere Male am Tag eingeschaltet, also erlangten wir von ihm eine schnelle Betriebsbereitschaft.

Für die Bestellung des MSG wurden folgenden Parameter festgelegt:

- Dauerleistung des Generators 4,5 - 5 kW / kVA (mit Rücksicht auf die Verbraucher mit der Aufnahmeleistung 2,2 kW)

- Einphasige und / oder dreiphasige Spannung (230 V,50 Hz, 3 x 400 V,50 Hz)
- maximal zulässiger Strom 19 A
- Antrieb entweder mit einem Benzin- oder Dieselmotor mit Elektrostarter
- Leistung des Antriebsmotors möglichst über 7,5 PS
- max. Gewicht 90 kg (wegen Mobilität)

Leistung des MSG:

Die Leistung des MSG ist auf seinem Leistungsschild in VA angegeben. Der gleiche Wert in Watt gilt für eine reine ohmsche Belastung (Bügeleisen, Heizgeräte, Glühlampen).

Die Leistung **in VA nennen wir Scheinleistung Ns.**

Die induktiven oder die kapazitiven Verbraucher mit der Phasenverschiebung und den Anlaufströmen (z.B. ein Holzspalter mit einem einphasigen Motor) begrenzen die Scheinleistung Ns des MSG auf den Wert **P**, der durch die Korrektur mit einem Leistungsfaktor **L** entsteht. Den Leistungsfaktor L bestimmt der Hersteller mit der Rücksicht auf den sicheren Betrieb des MSG:

P = Ns x L in Watt wirkliche Leistung des MSG für die induktiven Lasten

Es gibt zwei wichtige Korrektur-Faktoren, die die optimale Wahl der Leistung des MSG beeinflussen:

Leistungsfaktor **L beim MSG** und
Phasenverschiebung **cos phi bei den Verbrauchern**

Beispiel:
Die technischen Angaben aus der Bedienungsanleitung des MSG YAMAHA:

Schildleistung Ns = 3900 VA
U = 220 V / 50 Hz (alter Wert der Spannung), maximal erlaubter Strom Is = 17,7 A, Leistungsfaktor L = 0,6, (der Leistungsfaktor L berücksichtigt induktive Lasten und die Anlaufströme der Verbraucher). Die Belastung des MSG durch induktive Lasten ist:
P = U x Is x L = 220 x 17,7 x 0,6 = **2324 W** – sie ist die erlaubte Belastung des MSG durch einen induktiven Verbraucher.

Einige Hersteller empfehlen, um eine noch größere Betriebssicherheit des MSG zu gewährleisten, für die induktiven Verbraucher eine **3 Mal** größere Schildleistung als Leistungsaufnahme des Verbrauchers.

Durch diese unsicheren Empfehlungen der Hersteller käme man bei unserem 3PS (3x736 W) Motor für den Holzspalter durch die erwähnte Korrektur über 6 kVA der Schildleistung. Der MSG wäre teuer, wiegt nahezu 150 kg und damit geht seine Mobilität verloren.

Leistungsaufnahme Ns_v (Scheinleistung) des Verbrauchers, die den MSG belastet:

Die Leistungsaufnahme Ns_v (Scheinleistung in VA) eines induktiven Verbrauchers ist größer als seine wirkliche Leistung P_v (PS, W) und hängt von seiner Phasenverschiebung (cos phi) ab. Die Leistungsaufnahme Ns_v wird ausgerechnet nach der Formel:

$Ns_v = P_v$: cos phi (VA)

Die nachfolgende Theorie und die Beispiele sollen den Begriff »Phasenverschiebung« den Lesern etwas näherbringen:

Erklärung der Phasenverschiebung cos phi eines Verbrauchers:

Die induktiven Geräte verbrauchen für die Schaffung ihres magnetischen Feldes bestimmte elektrische Energie, genannt Blindleistung. Die Blindleistung erhöht die Leistungsaufnahme des Gerätes, z. B. eines Elektromotors, ohne an der wirklichen Leistung des Elektromotors teilzunehmen.

Aus der Blindleistung entsteht der Blindstrom Ib. Er ist um 90° gegen die Spannung U verschoben. Im Vektor-Diagram **Bild 5.6.2a** sieht man den Zusammenhang zwischen der Spannung und dem Strom.
Der Wirkstrom Ip bestimmt die wirkliche Leistung eines induktiven Gerätes und ist parallel mit der Spannung U.

Die geometrische Summe von Ip und Ib (Wirkstrom und Blindstrom) heißt Scheinstrom Is = Ip : cos Phi

Der Scheinstrom Is ist messbar, wie die Wechselspannung U, und er ist entscheidend für die Belastung der Geräte und der Zuleitungen. Die Werte des Stromes Ib (Ib') und Ip im Vektor Diagram sind imaginär.

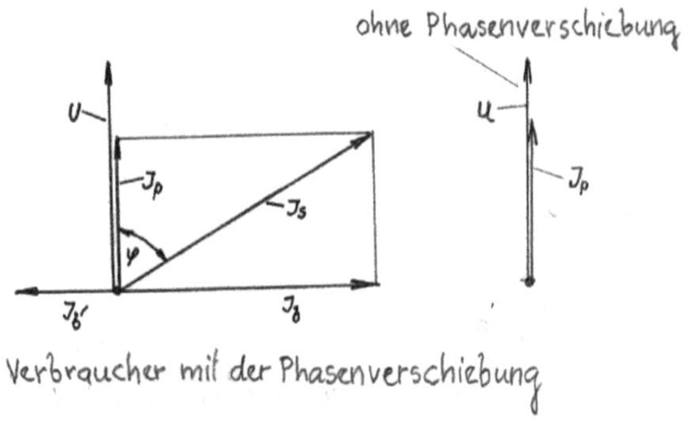

Ns_v ...Scheinleistung (Leistungsaufnahme) des Verbrauchers in VA
P, P_v .... Wirkliche Leistung in W (Watt)
cos phi....Phasenverschiebung
Is.... Scheinstrom (Belastungsstrom)
Ib (Ib')..... Blindstrom
Ip.... Wirkstrom
U..... Spannung 230 V/ 50 Hz

Bild 5.6.2a Vektor Diagram

Bei einem ohmschen Verbraucher verlaufen die Spannung U und der Strom Ip im Vektor-Diagram parallel (keine Phasenverschiebung, phi = 0, cos phi = 1). Darum in diesem Fall Ns = P (in Watt).

Bei den kapazitiven Verbrauchern (die Energie wird für das elektrostatische Feld verbraucht) ist die Situation ähnlich wie bei einer induktiven Belastung, jedoch der Vektor des Blindstromes Ib' zeigt in der Gegenrichtung (der Vektor Ib' in der Richtung links).

Das gibt die Möglichkeit, den Belastungsstrom Is (induktiver Bereich) mit dem Zuschalten geeigneter Kondensatoren (sogenannten Phasenschieber-Kondensatoren) zu verkleinern (Ib minus Ib').

Die aufgeführten Beispiele erklären den Einfluss der Phasenverschiebung cos phi auf die Wahl der Leistung eines MSG.

Beispiel 1:
MSG YAMAHA Ns = 3,9 kVA, erlaubte Belastung im induktiven Bereich (Korrektur mit dem Leistungsfaktor L = 0,6) P = 3900 x 0,6 = **2400 W**, Is = 17,7 A

Holzspalter mit einem Induktionsmotor P_v = 3 PS, in Watt = 3 x *736 = **2208 W.** Dies ist die wirkliche Leistung an der Achse des Motors **(*736 W = 1 PS), die** mit dem MSG angetrieben werden soll.

Die erhöhte Leistungsaufnahme (Scheinleistung) Ns_v des Induktionsmotors in VA (sie belastet den MSG) bei cos phi des Motors = 0,95

Ns_v = P_v : cos phi = **2208** : 0,95 = **2324 VA**

Der Induktionsmotor eines Holzspalters belastet den oben genannten MSG mit **2324 VA**, was knapp ist im Vergleich zu in der Bedienungsanleitung maximal erlaubten **2400 W** des MSG YAMAHA.

Den Belastungsstrom Strom Is_v des Induktionsmotors errechnen wir aus der Formel:

Is_v = Ns_v : U = 2324 : 220 = **10,5 A**
Der max. erlaubte Strom in der Bedienungsanleitung des MSG YAMAHA ist **17,7 A**.

Beispiel 2:
Bei einem Gerät mit Transformator, wie z.B. unser Schweißapparat, wird seine Leistungsaufnahme (Scheinleistung) mit Ns_v = 4 kVA angegeben. In diesem Fall errechnen wir den Strom, der den MSG belasten könnte, nach der Formel:

Is_v = Ns_v : U = 4000 : 220 = **18,18 A**

Der MSG YAMAHA wäre mit diesem Strom überlastet, der maximal erlaubte Strom ist **17,7 A.**

Es sollte nicht vergessen werden, dass die Verluste an den Geräten und an den Leitungen durch den Belastungsstrom (Scheinstrom **Is_v / Is**) mit dem **Quadrat des Belastungsstromes steigen** (N = R x I^2 - Wärmeverluste, Spannungsabfall an der Leitungen) und **ist entscheidend** für ihre richtige Dimensionierung.

Eine wenig bekannte Tatsache für den Laien ist, dass die Leistung des MSG von der Umgebungstemperatur und der Höhe über Meer (gerade in Berggebieten wichtig) abhängig ist. Diese Parameter beeinflussen die Leistung des Antriebsmotors negativ und damit auch die elektrische Leistung des MSG.

Bei bestimmten Geräten wird dieser Nachteil mit einer überdimensionierten Leistung des Antriebsmotors eliminiert.

Die angegebenen Schildleistungen beziehen sich üblicherweise auf die Umgebungstemperatur **+ 20°C** und die Aufstellhöhe bis **1000 m ü. M**.

Pro **100 m** der Höhe ü. M. über dem angegebenen Wert wird die Leistung um **1% vermindert** und bei jeden **5°C** über der +20 °C Umgebungstemperatur um jeweils **2%**.

Auch bei **längerem Betrieb** kann die angegebene Leistung manchmal bis um **10 % sinken.**
All diese Angaben sollten bei der Wahl der Größe der Schildleistung des MSG berücksichtigt werden.

Wahl der einphasigen oder dreiphasigen Spannung (Drehstrom) des Generators:

Eine dreiphasige Spannung des Generators ist für die Speisung von dreiphasigen Verbrauchern notwendig.

Die **Leistung des einphasigen Ausgangs 220 V, 50 Hz eines dreiphasigen MSG (3 x 400 V / 50 Hz)** wird mit einem MSG gleicher Leistung, der nur eine **einphasige Spannung 220 V / 50 Hz** liefert, verglichen:

Die Leistungsunterschiede bei dem 220 V AC Ausgängen der beiden Generatoren sind in der **Tab.5.6.2b** zusammengefasst (Auszug aus der Bedienungsanleitung für die MSG YAMAHA.

Verbraucher	**EDA 4700E - einphasig, 3,9kVA**	**EDA 4700T dreiphasig, 3,9 kVA**
Glühlampen	**3900W** / 220 V, 50 Hz	**1200W** / 220V, 50 Hz, einphas. Ausgang
Einphas . Ausgang bei Lestungsfaktor = 0,6	**2300W** / 220 V, 50 Hz	**700W** / 220 V, 50 Hz
Dreiphas . Gen. bei Leistungsfaktor = 0,6	-----	**2300W** / 3 x380 V / 50 Hz

Tab. 5.6.2b Vergleich der Leistungen bei den 220 V Ausgängen der einphas. und dreiphas. MSG gleicher Nennleistung.

Der Vorteil der dreiphasigen Anlage sind kleinere Betriebsströme (inkl. der großen Anlaufströme), der Nachteil ist die kleinere Leistung des MSG am einphasigen Ausgang.

Die theoretische Begründung der kleinerer Leistung am einphasigen Ausgang des dreiph. MSG:
Leistung beim dreiphasigen Wechselstrom **N = U x I x 1,732 x cos phi**
Für die Sternschaltung der Wicklungen (**Bild 5.6.2c**) mit dem Nulleiter gilt: **U_s = U_f x 1,732**

U_s ..... Spannung Phase -Phase
U_f ..... Spannung zwischen der Phase und dem Nulleiter

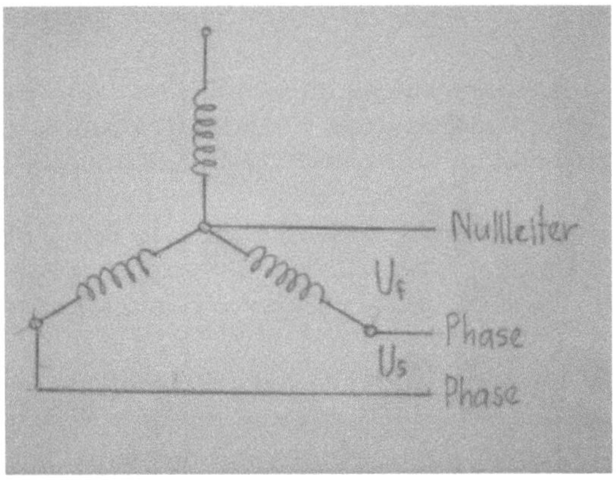

Bild 5.6.2c Sternschaltung der Wicklungen des dreiphasigen Generators

Der einphasige Strom I_{ein} = N : (U_{ein} x 1,723) = 1200 : (220 x 1,732) = 3,14 A

Die einphasige Leistung N_{ein} = U_{ein} x I_{ein} = 220 x 3,14 = **690,8 W**

Nur einphasige Verbraucher mit einer Leistungsaufnahme bis 690 W können betrieben werden.

Einfluss der stabilen Ausgangsspannung des MSG auf die Schweißleistung des Schweißgerätes

Wie schon erwähnt, speisen wir mit dem MSG YAMAHA auch das Schutzgas-Schweißgerät 4 kVA. Der Dieselmotor (7 PS) des MSG, den wir gewählt haben, hat dazu beigetragen viele Schweißarbeiten zu realisieren. Bei maximalem Schweißstrom von 140 A wurde der MSG jedoch überlastet, was die Qualität der Schweißnähte in diesem Strombereich beeinträchtigt.
Der Generator lieferte eine zu kleine Spannung.

Wenn das Schweißgerät an das öffentlichen Netz angeschlossen ist, funktioniert das Gerät einwandfrei. Die Netzspannung ist stabil bei 225 - 235 V. Also hängt alles von der stabilen Speisespannung des Schweißgerätes ab.

Berechnung des Spannungsabfalls
Durch die folgende Berechnung kontrolierten wir den Spannungsabfall an der Zuleitung zum Schweißgerät, der die Ursache der begrenzten Schweißleistung des Gerätes sein könnte.

Spannungsabfall U = 2 x ro x L x I : Q

U ... Spannungsabfall an der Speiseleitung
ro ... 0,0018 ...spez. L.t.g. - Cu Widerstand in Ohm m / mm^2
L .....Länge der Kupferleitung in m
Q .....Leitungsquerschnitt in mm^2
I......Leitungsstrom in A

Spannungsabfall an der Zuleitung: bei der Belastung mit 19 A

Die Kabelrolle mit dem Kabel 30 m / 1,5 mm^2 belastet mit 19 A 2 x 0,018 x 30 x 19 : 1,5 = 13,68 V
30 m / 2,5 mm^2 belastet mit 19 A 2 x 0,018 x 30 x 19 : 2,5 = 8,2 V

Wenn der MSG bei maximaler Belastung doch 220 V AC Spannung an seiner Ausgangssteckdose hat, entsteht an der Leitung vom 1,5 mm^2 Querschnitt zum Schweißgerät bei 19 A fast 14 V Spannungsabfall. Das hat einen markanten Einfluss auf die Schweißleistung des Schweißgerätes. Die Leistung sinkt mit dem **Quadrat der Spannung** (N = U^2 : R).
In diesem Fall sollte man die Zuleitung kürzer machen, oder man benutzt ein Kabel mit Durchschnitt 2,5 mm^2.

Wahl des Antriebmotors für den Generator:

Die sofortige Betriebsbereitschaft des MSG ist durch einen eingebauten Elektrostarter gegeben. Der Diesel-MSG verglichen mit dem Benzin-MSG bringt von Anfang an fast die volle Leistung. Er ist langlebiger, sparsamer und hat den größeren Drehmoment, der beim Anlauf der angetriebenen Maschinen wichtig ist.
Der Benzin MSG braucht einige Minuten zum Vorwärmen.
Dies war entscheidend für unsere Wahl des MSG.
Einige MSG haben einen grösseren Antriebsmotor eingebaut (8 – 10 PS), um in den höheren Lagen ü. M. genug Leistung für den Generator zu bekommen. Jedoch ist mehr Verbrauch des Kraftstoffs die Folge.

Wir kauften den Motor-Stromgenerator der Marke YAMAHA mit Dieselmotor, **Schildleistung 3,9 kVA**, einphasige Spannung **220 V / 50 Hz**, max. **Strom 17,7 A**, mit einem Elektrostarter **(Bild 5.6.2d).**

Die Leistung des MSG war sehr nah an der Leistungsaufnahme unserer starken Verbraucher.
Der gewünschte Praxisbetrieb-Versuch beim Lieferanten bestätigte die Richtigkeit der gewählten Leistung.

Der MSG wurde stationär im Keller aufgestellt. Seinen Auspuff führen wir durch die Grundmauer nach außen.
Das Gewicht des MSG von 98 kg erlaubt zwei kräftigen Personen den Transport an beliebigen Ort des unebenen Geländes. Das haben wir mehrmals ausgenutzt.

Fernbedienung des MSG:

Den Motor-Stromgenerator YAMAHA haben wir auch als elektrische Quelle für Steckdosen mit 230 V / 50 Hz Wechselspannung im ganzem Haus verwendet. Dabei war eine Fernbedienung des MSG erforderlich. Der MSG besaß keine Fernbedienung.

Durch einen einfachen Eingriff in die Verdrahtung der Steuerung des MSG konnten wir diesen Mangel beheben.
Ein Schaltrelais, direkt im Gehäuse des MSG eingebaut, betätigte den Anlasser.
Zu jeder Steckdose 220 - 230 V im Wohnraum wurde ein vierpoliges Kabel für die zwei Schalter zugeführt. Ein Schalter dient zum Einschalten, der zweite zum Ausschalten des MSG. Siehe die Schaltung **Bild 5.6.2e**.

Den MSG mit Dieselmotor kann man fern nur einmal ein- und ausschalten. Das Ausschalten des Dieselmotors geschieht durch die elektrische Betätigung eines Dekompressionshebels, der für das nächste Einschalten mit dem Elektrostarter in die Start-Position manuell gebracht werden muss.

Starten des Benzinmotors wäre komplizerter.
Das Problem entsteht bei der Fernbedienung des Benzinschocks, der vor dem Start 2 bis 3 Sekunden betätigt wird und nach dem Anlauf wieder retour gestellt werden muss.

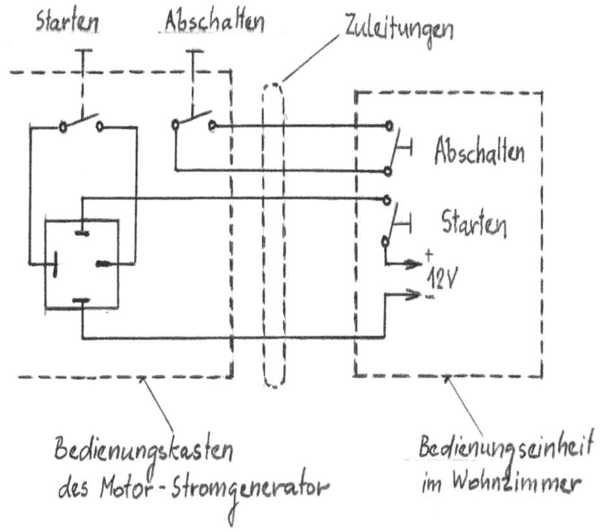

Bild 5.6.2e Fernbedienung des MSG mit dem Dieselmotor

Bild 5.6.2d MSG YAMAHA

Ersetzen unseres zerstörten MSG durch einen Neuen:

Nach mehreren zufrieden verlaufenen Dienstjahren wurde der MSG YAMAHA durch eine Blitzentladung zerstört und wir mussten uns für ein Ersatzgerät entscheiden.
Trotz vieler Vorteile des MSG mit Dieselmotor haben wir uns für einen MSG mit Benzinmotor entschieden aus folgenden Gründen:

Der Preis war damals nur halb so groß wie der des MSG mit Dieselmotor,
der gewählte Benziner MSG hat die größere elektrische Leistung,
der Belastungsstrom ist größer
das Gewicht ist 90 kg

Wir brauchen den MSG nicht mehr so oft wie früher während des Ausbaus des Hauses, daher kauften wir einen preisgünstigen Motor-Stromgenerator Marke WFM, Schildleistung 6,7 kVA, Strom **29 A** mit einem Robin-Viertakt-Benzinmotor 7,5 PS (**Bild 5.6.2f**).

Auf den Elektrostarter haben schweren Herzens verzichtet. Den Benzin-Motor kann man manuell ziemlich gut starten, aber das elektrische Starten bleibt eleganter.
Nach den Herstellerangaben sollte dieser MSG 1000 Betriebsstunden ohne große Reparaturen laufen. Bei unserer derzeitigen Einsatzhäufigkeit wären dies ca. 10 Jahre. Die Schweißleistung unseres 4 kVA Schweißgerätes konnte durch die Speisung mit dem WFM MSG mit seinem maximalen Strom von 29 A verbessert werden.

Bild 5.6.2f WFM Motor Stromgenerator

In der **Tab . 5.6.2g** sind die Parameter des Diesel - und Benzin MSG verglichen

Allgemeine Angaben	**Stromerzeuger YAMAHA Mod. EDA 4700 E 4 Takt 1 Zylinder Diesel**	**Stromerzeuger WFM Mod . HN 67 MR 4 Takt 1 Zylinder Benzin**
Generator	Diesel - Motor	Benziner
Nennsp.	220 V	230 V
Frequenz	50 Hz	50 Hz
Nennausgangsleistung	3900 VA	6700 VA
Leistung bei ohmischen Last	3900 W	6700 W
Nennstrom	17.7 A	29 A
Nennleistung	beim Faktor 0.6: 2300 W	beim Faktor 0.8: 5400 W
Motor		
Hubraum	412 cm^2	404 cm^2
Ausgangsleistung	7PS / 3000 RPM	7.5 PS / 3000 RPM
Kraftstoff	Diesel	Benzin
Kraftstofftank	12 Liter	7 Liter

Tab. 5.6.2g Parameter des Diesel- und Benzin MSG im Vergleich

Literaturverweis:

YAMAHA Bedienungsanleitung des EDA 4700E mit dem Diesel Motor
Internet-Google-Suche: Wikipedia – Elektrischer Generator

5.7 BLOCKHEIZKRAFTWERK (BHKW)

Auch durch bessere Ausnutzung von Energiequellen werden Brennstoffe gespart. Dazu dienen die **BHKW**.

Ein **Blockheizkraftwerk** besteht aus einem Diesel- oder Gasmotor gekoppelt mit einem Generator (Kraft-Wärme-Kupplung). Er ist mit einem Motor Stromgenerator zu vergleichen (MSG siehe **Kapitel 5.6.2**), der nur ein Drittel der gesamten Energie in Strom umwandelt. Die restlichen zwei Drittel der Energie ist Wärme, die als Verlust durch den Motorkörper und über den Auspuff ungenützt in die Umgebung ausgestrahlt wird.

Der BHKW arbeitet wirtschaftlicher, er nutzt noch die restlichen zwei Drittel der ungenutzten Wärme und damit wird seine Energieeffizienz auf ca. 95 % erhöht. Auch der CO_2 Ausstoss wird vermindert gegenüber der normalen Standard-Heizung. Elektrischer Strom und Warmwasser werden mit dem BHKW erzeugt (**Bild 5.7a)**.

Entgegen dem luftgekühlten Antriebsmotor bei einem MSG ist der Motor des BHKW inklusive der Auspuffleitung mit Wasser gekühlt. Das erwärmte Wasser wird für die Beheizung der Wohnräume genutzt. Die eingebaute Steuerung regelt den Heizungsprozess.

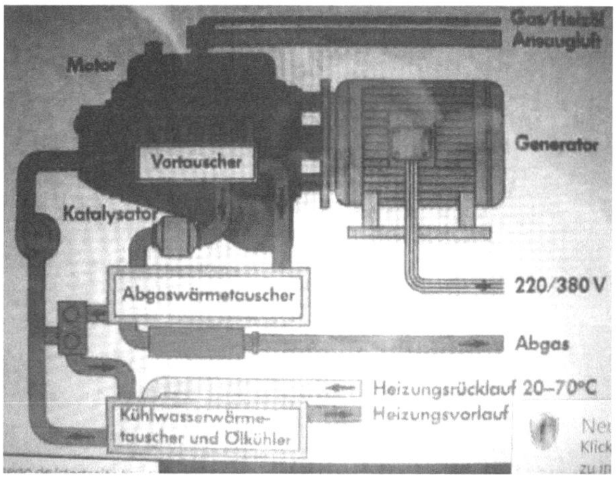

Bild 5.7a Blockheizkraftwerk

Bei Verwendung eines BHKWs für ein Rustico sind die Anschaffungskosten (mehr als 20.000 Euro) zu hoch und wegen der Lieferung von Dieselöl /Gas für die Speisung eines Motors wäre die Autarkie des Hauses verloren.

Um die Anschaffungskosten für den Privat-Bereich zu eliminieren, startet der VW-Konzern mit der Firma Lichtblick – De ein Programm, das in der Stadt Hamburg (2010) für 100.000 Haushalte realisiert werden sollte, später auch in anderen Städten Deutschlands.

In den VW-Werken werden die BHKW in großer Serie hergestellt (Gasmotor mit dem Generator) und die Verteilung der Einheiten durch die Firma Lichtblick an die Kunden ermittelt.

Der BHKW bleibt im Eigentum der Firma Lichtblick, die Firma vermietet den BHKW an die Kunden und sichert den Service und die Steuerung aller vermieteten BHKW über eine zentrale Steuerungsstelle.
Diese Öko-Lösung vermindert wesentlich den CO_2 Ausstoss bei der Beheizung der Wohnungen. Ob die Verbraucher die Preisvergünstigung dabei spüren werden, ist eine Frage der Zeit.

Das Prinzip dieser Beheizung der Wohnräume hat W. R. Weiß in seinem neu gebauten Haus selber realisiert (sein Buch »Energieinsel«, siehe Internet), inklusive der Steuerung der Anlage.
Im Vergleich zu der VW- / Lichtblick-Lösung hat sein Inselbetrieb einen Vorteil. Er ist von keiner Gesellschaft abhängig, die ihm die Preise der Beheizung jederzeit zu seinen Ungunsten ändern könnte. Mit seinem fachlichen Wissen und der Mitarbeit der ganzen Familie konnte er das ökologische Werk fertigstellen.

Aktuell sind Mikro BHKW für Einfamilienhäuser (bis ca. 1,5 kW el. Leistung), die mit einem Stirlingmotor betrieben werden (Japan).

Der Stirlingmotor muss geheizt werden.

Die Besonderheit des Stirlingmotors entgegen dem Gasmotor ist, dass die Wärmeenergie auch von außen dem Gerät zugeführt werden kann. Dann könnte eine beliebige Energiequelle genutzt werden – Dieselöl, Gas, Holzpellet und Solarenergie. Die Energieeffizienz des Stirlingmotors ist ca. 11 %.
Investition für diese Anlage ist ca. 15 000 Euro.

Literaturverweis:

Internet-Google-Suche: VW / Lichtblick BHKW - Programm
Internet-Google-Suche: VW - Lichtblick BHKW
Internet-Google-Suche: BHKW Honda
Internet-Google-Suche: Peter Fette – Wie arbeitet der Stirlingmotor
Buch »Energieinsel«, Autor W. R. Weiß

6. ELEKTROINSTALLATION IM HAUS

Unsere elektrische Hausinstallation besteht aus vier Kreisen:

- Leitungen für die 12 V / 24 V Gleichspannungen (DC)
- Leitungen für die 230V / 50 Hz Wechselspannung (AC)
- Steuerleitungen, Telefonleitung
- Satelliten-Antennenanschluss

Die Kreise werden in getrennten Installationsrohren geführt. Gerade bei der Spannung 230 V, 50 Hz ist es sehr wichtig aus Sicherheitsgründen die Leitungen in separaten Rohren zu führen.

Mit der Wahl von 24 V Gleichspannung für die Kleinspannungsgeräte erreichen wir zweimal kleinere Ströme gegenüber der 12 V Installation, von denen die ohmsche Verluste der elektrischen Anlage mit dem Quadrat des Stromes abhängen ($N = R \times I^2$).
Damit braucht man auch kleinere Querschnitte der Leitungen als bei der 12 V Energie Verteilung.

Wir könnten die Schalter und die Steckdosen verwenden, die im Handel für 230 V Wechselspannung angeboten werden. Der Spannungsabfall an den Leitungen ist kleiner, die Leuchter blinken beim Einschalten der anderen Verbraucher nicht mehr.
Auf die 12 V Gleichspannung konnten wir nicht ganz verzichten. Es gibt viele elektrische Geräte und Bauteile, die nur für 12 V Spannung ausgelegt sind und die für uns unverzichtbar sind (Ursprung: Autoindustrie).
Für den Anschluss an die beiden Gleichspannungen 12V / 24V verwendeten wir sogenannte Euro-Kaltstecker / Dosen. Sie haben jeweils drei Anschlüsse und werden nach dem **Bild 6a** für die einzelnen Spannungen verdrahtet, sodass jeder Verbraucher, entweder an einen 12 V oder 24 V Anschluss beim Einstecken in die Steckdose angeschlossen wird.
Die einzelnen Anschlusskabel bezeichneten wir je nach der Art der Verdrahtung mit 12 V oder 24 V.

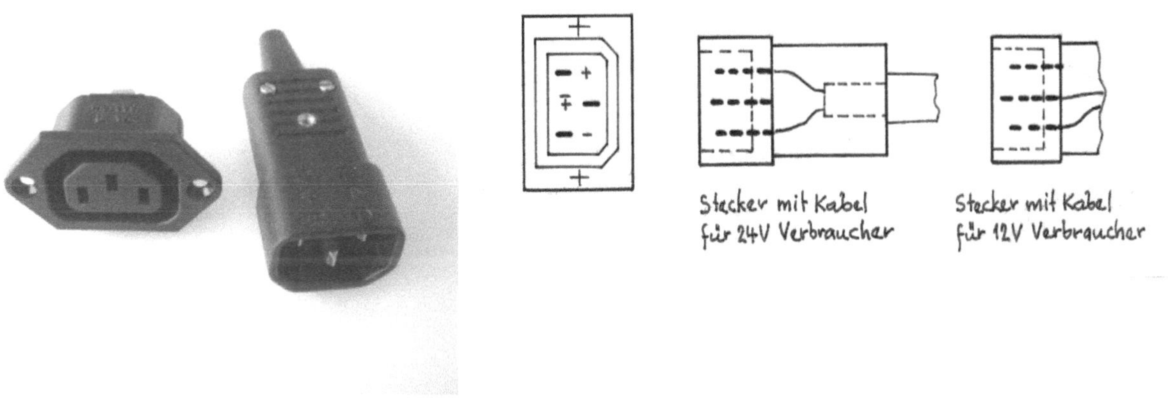

Bilder 6a Verdrahtung des Euro Steckers für 12 / 24 V

In der Hausinstallation wird für den 12 V Kreis die Batterie gewählt, die den gemeinsamen Minus-Pol mit dem 24 V Kreis hat.
Wegen ungleicher Belastung der Batterien verzichteten wir bei den 12 V Verbrauchern mit der größeren Leistungsaufnahme auf den direkten Anschluss am 12 V Hausnetz. Diese Verbraucher werden über einen DC / DC Umwandler 24 / 12 V an das Hausnetz 24 V angeschlossen (Fernseher, Sat-Receiver, Notebook).

Für die Spannung 230 V / 50 Hz verwendeten wir Standard-Steckdosen 10 A (2 Pole + Erde).

Die Querschnitte für die Leitungen

- Zuleitungen zu den **Steckdosen 12 V / 24 V** Gleichspannung: Cu - Litze 2,5 mm^2 (bis 15 m lange Leitung)
- Zuleitungen für die **Lichtkreise 24 V DC:** Cu - Draht oder Cu - Litze 1,5 mm^2 (bis 15 m lange Leitung)
- Zuleitungen **von den Batterien** (2 x 12 V) im Keller **zum Hauptverteiler** im Wohnzimmer Cu - Litze 4 mm^2 (1,5 m lang)
- Separate Zuleitungen **von den Batterien** im Keller **zum Wechselrichter** im Wohnzimmer Cu - Litze 25 mm^2 (1 m lang)
- Zuleitungen zu **den Steckdosen 230 V / 50 Hz:** Cu-Draht 1,5 mm^2 (bis 15 m lange Leitung)
- **Steuerleitungen, Telefon:** Cu-Litze 0,75 -1 mm^2

Die Wahl der Querschnitte der Leitungen für die 12 / 24 V DC Stromkreise richtet sich nicht nur nach der Belastung der Leitung durch die starken Verbraucher. Vom richtigen Querschnitt und der Länge der Leitung ist auch die Auslösung der Leitungsschutzschalter beim Kurzschluss im Stromkreis abhängig (Aktuelle Technik 8. 08, B + L Verlags AG - CH, Beitrag von Michael Raspotnig, Puls - »Fehlerhafte 24 V DC - Stromkreise frei schalten«).

Die Installationsrohre in einem Holzhaus müssen aus schwer brennbarem Material sein (im Handel die erhältliche graue Ausführung). Für alle Leitungen wählten wir die Rohre mit einem Innendurchmesser von 20 mm, um die Möglichkeit zu haben, nachträglich Leitungen einzuziehen.

Holz ist kein Isoliermaterial und dazu noch brennbar. Darum muss ein geeignetes Isoliermaterial (z.B. Polyamid, Phenolharzplatte) verwendet werden.

Die Kleinspannungskreise werden isolationsmäßig gleich ausgeführt wie die Kreise für 230 V /50 Hz. Manchmal werden sie mit großen Blitzentladungsspannungen beansprucht, wie es im **Kapitel 9** beschrieben ist.

Die biegsamen Kunststoffrohre sind nicht zu empfehlen. Bei dieser Kabelkanalausführung lassen sich Kabel oder Drähte in eingebautem Zustand der Rohre schwer durchziehen. Wenn es nicht anders geht (kleine Bögen, S - Durchführungen), werden die Leitungen schon vor dem Verlegen in die Rohre eingezogen.

Farbige Bezeichnung der Leitungen:

Die konsequente farbige Bezeichnung aller Leiter erleichtert die Verdrahtung und die spätere Fehlersuche oder Ergänzungen der Installation:

DC Spannungen 12 / 24 V:

rot (rt) = Plus **24 V DC**,
weiß (ws) = **Plus 12 V** DC,
blau (bl) = **gemeinsamer Minus Pol für 12 / 24 V DC**

230 V /50 Hz Leitungen:

direkte Phase rot (rt),
indirekte Phase grün (gn) z.B. über einen Schalter,
Null - Leiter blau (bl),
Erdleiter grün / gelb (gb / gn).

Schutz der Installationsleitungen gegen Überlastungen:

Die DC Installationsleitungen 12 / 24 V sind mit drei Leitungsschutzschaltern **LS, Typ B, 10 A** geschützt. (230 V / 50 Hz AC, 63 V DC).

Simulierte Kurzschlüsse an den Steckdosen sollten die richtige Wahl der Größe der Leitungsschutzschalter und den richtigen Querschnitt der Leitung in jedem einzelnen Kreis bestätigen.

Die Leitungen 230 V / 50 Hz vom Motor-Stromgenerator und vom Wechselrichter werden mit LS Schalter **Typ B 16 A** einschließlich eines Fi-**Schutzschalters (30 mA)** für den Schutz von Personen gegen elektrische Schläge bei versehentlicher Berührung der Leitungen ausgerüstet.

Ein eingebautes Blitzschutzgerät (Funkenstrecke) schützt den MSG und den Wechselrichter gegen allfällige Hochspannung bei einer Blitzentladung.

Für Hausinstallationen, die mit dem öffentlichen Elektronetz nicht fest verbunden sind, braucht man keine Bewilligung der Behörden.
Die elektrischen Installationen, die eine Spannung von 230 V / 50 Hz führen, müssen trotzdem nach entsprechenden Normen durchgeführt und die Personen müssen mit einer Schutzeinrichtung (Fi-Schutzschalter) bei direkter Berührung der Spannung führenden Leitungen geschützt werden. Anfänger holen sich einen Fachmann zur Hilfe. Mit einer Kontrolle der elektrischen Anlage durch die Behörde muss man rechnen.

Beachte: Fi-Schutzschalter (Fehlerstromschalter)

Ein Fi-Schutzschalter, Bezeichnung RCD (Residual Current Device), ist eine Schutzeinrichtung in Stromnetzen. Er schützt Lebewesen (Mensch, Tiere) gegen einen elektrischen Schlag. Die Fi-Schutzschalter werden gerne vom Laien idealisiert. Man meint, bei einem eingebauten Fi-Schutzschalter inklusive richtiger Erdung der Geräte kann bei einer Manipulation an der elektrischen Anlage nichts passieren.
IRRTUM! Bei einer unter Spannung stehenden elektrischen Anlage muss man immer Vorsicht walten lassen.

Der Fi-Schutzschalter funktioniert richtig, wenn man **nur die Phase (L) berührt.** Der menschliche Körper bildet den zweiten Pol – er ist in der Regel mit der Erde verbunden.
Bei der **Berührung beider Leiter**, der Phase (**L**) und des Nullleiters (**N**) zusammen, **schützt** der Fi-Schutzschalter **nicht mehr** und ein Unfall ist garantiert.

Der Fi-Schutzschalter soll halbjährig auf seine Funktion geprüft werden. Bei der Betätigung der eingebauten Taste muss der Fi-Schutzschalter auslösen.
Beim Einschalten eines 1 k Ohm-Widerstandes, der dem Widerstand des menschlichen Körpers entspricht, zwischen dem Phasekontakt **L** und dem Erdungskontakt **E** einer Steckdose, muss ebenfalls der Fi-Schutzschalter auslösen.

Wichtig ist noch zu wissen, dass **auch bei funktionierendem Fi-Schutzschalter** bei Berührung der nicht geschützten Stelle einer eingeschalteten elektrischen Anlage **immer einige Miliampere Strom** in Millisekunden **durch den Mensch fließen** und **einen Schock verursachen**.

Der zeitlich begrenzte Strom auf 30 mA, **den man in der Milisekunde spürt**, ist nicht gefährlich, aber der davon ausgelöste Schock kann doch einen Unfall verursachen.

6.1 24 V VERTEILER IM KELLER

In der Nähe der elektrischen Quellen (Batterien) für die 12 / 24 V DC Spannung im Keller wurde ein Verteilerschrank eingerichtet (**Bild 6.1b).** Da sind die zwei Akkus untergebracht und oberhalb des Akkus auf einer Isolierplatte wurden drei Kupferschienen installiert.

Auf den Kupferschienen 12 x 5 mm konzentrieren sich die Leitungen vom Turbinengenerator (über den Brückengleichrichter geleitet), die Anschlüsse der beiden Akkus, die separate elektrische Installation im Keller, die Anschlüsse des Wechselrichters und die Leitungen zum Hauptverteiler im Wohnzimmer.

Die Akkus sind über zwei 100 A Trennklemmen (Migros, Autozubehör, Conrad Electronic AG) und 50 A Sicherungen mit den Kupferschienen verbunden. Der in der Nähe platzierte Motor-Stromgenerator mit Elektrostarter kann auch an die Kupferschienen angeschlossen werden – dann braucht er keine eigene Batterie zum elektrischen Starten.

Für die Anschlüsse an die Kupferschienen wurden die Flachstecker mit Flachsteckhülsen 6,3 x 0,8 mm verwendet (max. Belastung des Flachsteckers bis 15 A).

Eine schematische Darstellung der Anschlüsse sieht man auf dem **Bild 6.1a**, den Verteilerkasten auf dem **Bild 6.1b**. Die in die Kupferschienen gebohrten Löcher mit 4 mm Durchmesser ermöglichen zusätzlich auch die Anschlüsse mit Bananen-Steckern, z.B. zum Nachladen eines separaten Akkus oder eines Anschlusses des Ladegerätes, das im Notfall vom MSG gespeist wird.

Bei Arbeiten auf den 12 / 24 V DC Spannungen sollte man gleich vorgehen wie bei der Spannung 230 V / 50 Hz, also die Stromquelle (beide Batterien) abtrennen oder mit den LS-Schaltern das Hausnetz abschalten. Gerade in der Nähe der Batterien können große Kurzschlussströme entstehen, die durch fallende leitende Gegenstände an nicht isollierte Stellen ausgelöst werden können. Das Ergebnis sind Brandwunden oder beschädigte Geräte und Bauteile.

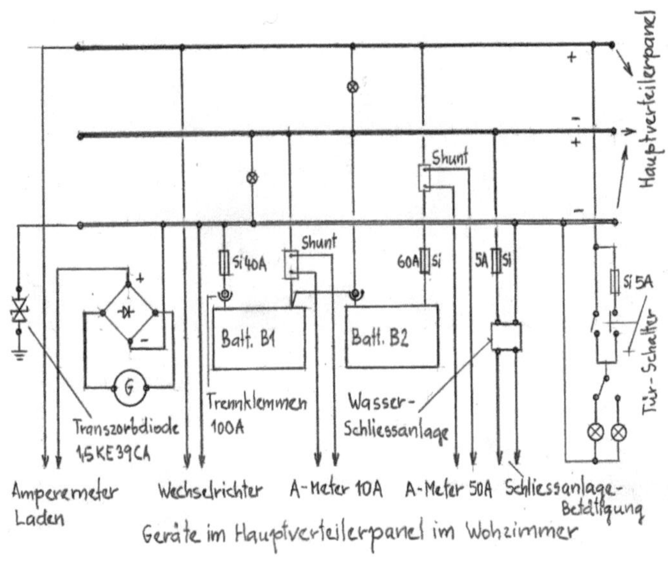

Bild 6.1b Verteilerkasten im Keller

Bild 6.1a Anschlüsse an die Kupferschienen

Die Transzorbdiode 1,5KE39CA auf dem **Bild 6.1a** ist ein Teil der Blitzschutzanlage und sie soll die DC-Installation inklusive die angeschlossenen Geräte gegen mögliche Blitzentladung, die von der nahe liegenden Hochspannungsleitung beim Gewitter ausgeht, schützen.

Es ist sehr wichtig, die Schraubanschlüsse der Geräte mehrmals zu kontrollieren. Gerade bei höheren Strömen verursachen lockere Anschlussstellen die Vergrößerung des Übergangswiderstandes. Eine lockere Anschlussstelle wird erhitzt und beschädigt das nicht richtig angeschlossene Gerät. Sie ist auch Quelle von Störgeräuschen.
Professionell werden elektrische Anlagen (Verteilerschränke) mit einer Infrarotkamera kontrolliert und die festgestellten erwärmten Stellen korrigiert.

Literaturverweis:

Buch: Die vorschriftsmäßige Elektroinstallation, Autor Hösl, Ayx , Busch
Buch: Elektrische Anlagen im Haus und Wohnung, Autor Hans Joachim Geist
Zeitschrift Aktuelle Technik 8 / 08, Beitrag: »Fehlerhafte 24 – DC – Stromkreise frei schalten«, Autor Michael Raspotnig ,Senior Design Ingenieur bei Puls in München.
Internet-Google-Suche: Wikipedia – Fi Schutzschalter

7. NUTZUNG VON SOLARENERGIE

Die Nutzung von Sonnenenergie trägt zur autonomen Energieversorgung unseres Hauses bei. Die elektrische Energie, mittels Solargeneratoren hergestellt, wird in den Akku-Batterien und die Solarwärme von Solarkollektoren mittels Wärmeträgermediums in den Speicher geführt und dort gespeichert.

7.1 SOLARGENERATORANLAGE (Photovoltaik)

Trotz der leistungsfähigen, von der Wasserturbine betriebenen elektrischen Anlage nutzen wir auch die Sonnenenergie mittels zweier Solarpanels Siemens SM 55 je 12 V / 3 A aus.

Besonders im Winter, wenn der Bach im Wald zufriert oder wenn er während der trockenen Sommermonaten zu wenig Wasser führt, sind wir auf diese Energiequelle angewiesen.

Leider haben wir im Winter von den Solargeneratoren weniger Energieausbeute. Die Sonnenstrahlen werden durch den Wald und durch die Berge limitiert. Die Sonneneinstrahlung in dieser Zeit dauert von 11 Uhr bis 15 Uhr (Winterzeit, Anfang November). Danach ist die Sonne hinter den Bergen verschwunden.

Im Sommer ist die Situation viel günstiger. Die Sonne zeigt sich am Himmel um 10 Uhr und um 21 Uhr geht sie unter – rund 11 Stunden Nutzungszeit.

Die überschüssige elektrische Energie im Sommer nutzen wir für den Betrieb von Kühlgeräten zum Kühlen von den Lebensmitteln.

Da wir die Solargeneratoren nicht so viel nutzten, haben wir uns für eine **mobile** Konstruktion nach dem **Bild 7.1a,** Schema **Bild 7.1b** entschieden.

Die Solargeneratoren sollten am Tag mehrmals ausgerichtet werden, um ihre volle Leistung zu bringen. Kein Schatten darf auf das Solarpanel fallen, sonst verkleinert sich seine Leistung empfindlich. Schon die Verschmutzung der Solarpanelen durch fliegende Vögel kann ihre Leistung beeinflussen. Bei gleichmäßiger Einstellung der Panelen zur Sonne, gewinnt man 30 bis 35 % mehr Solarenergieausbeute entgegen eine feste Lage der Panele.

Bild 7.1a Solargeneratoren in einem Gestell

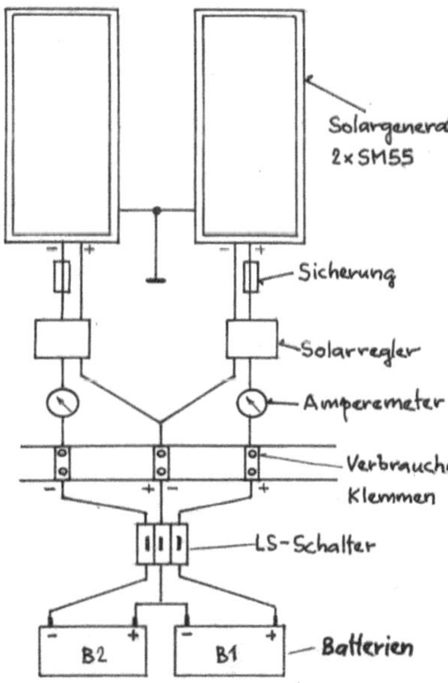

Bild 7.1b Schema der Solargeneratoren

Die Befestigung der Solarpanele ermöglicht eine gute Kühlung und ihre Leistung wird damit etwas erhöht. Eine **hohe Oberflächentemperatur** des Panels verursacht eine **kleinere** Leistung.
Jedes Solarpanel ist in einem Rahmen eingebaut. Die zusammengebundenen Rahmen mit den eingebauten Solargeneratoren werden auf einem drehbaren Stahlrohr befestigt. So können wir sie ohne große Mühe durch das Drehen oder das Schwenken optimal nach der Sonne ausrichten.

Aufgrund des mäßigen Betriebs verzichteten wir auf eine automatische Einstellung zur Sonne. Ihr Standort wurde bestmöglichst ausgewählt. Wir sind häufig in der Nähe vom Sitzplatz vor dem Haus und können die Ausrichtung der Panele mit wenig Aufwand korrigieren. Durch die günstige Position der Panele erzielten wir im Sommer drei Stunden mehr Sonneneinstrahlung gegenüber einer festen Platzierung auf dem Dach.

Die in den Rahmen eingebauten Solargeneratoren können wir im Winter gut vom Schnee befreien und sie funktionieren augenblicklich wieder. Präventiv decken wir sie am Abend ab, um das Anfrieren des fallenden Schnees zu verhindern.

Die montierte Solareinheit wiegt etwa 20 kg. Wenn man sie nicht mehr braucht, wird sie aus dem Stahlständer ausgehängt, die beiden Rahmen mit den Solarpanelen zusammengeklappt und eingelagert.

Ein Kabel von 4 x 2,5 mm^2 verbindet die Solarpanele mit dem Hausnetz über eine Steckdose an der Hauswand. Von dort münden die Leitungen in das Solar-Steuerpanel im Wohnzimmer. Die zwei Solarladeregler (Katalog Conrad Nr. 11 33 44 - 33) und die zwei Amperemeter überwachen den Ladeprozess (**Bild 7.1c**).

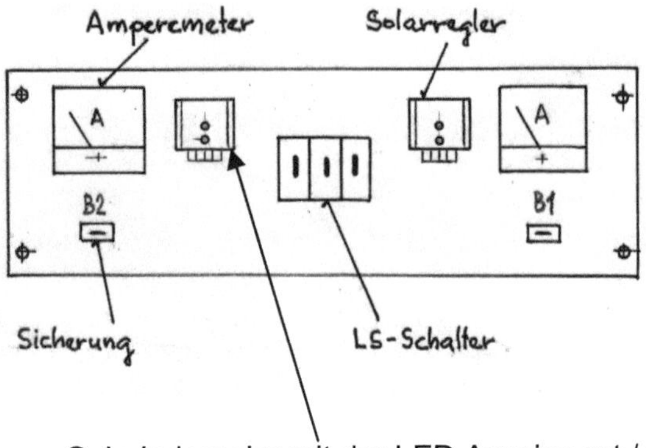

Zum Nachladen der Batterien gibt es zwei elektrische Kreise. Jedes Solarpanel speist getrennt eine Batterie. Das hat den Vorteil, dass jede Batterie separat geladen wird, und die Ladung der Batterie wird mit dazugehörigem Solarladeregler erst abgeschaltet, wenn die Schlussladespannung 14 V erreicht wurde.

Solarladeregler mit der LED Anzeige rot / grün

Bild 7.1c Solar - Steuerpanel

Die Solargeneratoren ergänzen die Funktion der Turbinensteuerung, die die ungleiche Belastung der Batterien von 12 V Verbrauchern nicht ausgleichen kann.

Spezifikation des Solargenerators Siemens SM 55:

Typ	Max. Leist.	Nennspannung	Nennstrom	Leerlaufspannung	Kurzschlussstrom
SM55	**55 Wp**	**17,4 V**	**3,15 A**	**21,7 V**	**3,45 A**

Vergleichbares Solarpanel zu einem günstigeren Preis (Angebot in Internet):

Lieferant preVent GmbH
Monokristaline Solarmodul Art. Nr. 70105

SM 536 - 50	**50 Wp**	**17,9 V**	**2,8 A**	**21,6 V**	**3,2 A**

Grösse 690 x 540 cm
Gewicht 6,2 kg
Preis 67,- Euro inkl. MWS (7. 2013)

Zur Wahl der Solargeneratoren:

Wir haben zwei Solargeneratoren Marke Siemens, Typ SM 55 gewählt (Katalog Conrad Electronic AG). Sie sind eine Ergänzung der bestehenden Turbinenanlage, also braucht man nicht eine noch größere Leistung zu wählen.

Wichtig ist die **Nennspannung des Solargenerators.** Sie sollte nicht kleiner sein, wie es in der oberen Spezifikation angegeben ist. Auf dem Solarpanel sind 36 Solarzellen eingebaut.

Bei Solarpanelen mit weniger Zellen kann es passieren, dass bei bewölktem Himmel die Ladespannung für die Batterien nicht mehr erreicht wird und die Batterien in dieser Zeit nicht mehr nachgeladen werden.

(Vergleich: eine runde Solarzelle mit dem 10 cm Durchmesser bringt bei der vollen Sonnenbestrahlung 0,5 V, 2 A).

Stationäre Unterbringung der Solargeneratoren:

In späterer Zeit wurde die elektrische Energie auch bei unserer Abwesenheit im Haus für die Steuerung der nachgerüsteten Solaranlagen gebraucht, die für die Erwärmung der Wohnräume im Haus sorgen.

Eine Umlaufpumpe, die den Transport des warmen Mediums in die Fußbodenheizung sichert, wird automatisch eingeschaltet, um die Wohnräume zu erwärmen. Die Solargeneratoren, die jetzt ständig draußen bleiben, werden die Akkus nachladen. Auch die Selbstentladung beider Akkus wird eliminiert.

Die stationären Solargeneratoren sind im Stahlrahmen eingebaut und auf einem Stahlrohr befestigt. Das Rohr wurde im Erdboden einbetoniert. Es besteht aus zwei Teilen. Die obere Hälfte des Stahlrohrs ist drehbar und ermöglicht die Einstellung der Solargeneratoren in horizontaler Richtung nach dem **Bild 7.1d.**
Bei der Umdrehung um einige Grad kann man schon mehr als 0,5 A am Ladestrom gewinnen.

Die Solarausbeute in den Sommermonaten beginnt von 10 Uhr und endet um 20 Uhr.
In den Wintermonaten (Anfang November) ist der Sonnenweg Ost – West sehr kurz, die manuelle nachträgliche Einstellung der Solargeneratoren zur Sonne in dieser Zeit wird überflüssig. Die Einstellung in der vertikalen Richtung bleibt fest, ihre Neigungsänderung ist wenig wirksam.

Das Bild 7.1e zeigt die elektrische Zentrale

7.1d Befestigung der Solargeneratoren auf einem Stahlrohr.

Literaturverweis:

Katalogliste des Solargenerators Siemens SM 55
Katalog reichelt.de
Internet-Google-Suche: Wikipedia – Solargenerator

7.2 SOLARKOLLEKTORANLAGE

Die weitere Nutzung von Sonnenenergie realisierten wir mit einem Solarkollektor, den wir für die Warmwasseraufbereitung einsetzten.
Die Ausbeute der Solarenergie durch die Solarkollektoren ist viel effizienter im Vergleich zu einem Solargenerator.
Ein Quadratmeter der Kollektorenfläche liefert im Durchschnitt **5 Mal mehr 50 °C** warmes Wasser, als ein Solargenerator gleicher Grösse mit seiner elektrischen Energie erzeugen kann.

Diese Tatsache ist wichtig bei der Wahl einer optimalen Solaranlage, entweder Solargeneratoren oder Solarkollektoren, z. B. bei einem kleinen Einfamilienhaus, das keine große auf Sonnenseite gelegene Dachfläche besitzt.

Wenn im Haus eine Fußbodenheizung eingebaut ist, kann die Ausbeute der Solar-Thermoenergie noch besser genutzt werden. Die Fußbodenheizung arbeitet im Bereich der niedrigen Temperaturen 20 – 22 °C und das erwärmte Medium vom Solarkollektor mit einer Temperatur von 26 °C ist für die Erwärmung der Fußbodenplatte brauchbar.

Unsere Solarkollektoranlage wurde erst später nach dem Ausbau des Rustico geplant und realisiert. Es mussten verschiedene Kompromisse beim späteren Ausbau der Solaranlage gemacht werden.

Ausschlagebend für das Konzept der Solarkollektoranlage war damals die Wahl des Schwerkraftbetriebes für den Transport des erwärmten Wärmeträgermediums in den Wärmespeicher.
Der Wärmespeicher, der schon für den zentralen Heizungsherd in der ersten Etage des Hauses platziert wurde, bestimmt die Lage der später installierten Solarkollektoren, die unterhalb des Speichers angeordnet werden mussten.

Die nötige Frostschutzsicherheit der ganzen Solarkollektoranlage in den Wintermonaten bestimmt die Art des Wärmespeichers. Sie wurde durch die Wahl eines **Duospeichers** gewährleistet.

Der Ausbau und die Funktion der Solarkollektoranlage

Die Sonnenstrahlen erwärmen das Wärmeträgermedium (Frostschutzmittel-Wassergemisch, im Folgenden als Medium bezeichnet) im Solarkollektor, das in den installierten Duospeicher geführt wird. Der Solarbetrieb ergänzt die Warmwasseraufbereitungsanlage des zentralen Heizungsherdes im Frühling, im Sommer und im Herbst.

Wegen der günstigsten Sonnenbestrahlung des Solarkollektors und kürzeren Solarleitungen für den Schwerkraftbetrieb zum Duospeicher haben wir einen Solar-Flachkollektor an der **Südwest-Seite** des Hauses auf einem Gestell montiert nach dem **Bild 7.2a.** Diesen Solarkreis nennen wir **Solarkreis 1**.

Die optimale Lage des Solarkollektors Südwest ermöglicht seine Funktion bei vollem Sonnenschein teilweise auch in den Wintermonaten bei nicht bewohntem Haus. Der mit Schnee bedeckte Solarkollektor wird durch das Abtauen und danach das Abrutschen der Schneeschicht ziemlich schnell vom Schnee befreit und damit wird er auch im Winter weiter funktionsfähig bleiben, gerade dann, wenn bei Abwesenheit im Haus im Heizungsherd nicht geheizt wird und das Medium im Wärmespeicher niedrigere Temperatur hat.

Bild 7.2a Solarkollektor Südwest, Solarkreis 1

Die Solarleitungen, die Unterbringung des Wärmespeichers und ein enger Weg durch den Rippenrohrtauscher im Speicher verlangten, bestimmte Bedingungen zu erfüllen, um die Funktion des Schwerkraftumlaufs zu gewährleisten.

- Der Wärmespeicher muss mindestens 0,5 m oberhalb des Solarkollektors aufgestellt werden. Wir erzielten 1,5 m Höhenunterschied zwischen dem Solarkollektorausgang und dem Wärmespeicher-Eingang.

- Die Wege der Verbindungsleitungen dürften max. 10 m sein.

- Die Neigung der verlegten Rohre min. 2 % (2 cm / m), keine scharfen Bögen. Auch der horizontal gesetzte Solarkollektor wurde etwas schräg montiert, um die nötige Neigung der in den Solarkollektor eingebauten Rohrbahnen zu erzielen.

- Der Durchmesser der Zugangsrohre (wir haben Kupfer als Material gewählt) nach **Tab. 7.2b**. Bei unserer Anlage haben die Rohre 26 mm Innendurchmesser.

- Die Temperaturdifferenz zwischen dem Solarkollektorausgang (Vorlauf - heiss) und dem Medium in dem Wärmespeicher muss mindestens 5 °C betragen.

Fläche	Kollektor Höhenunterschied zwischen dem Kollektor-Ausgang und dem Duospeicher-Eingang				
	0,5 m	1 m	2 m	4 m	6 m
bis 4 m^2	22 mm	22 mm	18 mm	18 mm	15 mm
bis 10 m^2	28 mm	28 mm	22 mm	22 mm	18mm
bis 20 m^2	42 mm	35 mm	28 mm	28 mm	22 mm

Der Kupferrohr-Durchmesser für den Schwerkraft-Solarkreis ist ein Orientierungswert für Solarkreisanlagen, gefüllt mit einem Frostschutzmittel-Wassergemisch.
Quelle: Zeitschrift Sonnenenergie 2 / 91 Seite 59, Autor Wagner & Co GmbH, D - 3550 Marburg

Tab . 7.2b Rohrdurchmesser für die Solarleitungen

Zum Duospeicher:

Die Hälfte des Volumens des Duospeichers ist mit einem Frostschutzmittel-Wassergemisch (Medium) gefüllt (200 Liter).
Nur bei bestimmter minimaler Temperaturdifferenz zwischen dem Medium im Duospeicher und dem Kollektorausgang (Vorlauf - heiss) kann der Schwerkrafttransport richtig funktionieren.

Ein standardmäßig **vertikal** gestellter Wärmespeicher kann diese Bedingung gut erfüllen. Im unteren Teil des vertikal gestellten Speichers, wo sich der Kaltwasseranschluss befindet, wird ein vom Solarkollektor erwärmtes Medium zugeführt und erwärmt das Wasser, das nach oben steigt. Dann hat auch der wenig bestrahlte Solarkollektor immer noch die Möglichkeit, das weniger warme Medium in den kälteren Teil des Speichers zu transportieren.

Unser Duospeicher ist **liegend** positioniert und kann die Wärmeschichtung nur teilweise nutzen. Beim Wasserbehälter, der im Raum des Außenbehälters des Duospeichers eingebaut ist, ist diese Bedingung erfüllt – der Kaltwasseranschluss ist unten montiert und der Warmwasseranschluss für die Hähne ist von oberem Teil des Wasserbehälters abgezapft.

Der Wärmetauscher im Wasserbehälter, der die Wärme von den Solarkollektoren an das Wasser übergibt, befindet sich im unteren Teil des Wasserbehälters.

Den Anschluss für die Fußbodenheizung im Außenbehälter haben wir in den unteren Teil des Speichers montiert, um die kleinere Mediumstemperatur für die Fußbodenheizung zu erzielen.
Die übrigen Anschlüsse sind in der Mitte des Speichers positioniert.

Die **horizontale** Position des Duospeichers bietet uns die Ausnützung des nicht bewohnbaren Raumes, kürzere Wege der Solarleitungen und die Möglichkeit die abgestrahlte Wärme vom zwischen beiden Schlafzimmern platziertem Duospeicher für die Beheizung beider Schlafzimmer ohne Verluste zu nutzen.

Standardmäßig wird ein Wärmespeicher im Keller untergebracht, dann ist er frostsicher und man spart durch diese Bauweise große Mengen vom Frostschutzmittel-Wassergemisch. Der Wärmespeicher wird mit Wasser gefüllt. In diesem Fall befindet sich das Frostschutzmittel-Wassergemisch nur in den eingebauten Wärmetauschern, in den Solarleitungen und den Solarkollektoren.

Verlegen der Solarleitungen:

Wenn die Solaranlage schon vor dem Umbau des Rustico geplant wird, wäre es günstig, die Solarrohre im Innern des Rustico zu führen z.B., wie die Bausituation es erlaubt, in der Wärmeisolation zwischen der Täfer-Bekleidung und den Balkenaußenwänden. So wären auch die Wärmeverluste der eingebauten Rohre für die Hauswärme genutzt und die Wärmeisolierung der Rohre könnte durch die schon eingelegte Glaswolle in den Wänden gespart werden.

Zur Wahl des Solarkollektors:

Für den Schwerkraftbetrieb eignet sich nicht jeder Solar-**Flachkollektor**. Diese Frage muss zuerst mit dem Hersteller oder dem Lieferanten geklärt werden.
Solarkollektoren mit einer **Schleife-Innenstruktur** sind nicht für den Schwerkraftbetrieb geeignet. Die lange Schleife im Innern des Kollektors stellt einen zu großen Durchflusswiderstand für den Weg des erhitzten Mediums dar.

Röhren-Solarkollektoren sind für den Schwerkraftbetrieb auch nicht optimal. Die hohen Betriebstemperaturen verbunden mit den hohen Investitionskosten sind für die Warmwasseraufbereitung im Rustico überflüssig.

Röhren-Solarkollektoren werden vorteilhaft für Solaranlagen genutzt, wo Temperaturen über 100 °C verlangt werden. Sie bringen ca. 20 % mehr Energieausbeute als Solar-Flachkollektoren.
Ihre Stillstandtemperatur liegt bei 300 °C. Beim Solar-Flachkollektor CSK 100, den wir installierten, sind es 177 °C. Die Röhren-Solarkollektoren sind sehr effizient auch bei begrenzter Bestrahlung (bewölkter Himmel).
Bei Eishagelschlag sind sie empfindlicher auf Zerstörung (Kugelhagel über 35 mm Durchmesser sind für einen Röhren-Solarkollektor schon gefährlich), verglichen mit dem Solar-Flachkollektor (Inf. HSR – Rapperswil – CH).

Die Effektivität der Solarkollektoren kann man nach der **Größe ihrer Stillstandtemperatur** (erhitzter, leerer Solarkollektor) beurteilen. Je höher die Stillstandtemperatur ist, umso effektiver ist der Solarkollektor.

Wir haben einen Solar-Flachkollektor mit 2 m^2 Kollektorfläche gewählt, der normalweise für den Pumpenbetrieb bestimmt ist. Vor dem Kauf des Solarkollektors CSK100 vom Lieferant Conrad Electronic AG haben wir zuerst direkt beim Hersteller (Sunset – De) angefragt, ob der Solarkollektor auch für den Schwerkraftbetrieb geeignet ist.

Technische Daten des Solarkollektors CSK 100:

Kollektorfläche: 2,04 m^2
Absorberfläche: 1,84 m^2
Länge: 1894 mm
Breite: 1,075 mm
Dicke: 95 mm
Leergewicht: 39,6 kg
Wasserinhalt: 1,18 Liter
Max. Betriebsdruck: 10 bar
Empfohlene Durchflussmenge: 40 Liter / h
Stillstandtemperatur (Leerlauftemperatur): ca. 177°C
Garantie: 5 Jahre

Bei voller Bestrahlung bringt der Solarkollektor 800 W / m^2; das macht bei CSK 100 ca. 1520 W Wärmeleistung.

Es muss darauf hingewiesen werden, dass der Transport des Mediums mit einer Umlaufpumpe die Solarwärme schneller zum Speicher bringt als der Schwerkrafttransport. Der Pumpenbetrieb ist also effektiver.

Der Schwerkraft-Antriebsdruck macht ca. 1 / 100 des Antriebdrucks der Umlaufpumpe aus. Der Schwerkrafttransport des Mediums ist träge. Trotzdem haben wir uns aus folgenden Gründen für den Schwerkraftumlauf entschieden:

- Der Schwerkraftbetrieb erspart eine Umlaufpumpe
- er ist selbstregulierend und braucht keine zusätzliche Steuerelemente
- Die empfindliche elektronische Steuerung bei der Verwendung einer Umlaufpumpe in gewitterreichem Gebiet gewährleistet keinen sicheren Betrieb der Solaranlage
- Der Schwerkraftbetrieb braucht keine elektrische Energie
- Der Unterhalt der Anlage ist geringer

Bei einem **offenen System der Schwerkraft-Solaranlage** muss einmal im Jahr Wasser in die Ausdehnungsgefäße nachgefüllt werden. Das Wasser im Frostschutzmittel-Wassergemisch verdampft.
Die nötigen Öffnungen für den Druckausgleich in den Ausgleichsgefäßen sollten klein gemacht werden, um die Ausdünstung des Wassers zu begrenzen.

Bei Insel-Solaranlagen wäre es günstig, den Schwerkraftbetrieb zu verwenden, wenn es die Rahmenbedingungen erlauben. Genug elektrische Energie für den Betrieb der Umlaufpumpen steht nicht immer zur Verfügung.

Ein gut funktionierender Schwerkraftbetrieb ist selbstverständlich von der richtigen Ausführung der ganzen Solarschwerkraftanlage nach oben beschriebenen Bedingungen abhängig.

Die Anlage ist z.B. sehr träge bei einem kleinen Höhenunterschied zwischen dem Solarkollektorausgang und dem Speichereingang, einer Solarleitung über 10 m oder bei geringer Neigung der Rohre und mehrerer Rohrbogen. Das erhitzte, mit Schwerkraft betriebene Medium braucht manchmal mehr als eine Stunde, bis es durch die Leitungen vom Solarkollektor zum Speicher kommt. Durch die lange Transportzeit entstehen Wärmeverluste. Der Solarkollektor wird inzwischen bis 90 °C überhitzt. Bei weniger Sonnenstrahlen läuft der Schwerkraftbetrieb nicht mehr.

Inbetriebnahme des eingebauten Solarkollektors

Der Schwerkraftbetrieb funktioniert am besten mit einer Wasserfüllung. Jede viskosere Flüssigkeit als Wasser verlangsamt den Schwerkraftumlauf oder macht ihn ganz unmöglich.
In Gebieten, wo die Außentemperatur unter 0 °C sinkt, muss man eine frostsichere Flüssigkeit verwenden, die dickflüssiger als Wasser ist.

Aus gekauftem Frostschutzmittel für Fahrzeuge (Polypropylen-Frostschutzmittel) stellten wir nach der Anleitung des Herstellers ein Frostschutzmittel-Wassergemisch her, das bei einer Temperatur von Minus 25 °C nicht mehr gefriert (ca. 30 % Frostschutzmittel im Wasser).

Zur Überprüfung der Frostschutzsicherheit des Gemisches führten wir im Gefrierschrank zu Hause einen Gefriertest durch. Mithilfe eines Digitalthermometers stellten wir im Gefrierschrank die verlangte Temperatur ein. Die Probe sollte bei Minus 25 °C nicht einfrieren.

Der Schwerkrafttransport wird mit zunehmender Dichte des Gemisches erschwert. Darum machen wir das Gemisch **möglichst dünn**. Vor dem festen Einfrieren des Gemisches entsteht **zuerst Wassereisgemisch**, das für die Anlage nicht gefährlich ist.

Wegen des Korrosionsschutzes der Solaranlage sollte die Frostschutzmittel-Wassermischung alle 2 bis 3 Jahre auf den **pH-Wert** geprüft werden. Das geschieht mit einem pH-Indikator (Papier-Streifen). Der pH Wert muss über **7 liegen** (leicht basisch). Sonst sollte die Frostschutzmittel-Wassermischung in der Anlage ausgetauscht werden.

Die Hersteller von Solarkollektoren empfehlen als Wärmeträgermedium Glykol-Frostschutzmittel-Wassergemisch.

Befüllung des Solarkreises 1 mit Frostschutzmittel-Wassergemisch (Medium).

Wie **Bild 7.2c** zeigt, sind die Rohrleitungen vom Solarkollektor in einen Rippenrohrtauscher geführt. Er steckt im Wasserbehälter des Duospeichers. Beim Eintritt des Mediums in den Rippenrohrtauscher verengt sich der Rohrdurchmesser und der Fluss des Mediums wird damit verlangsamt.

Die Befüllung der Anlage mit dem Medium soll an einem Sonnentag am frühen Morgen gemacht werden bei noch kaltem Solarkollektor, wenn die Sonnenstrahlung den Kollektor noch nicht erreicht hat, oder der Solarkollektor muss bei der Befüllung abgedeckt werden. Wasserdämpfe könnten die Befüllung der Anlage erschweren.

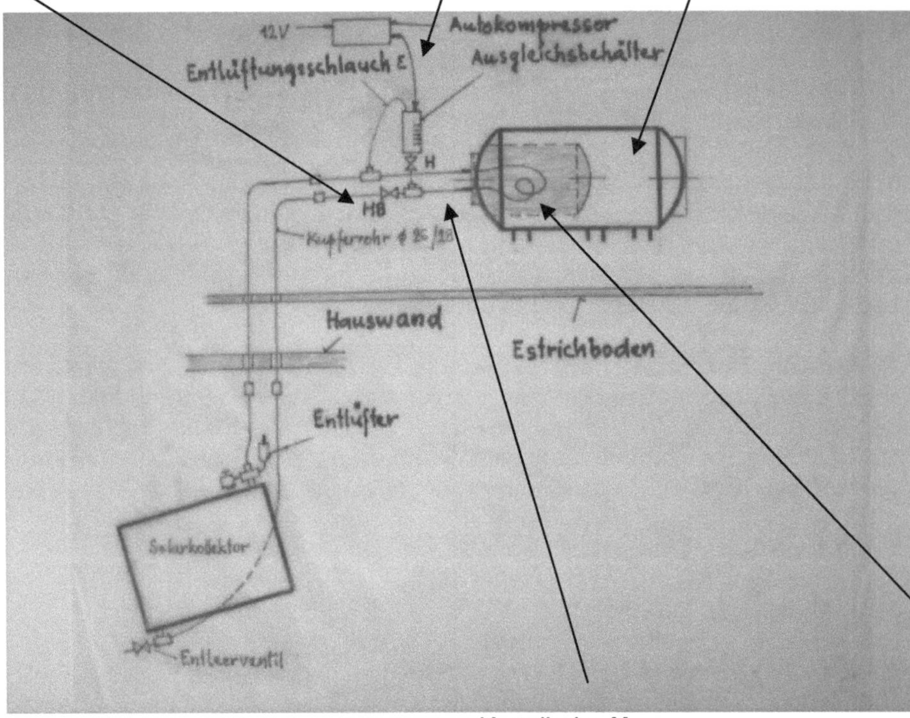

Bild 7.2c Anschluss des Solarkollektors Südwest an den Duospeicher (Solarkreis 1)

Bei geschlossenem Ausgleichsbehälter (Kugelhahn H zu, **Bild 7.2c, 7.2d**) werden 2 Liter des Mediums in den Ausgleichsbehälter gefüllt. Eine **Entlüftung der Solarrohre** in der Nähe des Rippenrohrtauschers hilft, dass in den Rippenrohrtauscher wenige Luftblasen kommen.

Die Entlüftung wird mit dem Entlüftungsschlauch E realisiert. Er funktioniert besser als ein Original-Entlüfter und im Betrieb ist er sicherer.

- Dieser Entlüftungsschlauch wird vom Ausgleichsbehälter in eine durchsichtige 1 Liter Flasche gesteckt.

- Der Kugelhahn H beim Ausgleichsbehälter wird geöffnet und 1 Liter des Mediums langsam in den Solarkreis gelassen, der Kugelhahn H geschlossen und das Medium im Ausgleichsbehälter ergänzt. Dieser Arbeitszyklus wird mehrere Male wiederholt bis die Flüssigkeit aus dem Entlüftungsschlauch austritt. Die Menge in Litern gibt den ungefähren Inhalt der ganzen Solaranlage wieder. Der Solarkollektor, die Leitungen und teilweise der Rippenrohrtauscher sind jetzt mit dem Medium gefüllt.

Nach der Befüllung der Anlage mit dem Medium bleiben im **Solarkreis 1** einige Luftblasen zurück. Vor allem aus dem Rippenrohrtauscher sind sie schwierig zu verdrängen.
Zu dieser Zeit bewegt sich das Medium in der Anlage durch die Schwerkraft noch nicht und der unbedeckte Solarkollektor erhitzt sich bei der Sonneneinstrahlung erheblich, manchmal über 80 °C.

Entlüftung des ganzen Solarkreises 1

Der Schwerkraftumlauf des Mediums ist stark von der richtigen Entlüftung des Solarkreises abhängig. Wenn schon nur eine kleine Luftblase in der Anlage bleibt, ist der Lauf des Mediums blockiert. Nur mit einem Druck auf die eingefüllte Flüssigkeit im Ausgleichsbehälter erzielten wir ein gutes Resultat bei der Beseitigung der Luftblase.

Der durchsichtige und geeichte Ausgleichsbehälter (ca. 3 Liter Inhalt) ist mit einem Kugelhahn **H** ausgerüstet gemäß **Bild 7.2d.**

Bild 7.2d Ausgleichsbehälter mit dem Kugelhahn H

- Nach der Füllung beinhaltet der Ausgleichsbehälter ca. 2 Liter des Mediums. Den Entlüftungsschlauch **E** steckt man in die durchsichtige Flasche und der Kugelhahn **H** wird geöffnet. Ins obere Loch des Ausgleichsbehälters wird so lange Luft von einem kleinen Autokompressor gepresst, bis das Flüssigkeitsniveau im Ausgleichsbehälter um ca. 1 Liter sinkt. Dabei beobachtet man den Schlauch in der Flasche, wo das Medium mit den Luftblasen aus der Anlage abfließt.

- Der Kugelhahn **H** wird geschlossen und das Medium in den Ausgleichsbehälter nachgefüllt. Der beschriebene Arbeitsgang wird mehrere Mal wiederholt, bis nur noch Flüssigkeit ohne Luftblasen in die Flasche fließt. Fehlendes Medium im Ausgleichsbehälter wird immer nachgegossen.

Die engen Rohre des Rippenrohrtauschers im Wasserbehälter des Duospeichers müssen noch separat entlüftet werden.

- Bei geschlossenem Kugelhahn **H8** (an der Solar-Rücklaufleitung, **Bild 7.2c**) und bei geöffnetem Kugelhahn **H** führt man wieder die Pressluft in den Ausgleichsbehälter. Jetzt fließt das mit der Pressluft angetriebene Medium nur über den Rippenrohrtauscher. Nochmals wird der Abfluss des Mediums über den Rippenrohrtauscher in der Flasche beobachtet und überprüft, ob einige Luftblasen austreten. Wenn ja, wird das Medium in den Ausgleichsbehälter nachgefüllt und die Entlüftung wiederholt. Den Kugelhahn **H** danach schliesßen.

- Nach der Entlüftung wird der Entlüftungsschlauch **E** wieder in den Ausgleichsbehälter zurückgesteckt, die fehlende Flüssigkeit im Ausgleichsbehälter ergänzt (max. 2 Liter) und die Kugelhähne **H, H8** werden geöffnet.

Bei korrekter Entlüftung der Solaranlage beginnt das vom Solarkollektor erwärmte Medium mithilfe der Schwerkraft in den Duospeicher zu fließen. Wenn der Solarkollektor von der Sonne erhitzt wird, wird das Eingangsrohr beim Rippenrohrtauscher (Stirn des Duospeichers) schnell heiß und die Temperatur des Mediums beim Rücklauf (unten) des Solarkollektors nähert sich der Temperatur im Duospeicher.

Die Arbeit bei der Entlüftung der Solaranlage soll vorsichtig erfolgen, um sich am durch die Sonne erhitztem Medium nicht zu verbrennen. Ebenfalls wird die bei der Entlüftung benutzte durchsichtige Flasche sehr heiss.

Der Betrieb der Schwerkraft-Solaranlage wird mit drei Digitalthermometern überwacht – je eine Sonde in der Nähe des Eingangs (Rücklauf – unten) und des Ausgangs (Vorlauf – oben) des Solarkollektors und die dritte Sonde an der Stirnseite des Wasserbehälters des Duospeichers.
Alle Digitalthermometer sind im Wohnzimmer untergebracht, um die Ablesung der Temperaturen im Solarkreis vergleichen zu können.

Bei richtigem Schwerkraftumlauf des Mediums ist die Differenz der Temperaturen zwischen dem Kollektor-Ausgang (Vorlauf) und dem Medium im Duospeicher ca. 5 °C bis 20 °C. Unter 5 °C Temperaturdifferenz funktioniert der Schwerkraftumlauf nicht richtig. Stark erhöhte Temperatur des Solarkollektors (Vorlauf) signalisiert den langsamen Schwerkraftumlauf oder die Schwerkraftumlauf-Blockierung.

Die Solaranlage funktioniert auch bei beheiztem zentralen Heizungsherd. Die Temperatur des Mediums im Duospeicher halten wir dabei unter +45 °C. Die starke Sonneneinstrahlung erhöht die Temperatur des Solarkollektors um ca. 5 °C gegenüber der Temperatur im Duospeicher und das Medium beginnt mit der Schwerkraft in den Duospeicher zu fließen und trägt somit zur Erhöhung der Wassertemperatur bei. Wenig Sonnenstrahlung oder höhere Temperatur im Duospeicher verursacht die Blockierung des Schwerkraftumlaufs.

Die beschriebene Solaranlage auf Basis von Schwerkraft arbeitet ohne Druck. Auch in unserer Abwesenheit brauchen wir keinen Unfall im Haus zu befürchten.

Im Solarsystem sind ca. 15 Liter des Mediums. Das Volumen des Ausgleichsbehälters soll nach der Literatur allgemein 10 % des Volumens des ganzen Solarkreises fassen. Wegen der Ausdehnung und des Schrumpfens des Mediums bei verschiedenen Temperaturen haben wir den Ausgleichsbehälter etwas größer gewählt.

Wie wir schon bei der Beschreibung der Entlüftung der Solaranlage angedeutet haben, soll der Ausgleichsbehälter durchsichtig sein, um den richtigen Lauf bei der Entlüftung zu beobachten.

Auch für den späteren Betrieb ist die Durchsichtigkeit des Ausgleichsbehälters vorteilhaft. Ein stark sinkendes Niveau des Mediums im Ausgleichsbehälter während der nächsten Tage zeigte uns die Undichtigkeit der Anlage an. Es ist dabei zu beurteilen, ob die Änderung des Medium-Niveaus im Ausgleichsbehälter von der Änderung des Mediumvolumens bei starker Abkühlung der Solarkollektoren abhängt.

Wir wählten einen Behälter aus Polypropylen-Material mit 3 Liter Volumen. Er ist abseits des Hauptsolarkreises montiert und damit durch die hohe Temperatur des Mediums nicht beansprucht. Das Eichen des Behälters erleichtert die Arbeit bei der Befüllung der Anlage, und die Änderung des Mediums-Niveaus lässt sich besser feststellen.

Der montierte Solarkollektor CSK100 führt im Duospeicher bei sonnigen Tagen im Sommer zu einer Erhöhung der Temperatur im Duospeicher um ca. 8 °C pro Tag. In den Sommermonaten Juni, Juli und August erreicht die Sonnenstrahlung in unserem Gebiet den Solarkollektor in der Zeitspanne von ca. 12 bis 19 Uhr. Die 200 Liter vom Verbrauchswasser und die 200 Liter des Mediums im Außenbehälter werden durch die Sonnenstrahlung auf ca. 33 °C erwärmt (optimale Temperatur zum Duschen).

Die gespeicherte Wärme deckt knapp unseren täglichen Warmwasserverbrauch für zwei Personen (Duschen, Abwaschen) mit Abstrahlungsverlusten des Duospeichers und seiner Leitungen. Am nächsten Tag am frühen Morgen fließt noch 28 °C laues Wasser (dabei zugeführtes Wasser vom Bach Anfang Juli haben wir zwischen 11 und 13 °C gemessen).
Gelegentlich, wenn die Sonne einige Tage nicht mehr scheint, feuern wir 2 bis 3 Stunden im zentralen Heizungsherd zu, um die Temperatur des Warmwassers zu erhöhen.

Wahl des Thermometers:

Für die Messungen der Temperaturen an den Solarkollektoren eignet sich ein Thermometer mit Außenfühler, das durch ein Kabel mit der Anzeigeeinheit verbunden ist.

Die drahtlosen Thermometer haben eine begrenzte Verwendung. Ihre Sendeeinheit hat keinen Außenfühler, den man an die Solarleitungen befestigen könnte. Außerdem kommt es in abgeschirmten Räumen (verstärkte Fuß-

bodenplatte mit dem Eisengitter, Stahlschränke) nicht zu einer erfolgreichen Verbindung der Sendeeinheit zur Anzeigeeinheit.
Einheitlich haben wir das Digitalthermometer nach dem **Bild 7.2e** verwendet (Conrad Electronic Katalog, Nr. 646222).

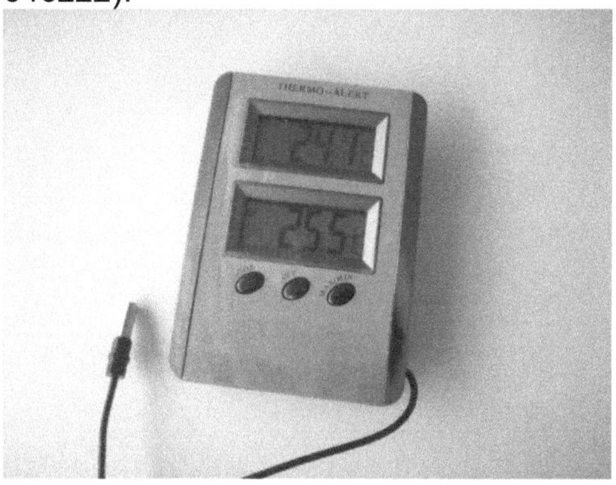

Seine technischen Parameter:

Messbereich: Innen -10 +50 °C
Außen -50 +70 °C
Speisung: 1,5 V Micro - Batterie
Min./ Max. Wertspeicher

Innen / Außen - Temperaturalarm

Wasserdichter Sensor mit 3 m Kabel

Bild 7.2e Digitalthermometer

Genauigkeit der Temperaturmessungen:

Die Temperaturmessungen sind bei kleinem Warmwasser-Verbrauch durchgeführt worden.
Alle Angaben der Temperaturen sind in bestimmten Orten augenblicklich gemessene Werte. Sie variieren ständig durch die Strömung und durch die Turbulenzen des Mediums in der Solaranlage.

Die Genauigkeit der Temperaturwerte ist auch von gegebenen Messinstrumenten abhängig, die Plus / Minus 1 °C Abweichungen aufweisen können. Darum sollte man die gemessenen Werte als Orientierungswerte betrachten.

7.3 SOLARKOLLEKTOR SÜD

Von Anfang an war uns bewusst, dass ein Solarkollektor von ca. 2 m^2 Kollektorfläche unsere Wünsche bezüglich genügend Warmwasser für mehrere Personen nicht ganz erfüllen kann.

Nach Fachliteratur benötigt man für den durchschnittlichen Tagesverbrauch von 50 Liter Warmwasser pro Person 1,6 - 1,8 m^2 Fläche des Solarkollektors. Das Volumen des Speichers für das Warmwasser sollte dabei ca. 100 Liter / Person sein.

Es wäre einfacher, die drei Solarkollektoren gleich auf dem Süddach zu montieren und dazu Umlaufpumpen in die Solarleitungen einzubauen.
Das wollten wir nicht, wir wollten selbst feststellen, wie viele solare Energie für bestimmte Zwecke benötigt wird und wie der Standort der Sonne in unserem Gebiet zu verschiedenen Jahreszeiten die Solarenergieausbeute beeinflusst.
Die gegebene Theorie auf dem Markt konnte uns nur den Leitweg zeigen, aber nicht ganz zum gewünschten Ziel führen. Standard-Lösungen sind für uns ungeeignet.

Bild 7.3a Solarkollektor Süd

Dann kamen wir zum nächsten Schritt: Ergänzung der Solaranlage mit dem zweiten Solarkollektor. Es ist ein geschenkter alter Solarkollektor Grösse 1 x 1,5m. Er wurde direkt an der Südseite des Hauses aufgestellt und sollte **das Medium im Außenbehälter des Duospeichers separat erwärmen.**

Ab diesem Zeitpunkt wird die Solaranlage zwei **unabhängige** Solarkreise haben.
Der neue Solarkreis mit dem südlichen Solarkollektor heißt **Solarkreis 2 (Bild 7.3a)**.

Nach der Überprüfung der Einbausituation wäre es möglich, den Solarkollektor auf der Südseite ebenfalls mit Schwerkraft zu betreiben. Dann könnten wir mit beiden Solarkollektoren über 45 °C warmes Wasser gewinnen und das sollte für den Haushalt in den Sommermonaten genug sein, ohne nachzuheizen, um den Bedarf an Warmwasser zu decken.

Ein Jahr später:

Den südlichen Solarkollektor haben wir als Vordach montiert. Durch diese Position erzielten wir den minimal erlaubten Niveau-Unterschied zwischen dem Solarkollektorausgang und dem Duospeichereingang, bei dem der Schwerkraftumlauf noch funktionieren sollte. Der Niveauunterschied beträgt mehr als 0,6 m.
Die Kupferrohre ø 26 mm (Innendurchmesser) verbinden den Solarkollektor mit dem Außenbehälter des Duospeichers, die Länge des Rohrweges (Vorlaufleitung) ist ca. 8 m, die Neigung der Rohre 2 bis 3 cm / m. Alle Masse knapp nach schon früher angegebenen Bedingungen für den Schwerkraftumlauf ausgeführt, würde es den Schwerkraftumlauf trotzdem in Bewegung bringen?

Der Solarkollektor wurde horizontal auf das Vordachgestell montiert, um ein kurzes Vordach zu erzielen. Das hat selbstverständlich den Nachteil, dass die erhitzten Rohrbahnen im Solarkollektor waagerecht wären, was ein Bremsen des Schwerkraftumlaufs verursachen würde. Es gilt wieder die Bedingung, wie bei der Rohrleitungsverlegung, eine Neigung der Rohrbahnen im Solarkollektor von 2 % einzuhalten. Für den 1,5 m langen Solarkollektor ist seine horizontale Neigung mehr als 3 cm.

Vorbereitung des Solarkreises 2 (Süd) für den Schwerkraftbetrieb:

Als einen Ausgleichsbehälter für die ganze Solaranlage inklusiv des **Solarkreises 2** verwendeten wir einen Campingkanister aus festem Polyethylen von 20 Liter Inhalt. Im Gefäss haben wir in oberem Teil ein Loch ca. 100 mm Durchmesser gemacht, um von innen einen Kugelhahn aus Messing-Material zu montieren.
Die Größe des Ausgleichsbehälters ist durch das Volumen des Außenbehälters des Duospeichers, der Radiatoren, der Fußbodenheizung und der Zuleitungen gegeben, wo sich 230 Liter des Mediums befinden.

Durch die Änderung der Temperatur des Mediums im Bereich von 5 °C bis 60 °C ändert das Medium sein Volumen um ca. 5 Liter. Das sieht man auf dem Mediumsniveau im Ausgleichsbehälter. Entsprechend sollten im Ausgleichsbehälter bei +25 °C warmen Medium immer 10 Liter des Mediums bleiben.
Die Befüllung des Mediums im Solarkreis macht man bei abgedecktem Solarkollektor.

Befüllung des Solarkreises 2 mit Frostschutz-Wassergemisch:

- Der durch den Kugelhahn **H1** geschlossene Ausgleichsbehälter wird mit 16 Liter Medium gefüllt.
- Mittels Öffnen des Kugelhahnes **H3 (Bild 7.3b)** wird der **Solarkreis 2** einschließlich des Solarkollektors mit dem Medium aus dem **Außenbehälter** des Duospeichers gefüllt (durch die Rücklauf-Solarleitung), bis das Medium aus dem Entlüftungsschlauch **E** beim Duospeicher fliesst.
- Der Kugelhahn **H1** bei dem Ausgleichsbehälter wird geöffnet, um das fehlende Medium im Außenbehälter des Duospeichers mit dem Medium aus dem Ausgleichsbehälter zu ergänzen. Dabei entweicht die Luft im Außenbehälter über den Entlüftungsschlauch **E** (**H2** geöffnet).
  Der Duospeicher ist voll, wenn man das Medium im Entlüftungsschlauch sieht.

Den Anschluss des **Solarkreises 2** an den Duospeicher sieht man auf dem **Bild 7.3b.**

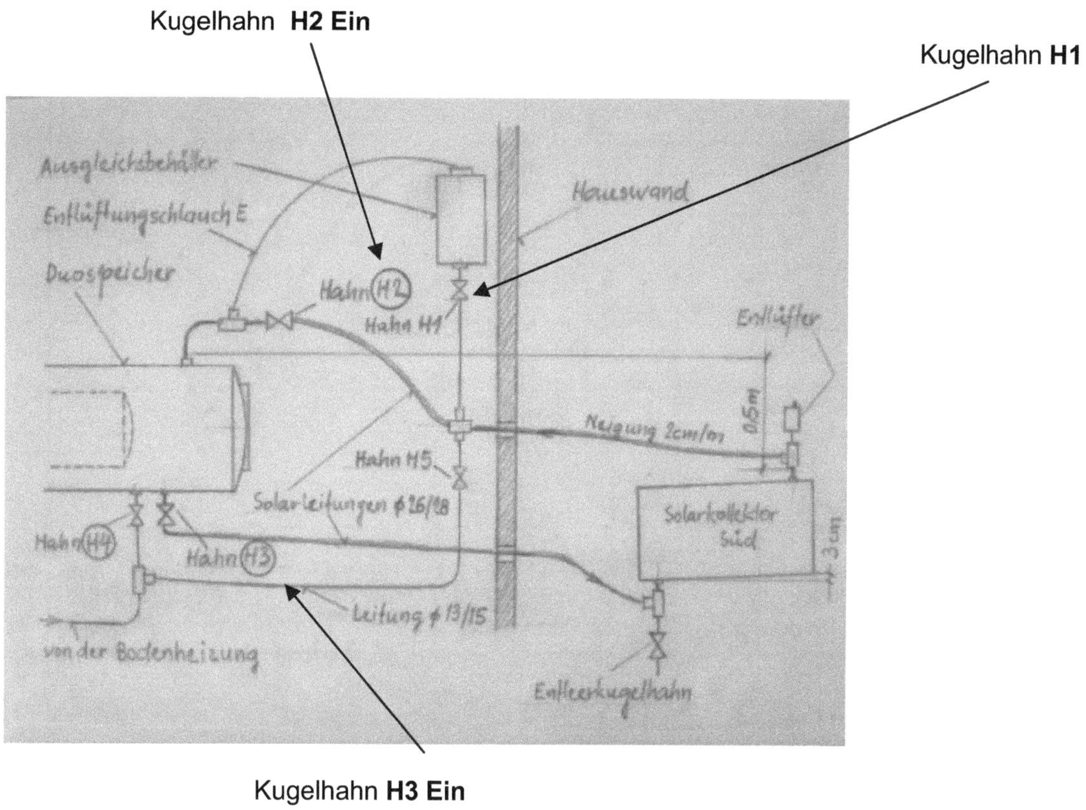

Bild 7.3b Anschluss des Solarkollektors Süd an den Duospeicher (Schwerkraftbetrieb).

Entlüftung des Solarkreises 2:

Eine mögliche Luftblase in der Anlage wird automatisch ohne Nachhilfe beim Durchfluss des Mediums (Kugelhahn **H2** und **H3** geöffnet) ziemlich schnell beseitigt.

Durch die Beseitigung der Luftmenge im Außenbehälter des Duospeichers sinkt das Medium im Ausgleichsbehälter und muss dort nachgefüllt werden.

Nach der Bestrahlung des Solarkollektors beginnt der Schwerkraftbetrieb zu funktionieren und das Rohr am oberen Eingang im Außenbehälter (in der Nähe **H2**) wird bei vollem Sonnenschein heiß. Es ist also günstig diese Arbeit bei Sonnenstrahlung zu machen, um die vollständige Entlüftung zu beurteilen.

Richtigen Schwerkraftbetrieb im Solarkreis **2** ohne Luftblasen erkennen wir, wenn die Temperaturdifferenz zwischen dem Vorlauf und dem Rücklauf des Solarkollektors 5 bis 20 °C ist. Bei größerer Differenz zwischen beiden Temperaturen kann der Schwerkraftumlauf blockiert werden.

Erzieltes Ergebnis :

Für den Schwerkraftbetrieb des **Solarkreises 2** müssen die Kugelhähne **H2** und **H3** geöffnet werden.

Die Sonnenbestrahlung des Solarkollektors Süd beginnt Mitte Mai, im Juni und im Juli um 10 Uhr, und im August ist der Anfang der Sonnenbestrahlung schon nach 12 Uhr verschoben. Ab 17 Uhr Nachmittag erreicht die Sonnenbestrahlung den Solarkollektor Süd im ungünstigen Winkel, er erntet sehr wenig Wärmeenergie.

Die erzielte Solarausbeute der ganzen Solaranlage inklusive des Südwest-Solarkollektors (Solarkreis **1**) an einem Sonnentag lässt sich nach der Temperatur im Duospeicher beurteilen.
Die Temperatursonde eines Digital-Thermometers ist in der Mitte des Duospeichers eingebaut. Am Ende eines schönen Sonnentages messen wir im Duospeicher +49 °C und wir halten mit dieser Warmwasser Reserve 2 Tage ohne Sonnenstrahlen aus. Am frühen Morgen des dritten Tages ist das Wasser noch 28°C warm.

Einsparungen von Solar-Warmwasser beim Waschen im Lavabo erzielt man entweder durch eine Sparhülse, die auf den Wasserhahn geschraubt wird, oder noch besser, durch teilweises Sperren des Absperrhahnes unter dem Lavabo.

In den Sommermonaten von Juni bis Ende August (manchmal auch mehre Tage im September) wird der Heizungsherd ganz stillgelegt. Zur Erwärmung des Brauchwassers und gelegentlich zur Erwärmung der Wohnräume in dieser Zeit dienen beide Solarkollektoren (nicht vergessen, wir sind in den Hochgebirgen, wo die Außentemperatur in der Nacht auch im Sommer manchmal unter +8°C sinkt).

Für das Kochen in dieser Zeit verwenden wir einen Campinggaskocher, gespeist durch Propan-Gas aus einer 10,5 kg Gasflasche, die im Keller platziert ist.

Die geöffnete Zufuhr des Gases von der Gasflasche zum Kocher zeigt eine Warnleuchtdiode an. Sie ist an der Stirnseite des Küchenpultes installiert. Nach dem Gebrauch des Kochers wird die bewegliche Gasleitung zum Kocher durch den fest montierten Hahn unter dem Küchenpult geschlossen und der eingebaute Schalter schaltet die Warnleuchtdiode ab.

Ersetzung des Solarkollektors Süd durch einen neuen Solarkollektor

Der alte Solarkollektor Süd wurde mit der Zeit undicht und konnte nicht mehr repariert werden. Wir mussten ihn ersetzen. Bei der Ersetzung des Solarkollektors wurde seine ursprüngliche Lage geändert nach dem **Bild 7.3c.** Damit haben wir 120 Minuten mehr Bestrahlung des Solarkollektors in den Sommermonaten erzielt, da der in der Nähe liegende Wald und der Schatten des Kamins vor der Versetzung des alten Solarkollektors beeinflussten.
Auch ein ansehnlicheres Äußeres des Hauses lag uns am Herzen.

Nachteilig für den Schwerkraftbetrieb waren jetzt die verlängerten Solar-Zuleitungen. Beim Pumpenbetrieb (Transport des warmen Mediums in die Bodenheizung durch die Umlaufpumpe – siehe weiter) haben die längeren Solaranschlüsse keinen Einfluss auf die Verkleinerung der Effektivität des neu installierten Kollektors.

Um die Nachteile der längeren Solarleitungen beim Schwerkraftbetrieb zu vermindern, haben wir den größeren Solarkollektor Marke „Braun", 2 m^2 in den Solarkreis **2** eingebaut und die scharfen Rohrbogen durch die biegsame Rohre ersetzt.

Mit längerer Bestrahlung des versetzten Kollektors wurde eine gute Solarausbeute erzielt:

Der Schwerkraftumlauf läuft an sonnigen Tagen im Hochsommer mit einer Durchschnittstemperatur von +63 °C (Vorlauf) mehr als 4 Stunden.
Dabei wurden die 200 Liter des Mediums im Außenbehälter des Duospeichers inklusive 200 Liter des Brauchwassers durch den Schwerkraftbetrieb von der Solar-Kollektoranlage täglich um ca. 13 °C erhöht.
Danach wird manchmal die +57 °C Durchschnittstemperatur im Duospeicher gemessen und am Abend haben wir +50 °C warmes Wasser zur Verfügung (2 Mal in einem Tag Duschen, Kleinwaschen).

Bild 7.3c Die neue Lage des Solarkollektors Süd

Technische Daten des Solarkollektors Braun 2 m^2

Kollektorfläche: 2,0m^2
Absorberfläche: 1,9 m^2
Stillstandtemperatur: ca. 200 °C
Länge: 1988mm
Breite: 1041mm
Dicke: 90 mm
Leergewicht: 37,2 kg
Wasserinhalt: 1,07 Liter
Max. Betriebsdruck: 10 bar
Empfohlene Durchflussmenge: 60-120 Liter / h
Garantie: 10 Jahre

Preis komplett mit Lieferung 280,- Euro / 430,- CHF, Lieferant: Exclusiv-Home – De

Vorausgesetzt 800 W / m^2 der Sonneneinstrahlung hat der Kollektor eine Wärmeleistung von ca. 1520 W

Bemerkung zur Montage der Solarkollektoren und der Solarleitungen:

Die Schraubanschlüsse der angelieferten Solarkollektoren sind nicht an ihren Gehäusen fest befestigt und beim Anschluss der Außenleitungen ist Vorsicht geboten, sonst könnten die Sammelrohre im Gehäuse, zusammen hartgelötet mit der Verschraubung, durch Gewalt beschädigt werden.

Die mögliche Belastung der Kollektor-Anschlüsse mit Schneemassen im Winter muss verhindert werden. Auf dem **Bild 7.3d** sieht man den Schraubanschluss (Rücklauf), der durch die Schneebelastung mit dem Sammelrohr aus dem Gehäuse des Solarkollektors ausgezogen wurde.

Es ist notwendig, die unteren Eingänge bei jedem Solarkollektor von außen zu unterstützen und auf einem Gestell festzumachen.

Bild 7.3d Durch den Schnee ausgezogener Schraubanschluss des Solarkollektor - Rücklaufs

7.4 NACHHEIZEN DER WOHNRÄUME DURCH DIE SOLARKOLLEKTOREN

Um die Wärmeausbeute des platzierten Solarkollektors in gleicher Zeitspanne auch bei wenig Sonneneinstrahlung auszunutzen, wird der Solarkollektor Süd eine neue Aufgabe bekommen.

Am Abend in der Ruhezeit sollte die Temperatur der Wohnräume etwas erhöht werden, um die Abendruhe im genug warmen Raum zu genießen.
Ohne nachzuheizen im zentralen Heizungsherd erfolgt dies in den Übergangsjahreszeiten Frühling und Herbst (manchmal auch in den kälteren Sommerabenden) mit Solarwärme, die während des Tages gewonnen wurde.

Die optimale Wohnraumtemperatur am Abend wäre 22 bis 23 °C, die Fußbodenplatte sollte 19 bis 20 °C haben, um den Luftzug im Wohnraum zu begrenzen.

Den Solarkollektor Süd nutzen wir für die **Erwärmung der Fußbodenplatte** im Parterre des Hauses, die dann die Wohnräume am Abend und über die Nacht wärmer hält.

Der Solarkollektor Süd wird an einen separaten Solarkreis angebunden. Wir nennen ihn **Solarkreis 3 (Bild 7.4a).**

In diesem Solarkreis ist ein ca. 20 Liter getrenntes Medium. Bei kleinem Mediumsinhalt und schnellerem Pumpentransport in die Fußbodenheizung reagiert der Solarkreis schneller auf Temperaturänderungen des Solarkollektors und die Solaranlage wird gegenüber dem Schwerkrafttransport effektiver.

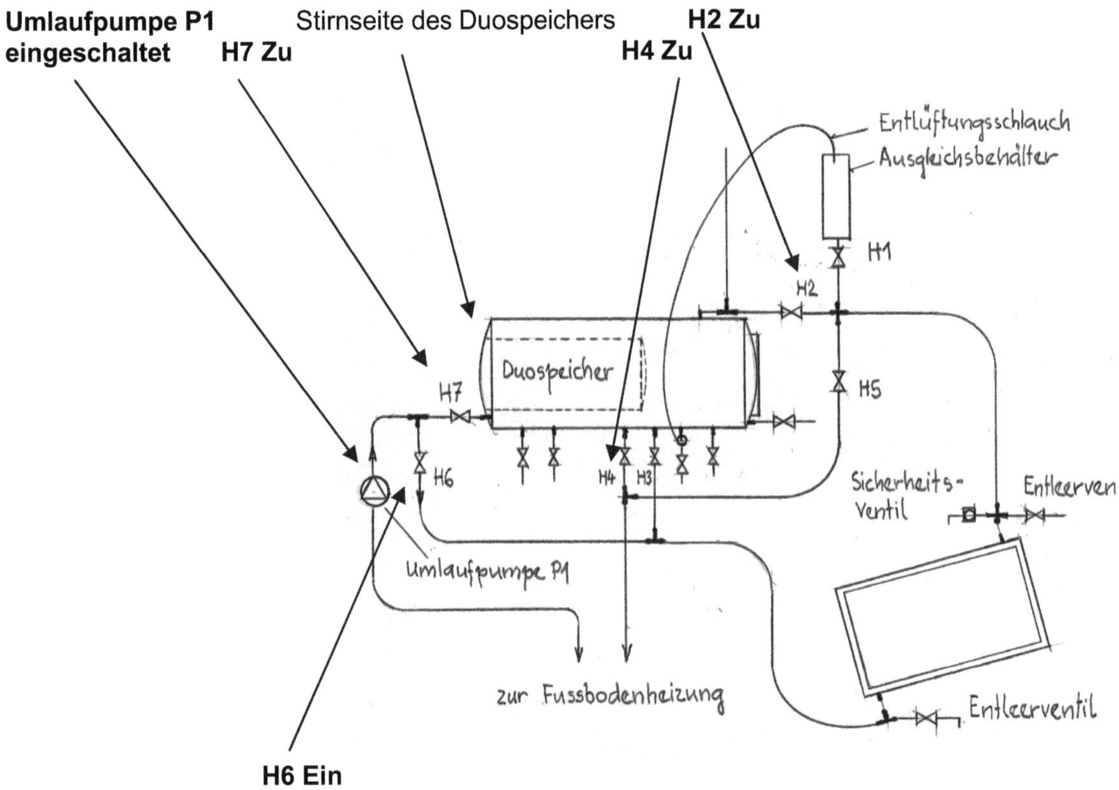

Bild 7.4a Solarkreis 3 für die Erwärmung der Fußbodenplatte mittels Solarkollektor Süd

Im **Solarkreis 3** wird der Solarkollektor Süd direkt an die Fußbodenheizung angeschlossen. Er wird **ohne Solarkreis 2** und **ohne Duospeicher** getrennt funktionieren. Sein Wärmespeicher wird die Fußbodenplatte.

Der **Solarkreis 3,** der im Bereich niedriger Temperaturen +26 °C bis +34 °C arbeitet, erwärmt die Fußbodenplatte bis max. 22 °C. Dieser Solarkreis ist sehr effizient und er funktioniert gut, auch bei begrenzten Sonnenstrahlen.

Den Transport des erwärmten Mediums vom Solarkollektor in die Fußbodenheizung versorgt die Umlaufpumpe **P1.**

Der **Solarkreis 3** arbeitet ohne Druck.
Er ist an den Ausgleichsbehälter der ganzen Solaranlage angeschlossen, der die Ausdehnung des erwärmten Mediums ermöglicht.

Die aktive Bestrahlung des Solarkollektors Süd beginnt im Sommer um 10 Uhr und dauert bis etwa 17 Uhr, Anfang September ist die Zeitspanne um 2 Stunden kürzer. Wenn die Vorlauftemperatur des Solarkollektors Süd bei einem sonnigen Tag in der Übergangsjahreszeit über +33 °C steigt, messen wir am Abend die Temperatur der erwärmten Fußbodenplatte +22 °C.
Am nächsten Tag am frühen Morgen bleibt die Fußbodenplatte noch +19 °C warm und im Wohnraum wird es auch angenehm warm, wenn eine Außentemperatur unter +5 °C herrscht.
Eine elektronische Steuerung-Differenztemperatur-Schaltung **(Bild 7.4b)** mit zwei Temperatursonden kann den Heizungsprozess im Solarkreis **3** automatisch regeln. Die Temperatursonden, jeweils an dem Vorlauf und dem Rücklauf des Solarkollektors montiert, reagieren auf die unterschiedlichen Temperaturen beider Solarkollektorausgänge und bei bestimmter Temperaturdifferenz (ca. 20 - 30 °C) setzt der Schalter im Solarkreis die eingebaute Umlaufpumpe P1 in den Betrieb.

Gerät im Gehäuse eingebaut

Bilder 7.4b Differenz - Temperaturschaltung Conrad Katalog Nr. 19 43 60

Eine einfachere Steuerung des **Solarkreises 3,** die wir eingebaut haben, ist die Regelung der Temperatur mit einem Thermostat gleicher Ausführung wie im **Bild 4.1.1e** möglich. Sie ist nicht gegen Blitzschlag empfindlich.
Die Differenz zwischen dem Einschalten und dem Ausschalten des Thermostats ist 10 °C und fest durch die Konstruktion des Thermostats gegeben.
Die Sonde des Thermostats ist auf der Vorlaufleitung in der Nähe des Solarkollektors Süd untergebracht.
Der Thermostat wird auf 34 °C eingestellt und wenn der Solarkollektor diese Temperarur erreicht hat, schaltet der Thermostat die Umlaufpumpe P1 ein. Nach dem Absinken der Temperatur auf 24 °C schaltet er die Umlaufpumpe ab.
Die automatische Regelung der Umlaufpumpe P1 wird vorteihaft bei Abwesenheit im Haus genutzt. So sollte man erzielen, dass die Temperatur der unteren Wohnräume in den Wintermonaten über 0 °C gehalten wird.

Im Hochsommer brauchen wir das Gegenteil. Wir schalten die Umlaufpumpe P1 manuell ab, um die Fußbodentemperatur und damit die Wohnraumtemperatur mit Solar nicht zu erhöhen. Die Temperatur im unteren Raum nach dem Sonnenuntergang wurde mit annähernd 26 °C gemessen, an der Sonne waren es den ganzen Nachmittag über 48 °C.
Die Fußbodenheizung wird erst eingeschaltet, wenn die Temperatur des Fußbodens unter 18 °C sinkt.
Im Hochsommer wird der Solarkollektor Süd auf Thermosyphonbetrieb umgeschaltet. Der träge Thermosyphontransport des Mediums verursacht die Erhöhung der Temperatur im Solarkollektor, die das Medium im Duospeicher noch mehr erwärmt und damit auch das Wasser, das am Abend fast 50 °C warm wird.
Im Winter ist der Solarbetrieb wegen Verschneiens des Süd Solarkollektors unsicher.
Die Begrenzung des Verschneiens des Solarkollektors Süd im Winter ist unsere weitere Aufgabe (siehe **Bild 7.6b**). Der Schneenachschub vom Dach zum Solarkollektor sollte begrenzt werden.

Der später installierte Südwest-**Solar-Luftkollektor** liefert am hochsommerlichem Nachmittag über 70 °C warme Luft in den Wohnraum und beeinflusst negativ die Wohnraumtemperatur im Haus.
Er kann momentan nicht abschaltet werden, sonst wäre er überhitzt. (Leerlauftemperatur 160 °C).
Mit den Entlüftungslöchern im Solar-Luftkollektor könnte später dieser Nachteil beseitigt werden.

7.5 KOMPLETTE SOLARKOLLEKTORANLAGE (Bild 7.5a)

Der **Solarkreis 1** mit dem **Solarkollektor Südwest** ist separat ausgebaut und er erwärmt das Medium, das mit **Schwerkraft** in den **Wasserbehälter** des Duospeichers transportiert wird. Die Übergabe der Wärme an sich dort befindliches Wasser bersorgt der im Wasserbehälter eingebaute Rohrwärmetauscher. Der **Solarkreis 1** funktioniert ganz unabhängig von den Solarkreisen **2** und **3**.
Im **Solarkreis 2** wird das erwärmte Medium vom **Solarkollektor Süd** mittels **Schwerkraft direkt** in den **Außenbehälter** des Duospeichers transportiert. Dabei wird das Ventil **H2** geöffnet. Das frostsichere Medium im Außenbehälter, das den Wasserbehälter im Duospeicher umschließt, beteiligt sich an der Erwärmung des Wassers.
Der **Solarkreis 3** funktioniert **beim automatischen Einschalten der Umlaufpumpe P1** und er ist für die Erwärmung der Fußbodenplatte bestimmt.

Stellung der Ventile für die Erwärmung der Fußbodenplatte oder des Wassers:

Solare Erwärmung: H3, H6	**Ein**	**Erwärmung** mit dem **Heizungsherd: H7, H4**	**Ein**
H4, H7	**Zu**	**H2, H6**	**Zu**

Sollte das **Wasser statt der Fußbodenplatte** auf **40 °C erwärmt** werden, wird die Schaltautomatik der Umlaufpumpe P1 manuell mit einem Umschalter abgeschaltet und das Ventil **H2 (Bild 7.4a)** für den Schwerkraftumlauf geöffnet.

Damit beginnt der **Solarkreis 2 mit dem Schwerkrafttransport** zu funktionieren.
Der träge Schwerkrafumlauf verursacht die Erhöhung der Temperatur in dem Solarkollektor und er liefert wämeres Medium in den Duospeicher.
Bei Zusammenarbeit des Süd-Solarkollektors mit dem Südwest-Solarkollektor erreicht man eine Erhöhung der Temperatur im Außenbehälter des Duospeichers und damit auch die Erhöhung der Wassertemperatur.
In diesem Fall ist der **Solarkreis 3** abgeschaltet, die Fußbodenplatte und der Badezimmerraum bleiben ohne Nachschub von Wärme und beide werden kälter.

In der Anwesenheit im Haus versuchen wir die **Speicherungskapazität** der Anlage am Anfang jedes Tages zu erhöhen:
Schon am frühen Morgen vor der Sonnenbestrahlung des Süd-Solarkollektors wird der Rest der Wärme im Duospeicher verbraucht – entweder in die Fußbodenplatte gepumpt oder z.B. durch Duschen, um im kälteren Duospeicher für die nächste Solarwärme Platz zu machen.
Die Temperatur des warmen Wassers im Wasserbehälter des Duospeichers sinkt dabei manchmal unter 28 °C. Das spätere Duschen wäre schon nicht mehr so angenehm.

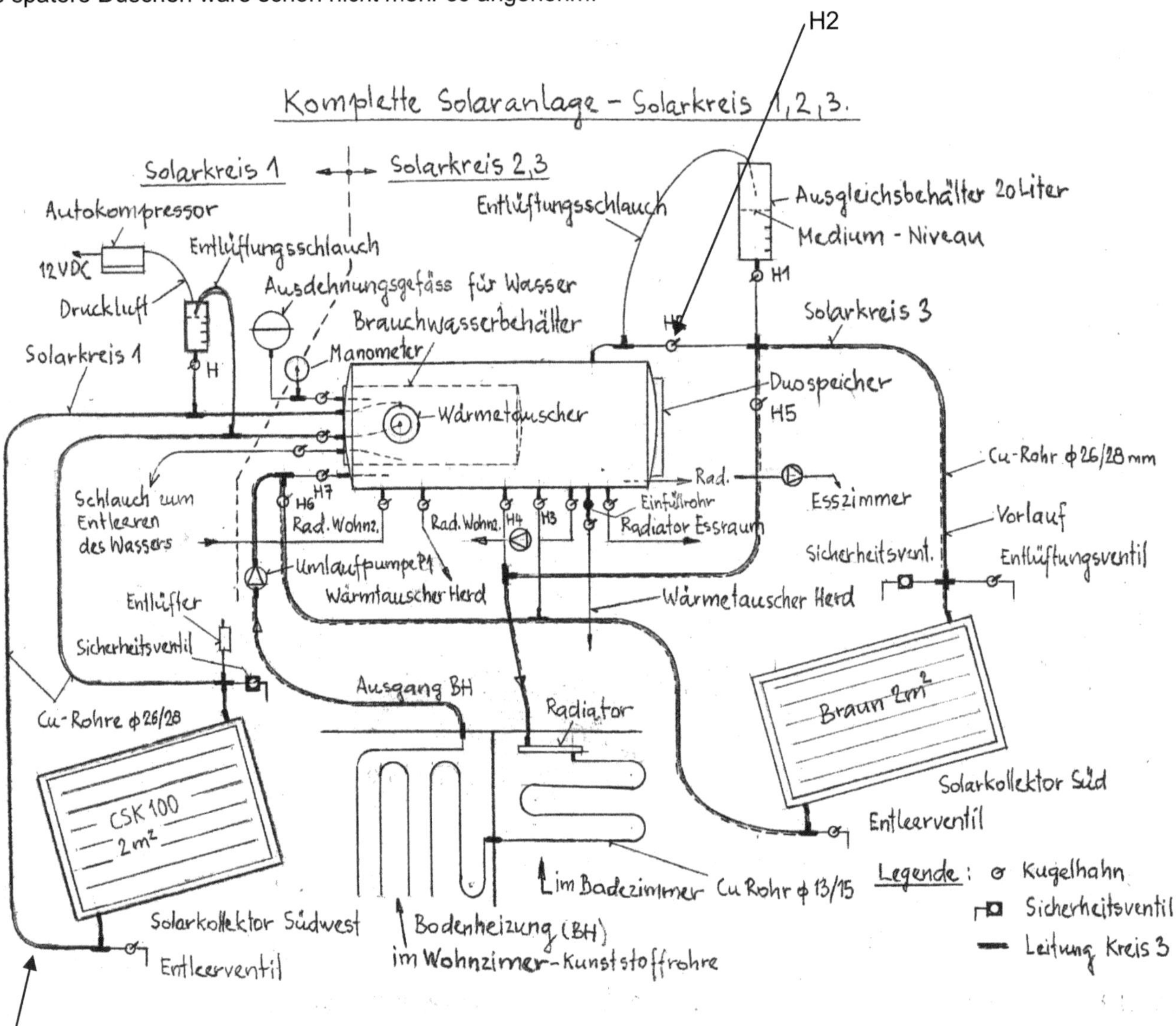

Leitungen **des Solarkreises 1**

Bild 7.5a Komplette Solarkollektoranlage

7.6 ERWEITERUNG DER SOLARKOLLEKTORANLAGE

Um bei wenig Sonnenenergie die gleichzeitige Beheizung des unteren Wohnraums und die Erwärmung des Brauchwassers zu erzielen, wurde die Solaranlage nochmals erweitert. Ein dritter Solarkollektor auf der Südwest-Seite wurde auf ein Rohrgestell montiert und parallel zum ursprünglichen Solarkollektor angeschlossen nach dem **Bild 7.6a.**
Der dritte Solarkollektor (links im Bild) wird früher von der Sonne bestrahlt und seine Bestrahlung in den Sommermonaten wird damit um 40 bis 45 Minuten verlängert gegenüber die Bestrahlung des rechten Solarkollektors.

Rest - Schatten vom Haus 12,30 Uhr (Herbst) verschwindet nach einigen Minuten.

Dritter Solarkollektor

Bild 7.6a Erweiterung der Solaranlage Südwest (Solarkreis 1)

Anfang Winter liefern alle Solar-Flachkollektoren nur wenig Wärmeenergie. Sie brauchen zur eigenen Erwärmung mehr als eine Stunde und erst dann beginnt der Schwerkraftumlauf zu funktionieren. Gerade der Solarkollektor Süd, dessen Lage für die Sommermonate eingestellt wurde und im Winter mit dem Schnee bedeckt bleibt, funktioniert nicht mehr **(Bild 7.6b).**

Bild 7.6b Mit Schnee bedeckter Solarkollektor Süd

Die Sonne findet man zu dieser Zeit tief am Horizont und ihre Wärmeenergie ist kleiner. Die Außentemperatur liegt unter +2 °C und im Haus muss mit dem zentralen Heizungsherd geheizt werden. Damit wird auch das Wasser gleichzeitig erwärmt.

In der zweiten Hälfte des Monats Februar kommt die Sonne früher zum Vorschein. Die höher gelegte und um eine Stunde längere Sonnenbahn, die auch den günstigeren Bestrahlungswinkel ermöglicht, verspricht die bessere Solarenergie-Ausbeute. Wenn der Schnee vom Kollektor Süd manuell befreit wird, erwärmt sich der Solarkollektor über 30 °C, die Umlaufpumpe P1 schaltet sich automatisch ein und liefert schon um 11:30 Uhr bis 15:30 Uhr 26 bis 27 °C warmes Medium in die Fußbodenheizung.

Literaturverweis:

Zeitschrift Sonnenenergie, Autor Thierry Cabirol, Albert Pellisson, Daniel Rougs
Solar-Anlagen-Verlag Jürg Nigg, Zürich
Buch Solaranlagen im Selbstbau, Autor Claudia Lorenz, Heinz Ladener
Conrad Electronic AG Kundeninformation: Thermische Anlagen
Zeitschrift Sonnenenergie 2 / 91 Schwerkraftzirkulation, Autor Wagner + Co Solartechnik GmbH D- 3550 Marburg
Solar-Handbuch Solarcenter Mundwyler Zolligofen – CH – 3052
Buch »Thermische Solaranlagen«, Ulrich E. Stempel, Franzis-Verlag GmbH, 85586 Poing
Buch »Selbst Solaranlagen installieren«, Nikole Kuhlman, Compact Praxis-Verlag, München
Zeitschrift Technische Rundschau 21 /86 Wärmeertrag solare Warmwasseraufbereitungsanlagen, Autor M. Zoogg, M. Rieder
Internet-Google-Suche: Wikipedia – Solarkollektor
Internet-Google-Suche: Exclusiv – øhome GmbH.de, Solarkollektor Braun
Internet-Google-Suche: Das Sonnenhaus – Jenni Energietechnik, www.Jenni.ch
Internet-Google-Suche: Wikipedia Thermische Solaranlagen
Internet Google Suche: Die 10 wichtigsten Tipps bei der Installation von Solaranlagen
Buch: ETH-Zürich »MONTE-ROSA-HÜTE«, gta Verlag
Buch: »Energieinsel«, Autor W. R. Weiß (Bestellung bei Conrad Electronic AG)

7.7 LEITUNGEN, FITTINGS UND VERSCHRAUBUNGEN

Für den Schwerkraft-Solarbetrieb verwendeten wir für die Solarleitungen Kupferrohre ø 26 / 28 mm. Sie werden in den Stangen von 2,5 m oder 5 m Länge geliefert. Für die Eigeninstallation sind sie gut zu bearbeiten und für den Schwerkraftbetrieb hervorragend geeignet (glatte Innenfläche und kontinuierliche Übergänge der hergestellten Leitungen).
Die Solar-Flexrohre (aus rostfreiem Stahl- Material) werden dort eingebaut, wo die Führung der starren Kupferrohre schwierig wäre und wo wir die Verspannungen der Rohre vermeiden möchten, z. B. in der Nähe der Solarkollektoren oder beim Duospeicher. Sie werden schon konfektioniert mit Überwurfmuttern, 1 Zoll, an beiden Enden und in beliebiger Länge geliefert **(Bild 7.7a).**

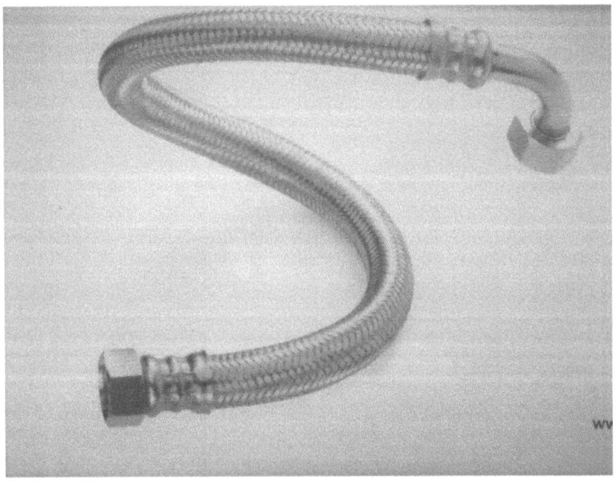

Bild 7.7a Konfektionierte Flexrohre, Katalog Firma Torgen – CH

Bei unseren Experimentier-Arbeiten verwendeten wir billigere Gummischläuche mit Innendurchmesser ø 20 mm (10 bar Überdruck). An den beiden Enden sind 1 Zoll Überwurfmuttern mit Schellen befestigt, gleich wie bei einem Gartenschlauch. Die Länge eines Gummischlauches kann man nach der Einbausituation schnell anpassen.

Im Betrieb brauchen die Gummischläuche häufigere Kontrolle der Anschlüsse und Nachziehen der Schlauchschellen. Sie wurden nach einiger Zeit durch die Flexrohre definitiv ersetzt. Trotzdem dienten sie uns 8 Jahre ohne Schwierigkeiten.

Die Leitungen vom Duospeicher zur Fußbodenheizung im Badezimmer und die Verteilung des warmen Mediums in die Radiatoren haben wir teils aus Kupferrohren, ø 13 / 15 mm gefertigt, teils verwendeten wir schwarze Stahlrohre ½ Zoll (keine feuerverzinkten Wasserrohre, die das Frostschutzmittel-Wassergemisch angreift).

Die Kupferrohre ø 13 / 15 werden in 50 m Ringen geliefert, sie sind weich und man kann sie gut formen.
Die Rohre werden mit geeigneten Wärmeisolierrohren verkleidet. Die Wärmeisolation der Rohre sollte möglichst doppelt so groß sein wie der Durchmesser der Rohrleitung.

Die Wärmeisolierrohre korrodieren bei direkter Sonnenbestrahlung und ihre feste Oberflächenstruktur ändert sich nach längerer Zeit durch die Bestrahlung in Staub. Sie mussten mit einem Spezialband oder Alu-Folie gegen die UV-Strahlung geschützt werden.
Auf dem Markt findet man die Wärmeisolierrohre mit einem PVC Mantel geschützt (**Bild 7.7b**).

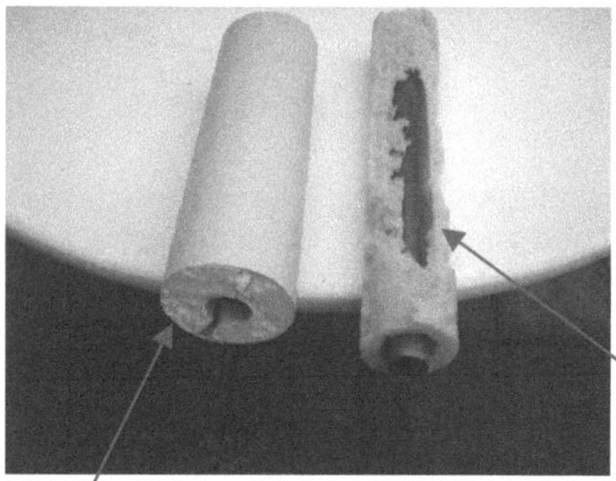

Rohr mit PVC Mantel   durch Mäuse beschädigtes Wärmeisolierrohr
Bild 7.7 b Wärmeisolierrohr mit PVC Mantel

Die Wärmeisolierrohre, die im Schatten liegen, weisen keine Beschädigung auf, sofern sie von Mäusen nicht angegriffen werden. In diesem Fall haben wir die Rohre mit Drahtgitter ummantelt.
Die Wärmeisolierrohre ermöglichen eine Ausdehnung der in Beton gelegten Eisenrohre.

Zum Schließen aller Leitungen setzten wir Kugelhähne ein. Sie haben einen kleineren Durchflusswiderstand.
Die festen Verbindungen der Kupferrohre werden mit Silberlot weich gelötet.

Dabei ist zu beachten:
Es handelt sich um das sogenannte KAPILAR-LÖTEN, das die präzise Anpassung der Kupfer- und Messingteile (Rohre und Verschraubungen) verlangt.
Deformierte Bauteile können für das Kapillar-Löten nicht mehr verwendet werden.

Vor dem Löten wird die Fläche des Rohres und die Fläche des Gegenstücks poliert, mit Fließmittel angestrichen und dann zusammengeschoben. Nach der Erwärmung der beiden Teile mit einer Gasflamme wird das Silberlot auf das genug erwärmte Material gelegt.

Es wird gut zu erkennen sein, wie die Kapillare zwischen beiden gelöteten Stücken das aufgelöste Lot nach innen zieht. Das überschüssige Lot, noch flüssig, wird schnell vom Rohr mit einem nassen Lappen beseitigt. Die Rohrleitungen sollten danach durchgespült werden, um die Reste des Fließmittels zu beseitigen.

Bei schon montierten Bauteilen, deren Lage horizontal ist, ist das Löten etwas erschwert. Der Lot fliesst nicht gleichmäßig in die Kapillare und tropft. Durch etwas Drehen eines der beiden Bauteilen bei noch flüssigem Lot kann dieser Nachteil beseitigt werden.

Die Verschraubungen werden mit dem Klemmring, dem Dichtungsring oder durch gedrehten Hanf auf dem Gewinde der Verschraubung abgedichtet (dabei etwas Dichtungsvaseline auf den Hanf auftragen).

Wir empfehlen kein Teflonband für die Abdichtung der Gewinde. Es bringt nicht immer ein gutes Ergebnis und ist im Vergleich zum Hanf teuer und nicht genug temperaturbeständig.

Die Dichtungsringe im Heiß-Solarkreis sollten aus Tesnit-Material sein. Diese Dichtungsringe ertragen großen Druck und halten eine Betriebstemperatur bis 250 °C aus. Die grüne Farbe eines Dichtungsringes verrät seine vorzüglichen Eigenschaften. Es sollten keine Gummi-Dichtungsringe verwendet werden, die durch Alterung ihre Funktion verlieren.

Nach 2 bis 3 Jahren werden alle Verbindungen mit Dichtungsringen kontrolliert beziehungsweise vorsichtig nachgezogen, gerade dort, wo sie mit der hohen Temperatur des Mediums beansprucht werden. Genauso wird es mit den Schlauchschellen gemacht, die ebenfalls nachgezogen werden müssen.

Die Verlegung der Metallrohre im Beton muss unter Berücksichtigung ihrer Ausdehnung bei den verschiedenen Temperaturen gemacht werden. Durch eine einfache Rechnung kann man die Ausdehnung nach einer Formel bestimmen, dabei ist gegeben:

1 m Stahlrohr verlängert sich von 0 °C auf 100 °C (delta T = 100) um delta L = 1,2 mm
(lineare Abhängigkeit aller Werte)
1 m Kupferrohr verlängert sich von 0 °C auf 100 °C um delta L = 1,7 mm

Beispiel:
L = 3 m Stahlrohr erwärmt von 20 °C auf 65 °C (delta T = 45 °C),
Ausdehnung des Stahlrohrs delta L = 3 x (1,2 : 100) x 45 = 1,62 mm,

beim 3 m Kupferrohr:
Ausdehnung des Kupferrohrs delta L = 3 x (1,7 : 100) x 45 = 2,295 mm

Bei der Rohrverlegung für den Schwerkraftbetrieb sollten scharfe Bögen verhindert werden. Sie erhöhen den Durchflusswiderstand und damit wird der Schwerkraftumlauf verlangsamt. Der Durchflusswiderstand bei einem scharfen Rohrbogen ist 2 Mal größer als bei einem geraden Rohr.

Die detaillierte Anleitung für die Verbindungen der Kupferrohre mit den Fittings und Verschraubungen und Fittings-Löten findet man im Katalog der Firma Georg Fischer – CH, »Lötfittings aus Kupfer, Rotguss und Messing«.
Zur Vermeidung der elektrolytischen Korrosion der verzinkten Eisenrohre in den Brauchwasserleitungen dürfen die kupfernen und eisernen Anlageteile nicht beliebig miteinander verbunden werden. Gemäß dem Katalog der Firma Georg Fischer – CH:
Während der Übergang von Eisen auf Kupfer in der Strömungsrichtung bei den meisten Verhältnissen zulässig ist, ist der Übergang von Eisen nach Kupfer zu vermeiden.

Die Entwicklung von neuen Materialien ermöglicht heute für die Heizung- und Wasserrohrverlegung die Verwendung von speziellen Kunststoffrohren, bei denen keine Ausdehnung und keine elektrolytische Korrosion berücksichtigt werden muss.
Dazu kommen noch weitere Vorteile für den Selbstbauer: eine einfachere Verlegung und vereinfachte Anschlüsse. Die Verbindungen der Rohre über 17 mm Durchmesser brauchen Spezial-Werkzeuge für die Anschlüsse.
Für die Solarkreise, die manchmal mit hoher Temperatur beim Schwerkraftbetrieb über +80 °C beansprucht werden, sind die Kunststoffrohre nicht zu empfehlen.

Beim Einkauf der Armaturen für die Rohrleitungen ist es vorteilhaft, eine Skizze der verlangten Verbindungen zu machen. Nicht immer findet man im Lager des Geschäfthauses die nötigen Bauteile und der Verkaufsangestellte kann einen anderen Vorschlag empfehlen mit bestehenden Lagerteilen, der zum gleichen Ergebnis führt. Manchmal wird die Verbindung sogar einfacher und billiger.

Die Beispiele für die Verwendung der Fittings und Verschraubungen – siehe **Bilder 7.7c, 7.7d, 7.7e.**

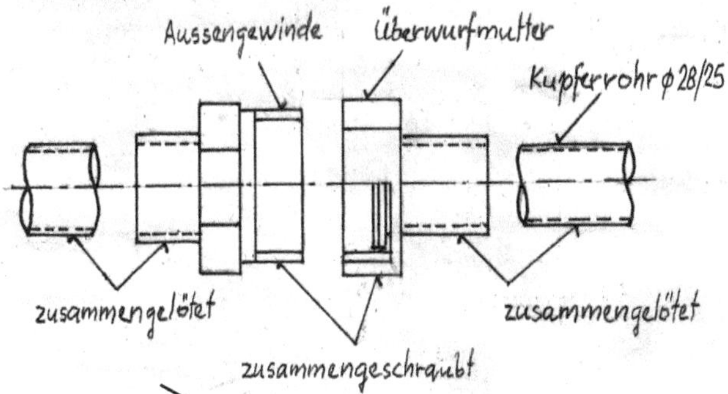

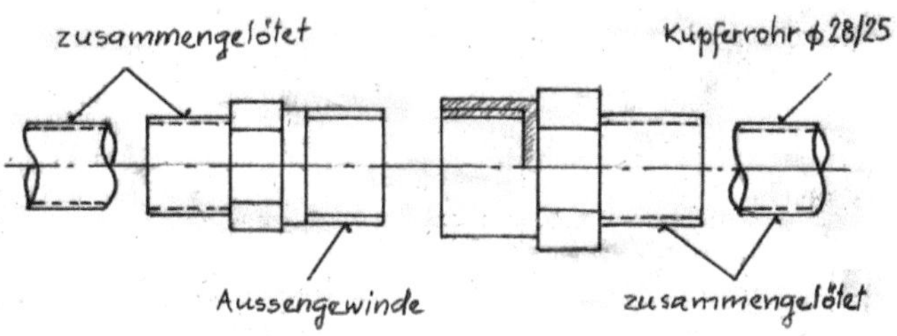

Bild 7.7d Schraubverbindung zweier Kupferrohre, Rohre drehbar

Bild 7.7c Schraubverbindung zweier Kupferrohre mit Überwurfmutter, die Rohre sind nicht drehbar

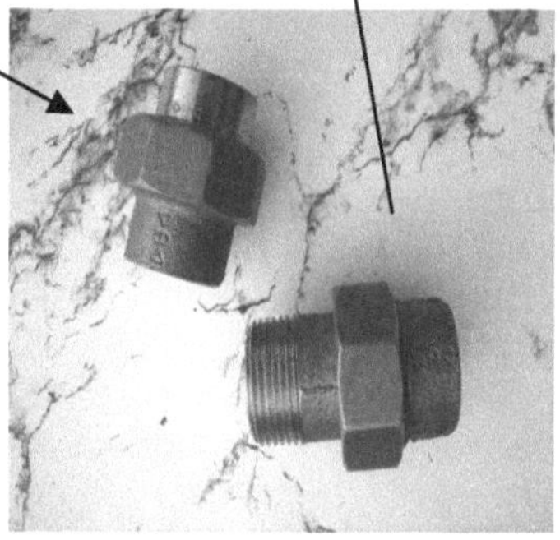

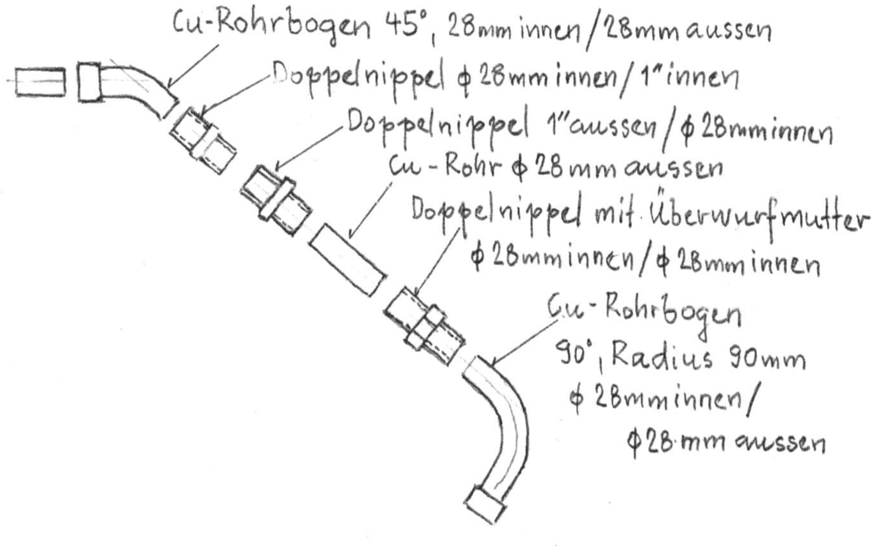

Bild 7.7e Skize eines Teiles der Solar - Rücklaufleitung

Literaturverweis:

Katalog Firma GEORG FISCHER AG Schaffhausen – CH
Buch »Selbst Solaranlagen installieren«, Autor: Nikole Kuhlman, Compaktverlag München
Buch »Thermische Solaranlagen«, Autor: Ulrich E. Stempel, Franzis Verlag GmbH, 85586 Poing – D
Katalog Firma TORGEN Switzerland

7.8 SOLAR - LUFTKOLLEKTOR

In den Wintermonaten ist die Sonnenstrahlung in unserem Standort auf 3 Stunden begrenzt und die Flach-Solarkollektoren liefern sehr wenig Solarwärme, da sie etwas Zeit zur eigenen Erwärmung benötigen.

Um die kurze Bestrahlungszeit voll auszunützen, sollte man einen Solarkollektor ohne Trägheit verwenden. Diese Eigenschaft hat ein **Solar-Luftkollektor**. Nach seiner Bestrahlung wird die durchströmende Luft im Kollektor nach einigen Minuten warm und sie liefert Wärme in die Wohnung, also wird wenig Zeit für die Ausbeutung der Solarwärme verloren.

Die Luft hat eine 3000 x kleinere Speicher-Kapazität im Vergleich zu Wasser des gleichen Volumens.
Für den Transport der großen erwärmten Luftmenge muss ein Ventilator (ca. 3 - 4 W) eingesetzt werden. Er wird von einer 12 V / 12 Watt Solarzelle gespeist, die direkt im Solar-Luftkollektor eingebaut ist. Die Solarzelle reagiert auf verschiedene Bestrahlung der Sonne, steuert den Ventilator und somit wird keine spezielle Steuerung für die Anlage gebraucht.

Der Solar-Luftkollektor ist auch bei Minus-Außentemperaturen aktiv.

Durchschnitlich bringt 1m^2 eines Solar-Luftkollektors ca. **800 - 1000 W** (Internet-Solarventi SV 14) Wärmeleistung und er wäre für das Nachheizen der Wohnräume geeignet.
Die Wärmeerträge der Solar-Luftkollektoren sind auf ca. **200 - 350 kWh / m^2** Kollektorfläche für die Heizperiode geschätzt.

In den Übergangsjahreszeiten, aber auch im Winter, könnte der Solar-Luftkollektor die Wohnräume bei unserer Abwesenheit etwas temperieren. Er sollte helfen, die Haustemperatur über 0 °C zu halten.
Durch die Montage des Solar-Luftkollektors wird die Lücke an der Solarwärme-Gewinnung in unserem Gebiet im Winter geschlossen.
Mit Rücksicht auf die tiefe Lage der Sonne in den Wintermonaten montieren wir den Solar-Luftkollektor an die Südwand des Hauses vertikal. Diese Position schützt ihn auch vor Schneefall.

Ein konkretes Beispiel eines fabrizierten Solar-Luftkollektors sieht man auf dem **Bild 7.8a**.
Die fabrizierten Standard Solar-Luftkollektoren werden mit Außenluft durchströmt und die erwärmte Luft wird mit einem kleinen Ventilator in die Wohnräume geblasen. Damit werden die geschlossene Räume frischgehalten.

Solar - Luftkollektor

Tech. Daten „Solarventi SV 14", Lieferant Solar Pfendler

Masse 199 x 72 x 10 cm
Maximale Lufttemperaturerhöhung bis 30°C
Die Warmluftleistung genügt für ca. 70 m^2 Raumgrösse
Gewicht 14 kg
Ventilator für ca. 60 m^3/ h (ca..4 W)
Amorfe Solarzelle 12 V / 12 W
Preis ca. 1000 Euro

Bild 7.8a Solar Luftkollektor

Die Solar - Luftkollektoranlage braucht keine Wartung.

Vergleich der Leistung der zwei Solarerenergie - Erzeugern

Solar Luftkollektor ca. **600 W / m^2**
Photovoltaik **20 – 130 W / m^2**

Einbau der zwei Solar-Luftkollektoren:

Zum Erzielen einer minimalen Grundtemperatur im Haus während der Wintermonate, und um dabei auch die Frostschutzsicherheit bei der Abwesenheit im Haus möglichst zu gewährleisten, haben wir überlegt, zwei Solar-Luftkollektoren an das Haus zu montieren.

Die Größe der Kollektoren hängt vom verfügbaren Platz an den Hauswänden des Rusticos ab. Der Dach ist in den Wintermonaten mit Schnee bedeckt, also für den Einbau der Solar-Luftkollektoren ungeeignet.
Wegen des begrenzten Platzes konnten wir an den Wänden des Hauses nur schmale Kollektoren unterbringen. Ihr definitives Außenmaß ist 2 m x 0,6 m.

Beide Kollektoren sollten vertikal an die Hauswände befestigt werden (Neigung ca. 15°), ein Kollektor an der Südseite, der Zweite kommt an die Stirnseite des Hauses, also Südwest-Richtung.
Für den Einbau werden von jedem Kollektor zwei separate Rohranschlüsse ins Haus benötigt (Innendurchmesser der PVC Rohre: ø 125 mm).

Die elektrische Energie für die Ventilatoren (ca. 60 m^3 / h Luftleistung) wird von den bestehenden Solargeneratoren abgezweigt (je 12 V DC). So können wir die Solargenerator-Zellen sparen, die normalweise im Inneren des Solar-Luftkollektors eingebaut sind.
Jeder Ventilator wird direkt an den Solargenerator angeschlossen, also an das Klemmen-»Modul« des bestehenden Solarladereglers.
Der elektrische Steuerungskreis der Solar-Luftkollektoren wird vom Ladekreis der Batterien mit Trenndioden abgetrennt, sodass die Nachladung der Batterien und die Steuerung der Solar-Luftkollektoren unabhängig funktionieren werden **(Bild 7.8b)**.

Die Steuerung der Kollektoren regelt die Sonne durch die Bestrahlung der Solargeneratoren.
Um die höhere Temperatur der strömenden Luft zu bekommen, wurde im elektrischen Kreis ein Thermostat eingebaut, der die Einschaltung des Ventilators verzögert, bis die Luft wärmer wird.

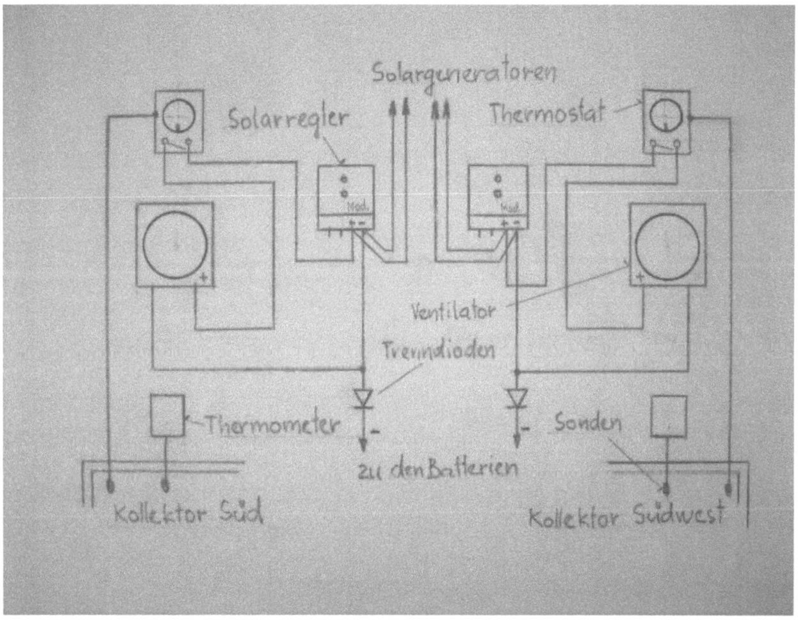

Bild 7.8b Schema der Steuerung für die Solar - Luftkollektoren

Definitive Konstruktion des Solar-Luftkollektors

Für den Luftkollektor wurde ein Holzrahmen gefertigt nach dem **Bild 7.8c.** Der Rahmen wurde mit einer Holzschutzmittel-Lasur zweimal angestrichen.

Die hintere Seite des Rahmens ist ein 3 mm Akrylglas (wir haben es günstig bekommen). Ins Innere des Rahmens ist eine 30 mm Isolierplatte gelegt, danach ein Absorber-Aluminiumblech, 0,6 mm dick, schwarz lackiert.
Für die Lackierung wurde Hochtemperatur-Lack, schwarz/matt (aus der Sprühdose) verwendet.
Im Akrylglas sind zwei Löcher Größe ø 130 mm für die Anschlussrohre ausgesägt, ähnlich ist es bei der Isolierplatte und dem Absorber.

In die Löcher sind kurze Rohre mit Dichtungsringen gesetzt und die Rohre sind mit Silikonmasse auf einer Akrylglasplatte festgeklebt.
Es handelt sich um den Rohr-Anschlussteil, der von einem Standard PVC Rohrbogen abgesägt wurde. Damit musste keine spezielle Abdichtung des Anschlussrohrs gemacht werden und die Rohr-Anschlüsse zum Kollektor sind einfach montierbar.

Der Holzrahmen wurde mit einer 6 mm dicken Glasscheibe abgeschlossen, die auf einen Dichtungsband gelegt wurde.
Die Glasscheibe befestigt man mit Aluminium-L- Winkeln, 30 mm x 40 mm x 3 mm.

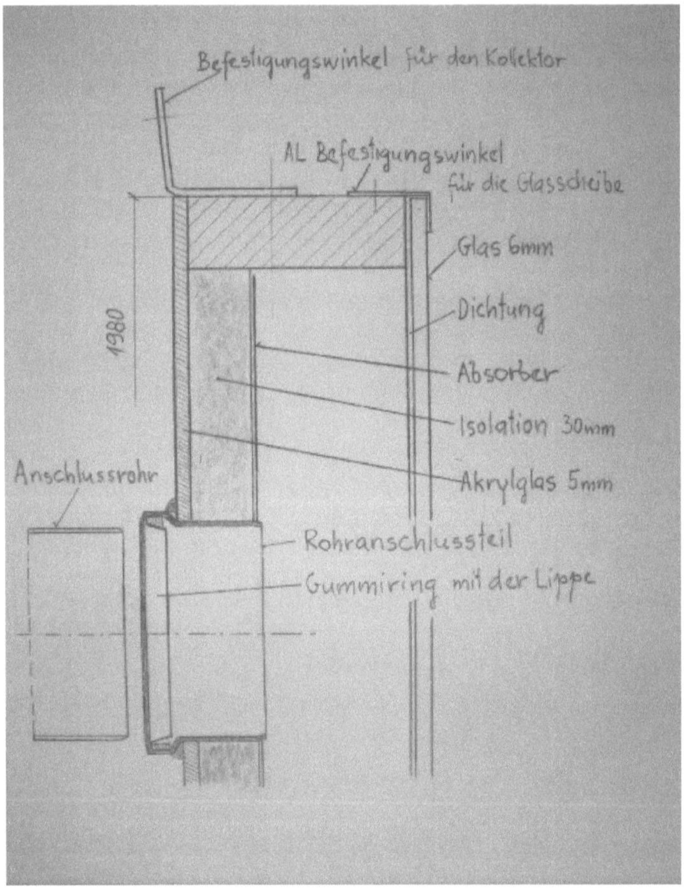

Bild 7.8c Konstruktion des Solar-Luftkollektors

Wenn es nötig ist, dass ein Solar-Luftkollektor länger vom Solarbetrieb abgestellt wird, macht man die Entlüftungslöcher, die seine Überhitzung begrenzen. Beim Betrieb bleiben die Löcher geschlossen.

Für die Messung der Ausgangstemperarur der erwärmten Luft aus dem Kollektor, die in den Wohnraum strömt, wird das gleiche Digitalthermometer verwendet wie im **Bild 7.2e, Kap. 7.2.**

Erfahrungen mit dem eingebauten Südwest Solar-Luftkollektor:
Im Monat April 2012 haben wir den ersten Solar-Luftkollektor hergestellt und auf die Stirnseite (Südwest) des Hauses montiert **(Bild 7.8d).**

Mitte erwähnten Monats ist der Kollektor erst ab halb 14 Uhr direkt bestrahlt. Voll bestrahlt mit der Sonne, beginnt er die warme Luft ins Wohnzimmer zu liefern. Die Temperatursonde des Thermometers ist im oberen Teil des Kollektors untergebracht.

Das im elektrischen Kreis eingebaute Thermostat wurde auf 34 °C eingestellt und erst nach erreichen dieser Temperatur schaltet sich der Ventilator ein. Beim Absinken der Temperatur im Luftkollektor auf ca. 24 °C wird der Ventilator mit dem Thermostat abgeschaltet. Die Sonde des Thermostats ist ebenfalls in oberem Teil des Solar-Luftkollektors untergebracht.

Im Winter (über Minus 7 °C) braucht der Kollektor 10 Minuten zum Erwärmen auf 34 °C, aber demnach bringt er 60 bis 65 °C warme Luft in die Stube. Die Bestrahlung des Kollektors in dieser Zeitperiode ist leider auf 2 Stunden begrenzt.

Solar-Luftkollektor Südwest vorgesehener Platz für den Solar-Luftkollektor Süd

Bild 7.8d Südwest Solar-Luftkollektor

Mittels diffuser Strahlung der Sonne lieferte der Luftkollektor schon um 12 Uhr 10 °C wärmere Luft in den Wohnraum, in dem am frühen Morgen 14,8 °C gemessen wurde. Am gleichen Tag betrug die Außentemperatur am Morgen 0 °C.

Der schwache Nebel begünstigt die diffuse Strahlung, aber auch die einzelnen auf dem Himmel gegen den Kollektor stehenden Wolken werfen den Sonnenstrahl an ihn ab, damit er um 10 Uhr mit kleinerer Leistung schon funktionieren kann.

Die Anlage arbeitet mit Luftumlauf. Der Ventilator, der im unteren Eingangsrohr zum Kollektor im Wohnzimmer eingebaut ist, drückt die Luft über den Filter in den Kollektor. Dort wird die Luft erwärmt und durch den oberen Rohrausgang ins Wohnzimmer zurückgeblasen.
Auch bei Stillstand des Ventilators bläst die erwärme Luft vom Kollektor durch die entstandene Thermik in die Stube ein.

Der Ventilator, den wir in den 12 V elektrischen Kreis der Anlage eingebaut haben, ist ein Ventilator mit 24 V / 0,25 A Einspeisung. Er wird mit der möglichen Leerspannung 18 bis 20 V des Solargenerators nicht überlastet und reagiert optimal auf die unterschiedliche Stärke der Sonnenbestrahlung.
Je mehr der Solargenerator und der Solar-Luftkollektor bestrahlt werden, um so mehr Luft bekommt der Solar-Luftkollektor. Dieser Ventilator ist etwas lärmig.
Um das Lärm-Problem zu beseitigen, könnte man den Ventilator in die Rohrleitung außerhalb des Wohnraumes einbauen.

In jeder Stunde bei voller Bestrahlung des Solar-Luftkollektors erhöht sich die Wohnraumtemperatur um 1 °C.
Die bestrahlten Solar-Flachkollektoren inklusive der Bodenheizung laufen mit.

Weil kein aktiver Wärmespeicher für die Luftwärme im Wohnraum installiert ist, bleibt die gewonnene Erhöhung der Wohnraumtemperatur nicht lange stabil und nach dem Abschalten des Ventilators beginnt sie in einer halben Stunde zu sinken.

Dieser Erwärmungsprozess funktioniert automatisch auch bei Abwesenheit im Haus. Die mögliche Rückwärtsströmung der warmen Luft aus dem Wohnzimmer in den kalten Kollektor durch den oberen Rohrausgang wird mit dem Einbau einer **Rückschlagklappe** verhindert (**Bild 7.8e**).

Bild 7.8e Rückschlagklappe mit Rohrreduktion

Die Stärke der Luftströmung und ihre Richtung kann man mit einer Kerzenflamme gut feststellen.

Der Einbau des Solar-Luftkollektors Süd

Der zweite Solar-Luftkollektor **Süd,** der Mitte September 2012 hergestellt und installiert wurde, kann schon in den Vormittagsstunden von 10:15 Uhr bis ca. 15 Uhr Nachmittag direkte Sonnenbestrahlung nutzen.
Seine Temperatur bei guter Bestrahlung beträgt über 70 °C und erst nach 14:30 Uhr geht sie langsam nach unten.

Gerade in dieser Zeit wird der **Südwest**-Solar-Luftkollektor bestrahlt und nach wenigen Minuten ist die Luft dort 50 °C warm. Die Temperatur ist steigend und vor dem Sonnenuntergang wurden immer noch 50°C gemessen.

Der **Süd**-Solar-Luftkollektor ist für die Herbstmonate und für den Winter bestimmt. Seine Neigung, die der tief laufenden Sonne am Horizont gut angepasst ist und durch die kein Schatten in dieser Zeit auf ihn fällt, verspricht gute Solarenergieernte trotz der kürzeren Bestrahlungszeitspanne (≤ 3 Stunden), **Bild 7.8e.**
Nur in den Sommermonaten in den Nachmittagsstunden kommt der Kollektor in den Schatten, aber seine Solarwärme in dieser Jahreszeitperiode wird für die Beheizung der Wohnräume nicht mehr gebraucht.

Bild 7.8e Solar-Luftkollektor an der Südseite des Hauses

Der Süd-Solar-Luftkollektor wurde bei der Herstellung noch mit drei Schickanen ausgerüstet, die die Strömmung der warmen Luft etwas bremsen sollen. Die Temperatur der durchziehenden Luft erhöht sich, die Ausgangsströmung in das Wohnzimmer wird dabei etwas geschwächt **(Bild 7.8f).** Ähnlich wird es beim Einbau der Rückschlagklappe.

Die beide Solar-Luftkollektoren, die in den Übergangsjahreszeiten die Wärme während des Tages ins Haus bringen, **verlängern die Stillstandzeit der Holzfeuerung.**

Die Schickanen

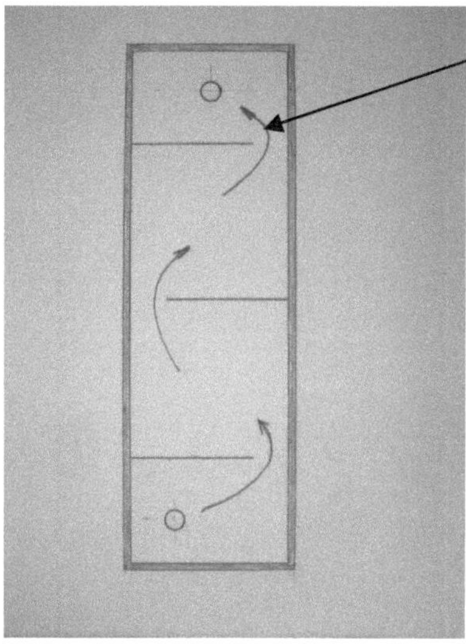

Bild 7.8f Solar-Luftkollektor mit den Schikanen

Möglichkeit der Warmluft-Energiespeicherung

Später, nach dem längeren Versuchs-Betrieb der beiden Luftkollektoren wird noch entschieden, ob ein PCM-Latentspeicher ins Haus eingebaut werden sollte.
Die eingebauen Alu-Plättchen in dem PCM-Latentspeicher sind mit geeigneter Flüssigkeit gefüllt und können die Warmluft-Energie speichern, die nach der Bedarf in den Wohnraum mit einem Ventilator geblasen wird **(Bild 7.8g).**

Dieser Versuch wäre etwas kostspielig und es muss überlegt werden, ob sich dieses Experiment für ein kleines nicht so viel bewohntes Rustico lohnt.

Bild 7.8g Latentspeicher Trubadu.De mit der 4,5 kWh Wärmekapazität

Literaturverweis:

Internet-Google-Suche: Solar-Venti-Luftkollektoren
Internet-Google-Suche: Solar-Luftkollektor, Trubadu.de, Ing. Stefan Brandt
Internet-Google-Suche: Projektbeschreibung einer Solar-Luftkollektoranlage, Veco aus VS

Ergebnisse bei automatischem Heizen des Wohnraumes im Rustico mit den Solar-Luftkollektoren inklusiv des Einschaltens des Solarkreises 3 für die Erwärmung der Fußbodenplatte.

Das automatische Heizen des Rustico wurde von 3. 11. bis 16. 11. 2012 durchgeführt.
Das Haus war dicht geschlossen wie ein Kühlschrank. (Keine Anwesenheit)

Messungen der Temperaturen nach 13 Tagen am 16. 11. 2012, 14 Uhr:

Außentemperatur um 14 Uhr, blauer Himmel: 15 °C
(Die Temperaturen über Nacht in der vergangenen Woche waren ständig unter 0°C.)

Temperatur im Parterre (Untergeschoss): **11 °C**

Fußbodenplatte-Temperatur: **11 °C**

Temperatur des Warmwassers: **32 °C**

Temperatur des Frostschutz-Wassergemisches im Duospeicher: 30 °C

Temperatur in geschlossenem Badezimmer: 10 °C

Temperatur im Keller beim Eingang (erster Kellerteil): 9,3 °C

Um 15 Uhr ging die Sonne hinter dem Berg unter.
Außentemperatur um 16 Uhr: 2 °C
17 Uhr: 0,5 °C
in der Nacht: unter **0 °C**

Die Südwest Solar-Flachkolektoren sind durch die Schwerkraft des erwärmten Mediums gesteuert und beteiligen sich auch an der Wärmeabgabe ins Haus.
Das Brauchwasser im Wasserbehälter und das Frostschutz-Wassergemisch im Außenbehälter des Duospeichers werden von beiden Kollektoren erwärmt. Es wurde in der 400-Liter-Flüssigkeit die Wärme gespeichert.

8. ELEKTRISCHE VERBRAUCHER

Wir teilen die Verbraucher nach ihrer Speisespannung ein und zwar die Geräte mit dem Gleichspannungsanschluss 12 V / 24 V (DC) und die Geräte mit dem 230V / 50Hz (AC) Anschluss.
Jede Sorte der Verbraucher wird von einer separaten elektrischen Quelle gespeist.

8.1 VERBRAUCHER MIT 12 / 24 V GLEICHSPANNUNGSANSCHLUSS

8.1.1 BELEUCHTUNG

Das physikalische Gesetz für die Beleuchtung lautet:
Die Beleuchtung einer Fläche ist abhängig vom Abstand der Lichtquelle in Quadrat, einfach gesagt:
eine zweimal höher aufgehängte Lichtquelle bringt **viermal weniger Licht** auf die belichtete Fläche, oder umgekehrt, für die gleiche Beleuchtung der Fläche brauchen wir in diesem Fall eine viermal stärkere Lichtquelle.

Nach der beschriebenen Lehre installierten wir die Beleuchtungen im ganzen Haus. Wir platzierten eine separate kleine Leuchte an jedem Ort, wo man genug Licht braucht, z. B. über dem Esstisch, dem Küchen-Arbeitspult, dem Sitzplatz im Wohnzimmer und bei der Beleuchtung im Badezimmer.
So gewinnen wir eine sehr gute Ortbeleuchtung bei kleinem Energiebedarf. Die Tischlampe zu Hause ist ein Beispiel.

Wahl der Lichtquelle: .

Die heutige Entwicklung der Lichtquellen für den Kleinspannungs-Betrieb bietet uns:

- Niedervoltglühlampen (12 / 24 V) – nur bis 5 % Licht, der Rest ist Wärme
- Niedervolthalogenlampen (12 V / 24V) – 10 % Licht

  Die nächsten sparsameren Lampen sind zu empfehlen:

- Leuchtstoffröhren mit Vorschaltgerät
- Kompaktleuchtstofflampen (Sparlampen) mit Vorschaltgerät (die Zündung mit Zusatzelementen für den 24 V Anschluss sind im Sockel der Lampe eingebaut)
- Leuchtdiodenbeleuchtung (**LED**-Licht, **L**icht-**E**mittierende **D**iode)

Die Größe des Lichtstromes der Lichtquelle ist in **Lumen (lm)** in den Kataloglisten angegeben.
Die Wahl der Größe des Lichtstromes für die Beleuchtung des bestimmten Wohnraumes beruht auf unseren Gewohnheiten zu Hause, wo wir eine immer gute Beleuchtung an jedem Ort verlangten. Die 100 W Glühlampe war Standard, die WC-Beleuchtung ausgenommen. Die 100 W Glühlampe hat etwa 1100 bis 1300 **lm** Lichtstrom.

Lichtstrom verschiedener Lichtquellen:

Lichtquelle	Lichtstrom	Lebensdauer	Effizienz
Glühlampe 100 W / **230 V**, 50 Hz	1100 - 1300 lm	1 000 Std.	E
Halogenlampe 50 W / 24 V	950 lm	500 Std.	C
Stabhalogenlampe 150W / **230 V,** 50 Hz	2400 lm	500 Std.	D
*Xenon Lampe D2S 12 V / 35 W	3200 lm	2000 Std.	
Leuchtstoffröhre T5 15 W **/ 230 V**, 50 Hz	920 lm	15000 Std.	A
Leuchtstoffröhre rund 25 W / **230 V**, 50 Hz	2400 lm	15000 Std.	A
Kompaktleuchtstofflampe 13 W /**230 V**,50 Hz (Sparlampe)	900 lm	10000 Std.	B
Standard LED	1,7- 3 lm	bis 100000 Std.	A
Weiße LED Citiled CLL- 50 - Serie (Citizen 2012)	max. 4390 lm	30000 Std	A

Die Lebensdauer der Sparlampen oder der LED ist die Zeit, bei der der Anfangswert des Lichtstromes auf eine Hälfte sinkt.

*Die Xenon-Lampen, auch Brenner genannt, sind Gasentladungslampen (mit Xenon gefüllter Gaskolben mit zwei Elektroden). Die Gasentladungslampen finden Verwendung in der Autoindustrie für die Scheinwerfer. Eine mit Xenon gefüllte Halogenlampe gehört nicht zu dieser Sorte.

Nachteil der Gasentladungslampen: ein Vorschaltgerät für die Zündung ist nötig, spezielle Reflektoren im KFZ mit der Waschanlage sind sehr teuer

Effizienz (Lichtausbeute) der Lichtquelle:

Standard Glühlampe	12 bis 16 lm / W
Halogenlampe Niedervolt.	17- 30 lm / W
IRC Halogenlampe für Scheinwerfer	35 lm / W
Stabhalogenlampe 230 V, 50 Hz	16 lm / W
Xenonlampe (Gasentladungslampe)	91 lm / W
LeuchtstoffröhreT5 230V, 50 Hz	bis 106 lm / W
Kompaktleuchtstofflampe 230 V, 50 Hz	70 lm / W
LED kaltweiß (Stand 2009)	20-25 lm / W (LED - Golden Dragon, Osram 30 lm / W)
SMD LED	60-80 lm / W
Citiled CLL-050-Serie (Zitizen, 2012)	96 - 170 lm / W

1 Lumen (lm) = **Lichtstrom** einer Kerze gleichmäßig verteilt auf die Fläche von 1 Quadratmeter

Die Einheit **Lux, lx** (**Beleuchtungsstärke**), manchmal bei bestimmten Lichtquellen in den Katalogen angegeben, betrifft eine beleuchtete Fläche (kein Lichtstrom) und sagt nichts über die Lichteffizienz (lm / W) der Leuchtquelle aus.

1 lx = 1 lm / m²

Die ausgeführten Angaben der Lebensdauer und der Lichteffizienz sind Orientierungswerte. Sie variieren mit der Zeit und hängen von der richtigen Anwendung und den nächsten Entwicklungsarbeiten ab.
Auf dem Markt findet man die Hochleistungs-LED in den Spezial-Gehäusen mit der Lichteffizienz 40 - 100 Lm / W (2011). Ihre Lebensdauer hängt von der richtigen Kühlung des LED-Kristalls ab.

8.1.1.1 HEISSKATHODENLAMPEN

Zu den Heißkathodenlampen gehören die Leuchtstoffröhren und die Kompaktleuchtstofflampen. Jede Lampe muss beim Einschalten zuerst vorgeheizt werden und braucht sie eine Minute, um die volle Lichtintensität abzugeben. Durch die nötige Aufheizung wird der Lichtstrom um etwa 1 bis 2 Sekunden verzögert.

Leuchtstoffröhren:

Für die Zentralbeleuchtungen (Schafzimmer, Keller, Ablageraum) nahmen wir einheitlich Leuchtstoffröhren, z. B. die Grösse T5, Typ 840, ø16 x 549, 14 Watt, 1350 Lm, 230 V / 50 Hz, die zu unserem Vorschaltgerät mit der Anschlussspannung 24 V DC passten.

Auf dem **Bild 8.1.1.1a** findet man eine Verdrahtung einer Leuchtstoffröhren – Leuchte.

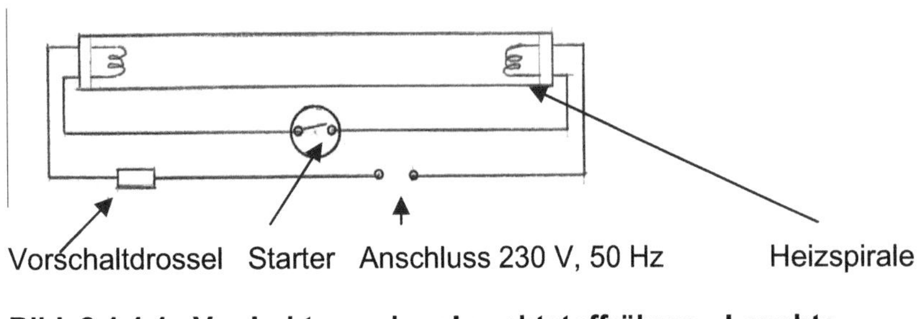

Bild 8.1.1.1a Verdrahtung einer Leuchtstoffröhren - Leuchte

Die Leuchtstoffröhren haben verschiedene Lichtfarben, einige sind hier ausgeführt:

Tageslichtweiß (kaltweißs) mit Farbtemperatur > 5000 K (Kelvin), day light, Lumilux Code 765
Neutralweiß 4000 K (kaltweiß / cool White), Lumilux Code 840 (die beste Lichteffizienz)
Warmweiß < 3300 K (White), Lumilux Code 835

Das Vorschaltgerät 24 V DC / 230 V AC, welches bei der Leuchtstoffröhre für die niedrige DC Spannung verwendet werden muss, liefert die Wechselspannung 230 V mit der Frequenz ca. 30 kHz. Durch die hohe Frequenz bringt die Lampe viel mehr Licht (ca. 30 % mehr) als bei üblichem 50 Hz Netz-Betrieb zu Hause und dabei noch flackerfrei. **(Bild 8.1.1.1b).**

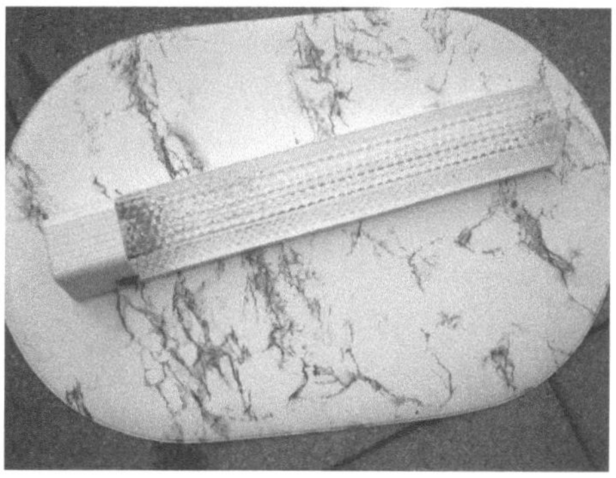

Bild 8.1.1.1b Leuchtstofflampe T5 mit dem Vorschaltgerät

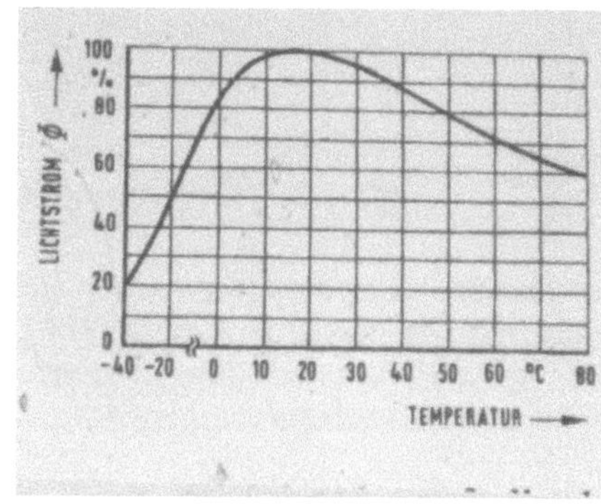

Bild 8.1.1.1c Temperaturabhängigkeit

Der Lichtstrom der Leuchtstoffröhre ist temperaturabhängig. Nur bei +20°C gibt sie die maximale Lichtintensität ab. **(siehe Bild 8.1.1.1c).**

Deshalb verwenden wir die Leuchtstoffröhren im Außenbereich nicht so häufig und wenn nötig, wird die größere Leistung der Leuchtstoffröhre gewählt (**Bild 8.1.1.1d**).

Bild 8.1.1.1d Leuchtstoffröhre 24 V /25 W, runde Ausführung, Sockel E27, 2400 lm

Kompaktleuchtstofflampen:

Eine Kompaktleuchtstofflampe 24 V im Betrieb mit dem Vorschaltgerät sieht man auf dem **Bild 8.1.1.1e.**
Das Vorschaltgerät verbraucht selber ca. 5 % der Leistungsaufnahme.
Auf dem Markt gibt es schon Kompaktleuchtstofflampen mit der Vorheizung, welche die nachteilige Verzögerung des Lichtstromes praktisch eliminiert. Sie Strahlen schon von Anfang mit fast voller Intensität. Die eingebaute Vorheizung verlängert auch wesentlich die Lebensdauer dieser Lampen (≥ 15000 Stunden).

Jede Leuchte mit einem Vorschaltgerät verursacht elektromagnetische Strahlung (Elektrosmog). Darum sollte die Leuchte nicht ganz in der Nähe des Kopfes montiert werden.

Bild 8.1.1.1e Kompaktleuchtstofflampe 24 V, 15 W, Sockel E27

Bei unserer Verwendung der Sparlampen (an jedem Ort separates Licht) kommt es zum häufigen Schalten der Lampen. Ihre Schaltfestigkeit ist darum sehr gefragt.
Als »schaltfeste« versteht man eine Sparlampe, die 600.000 Schaltungen aushält (pro Tag 90 -100 x Ein-Aus).
Faustregel für die gute Schaltfestigkeit der Lampen:

Nach der Bezeichnung: Superstar, Intelligent (Osram)
Ingenium (Megamann)
Oecoplan (Phillips)

Nach der Lebensdauer: 12000 Stunden,12 Jahre
15000 Stunden,15 Jahre
20000 Stunden, 20 Jahre, beliebig oft mal schaltbar

Die Lampen unter 12000 Stunden Lebensdauer sollten nur dort eingesetzt werden, wo keine Schaltfestigkeit verlangt wird, also wo sie lange Zeit brennen.
Nur bei guten Sparlampen wird die Schaltfestigkeit der Lampe angegeben.

Alle diese beschriebenen Nachteile der Heißkatodenlampen gibt es nicht bei den LED-Beleuchtungen, die weiter beschrieben werden.

8.1.1.2 LEUCHTDIODENBELEUCHTUNG

Die LED Beleuchtung wird eine zukünftige Beleuchtung des 21. Jahrhundert sein. In der Autoindustrie ist diese Beleuchtung schon verbreitet (Auto-Scheinwerfer, Tageslicht und Endlichter sind schon serienmäßig montiert). Es wird weiter geforscht, z.B. in Deutschland, Firma Osram, Regensburg, und man bemüht sich, eine größere Lichteffizienz (lm / W) und eine große Lebensdauer der LED bei kleineren Herstellungskosten zu bekommen. Auch die Firma Philips und andere folgen dem gleichen Weg.
Die asiatischen Hersteller bleiben in diesem Forschungsgebiet nicht die Letzten (Nichia, Samsung, Citizen, Cree, Sony ...).

LED Anzeige

Die einzelnen kleinen Standard-Leuchtdioden brauchen wir für verschiedene Anzeigen und Alarmleuchten.
Bei der Wahl dieser LED aus dem großen Sortiment sollte man sich für einen Typ entscheiden, sonst weiß man nach längerer Zeit nicht mehr, was für LED in bestimmten Anlagen eingebaut wurden (sie haben keine Bezeichnung und wichtig ist bei ihrem Ersatz der Betriebsstrom und die Spannung der genutzten LED).
Unsere Wahl trifft die **Low-Current-Ausführung**, die nur **2 mA** Strom verbraucht, verglichen mit dem Standard LED mit **20 mA**. Bei größerer Menge der Leuchtdiode-Anzeigen, die wir installierten und bei der die LED lange brennen, erzielt man schon eine Ersparung an elektrischer Energie.
Nach der Farbe der Linse kann man ungefähr die Speisespannung (Durchlassspannung) der LED bestimmen.
Die Durchlassspannung der LED richtet sich nach der Farbe der LED: rote LED - <1,63 - 2,1 V<
gelbe LED - <2,1 - 2,2 V<
grüne LED - <3 - 3,4 V<
blaue und weiße LED <3,4- 4 V<

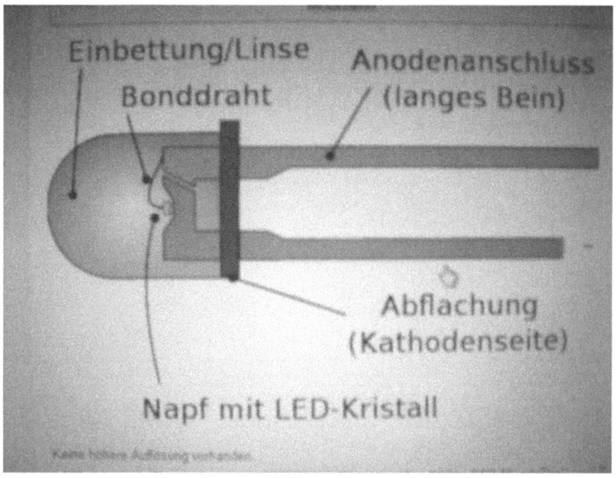

Bild 8.1.1.2a Klassische Form der Standard-Leuchtdiode (LED)

Der vorgeschriebene Strom der LED sollte nicht überschritten werden, sonst wird die Lebensdauer der LED gekürzt. Unsere Hausnetz-Spannung pendelt zwischen 24 bis 28 V beziehungsweise 12 bis 14 V, verursacht durch das Einschalten der Verbraucher oder das Nachladen der Batterien.

Bei unstabiler oder höherer Spannung bis 30 V wird normalerweise der LED eine Vorschaltplatine vorgeschaltet. Die Vorschaltplatine liefert der LED 2 - 3 V konstante Spannung. Siehe **Bild 8.1.1.2b.**

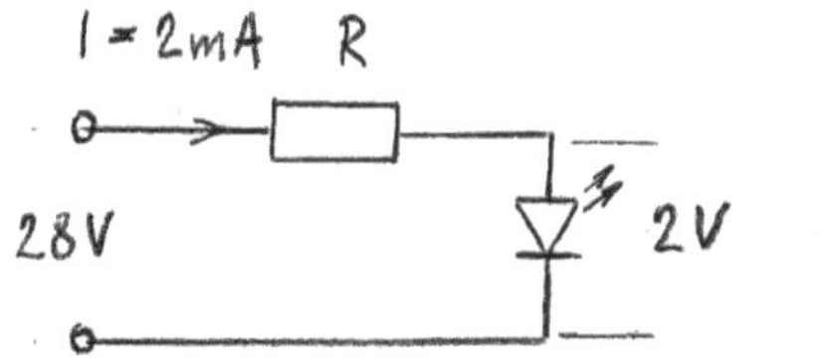

Bild 8.1.1.2b Vorschaltplatine für Low-Current-LED **Bild 8.1.1.2c Schaltbild der LED mit Vorschaltwiderstand**

Aus dem Grund der Blitzentladungsgefährdung, die uns mehrmals empfindliche elektronische Bauteile, dabei auch die Vorschaltplatinen zerstört hat, verzichteten wir bei der Reparatur beschädigter Anlage auf die störungsanfällige mit den Transistoren bestückte Vorschaltplatine und bauten dort die Low Current LED mit einem Vorschaltwiderstand ein (**Bild 8.1.1.2c**).

In die Rechnung des Vorwiderstandes nehmen wir die maximal mögliche Spannung 30 V (Schlussladespannung beider Batterien 29 V) auf, um die LED mit höherer Spannung nicht zu überlasten. Bei niedrigerem Wert (≤ 24 V) leuchtet die LED-Anzeige immer genug. Der kleinere Strom, wie vorgeschrieben, verlängert die Lebensdauer der Leuchtdiode.

Rechnung des Vorwiderstandes:

Gegeben: Low Current LED I = 2 mA, Farbe rot U = 2 V

Der Vorschaltwiderstand: R = U : I = (30 – 2) : 0,002 = 14000 Ohm (aus der Reihe R12 **15000 Ω**)

Die Belastung des Vorwiderstandes: N = R x I^2 = 15000 x $0{,}002^2$ = 0,06 Watt

Für den Anschluss einer Leuchtdiode an 230V gibt es eine spezielle Vorschaltplatine, Conrad Katalog Nr. 184801 für die 2mA Low Current Leuchtdiode **(Bild 8.1.1.2d).**

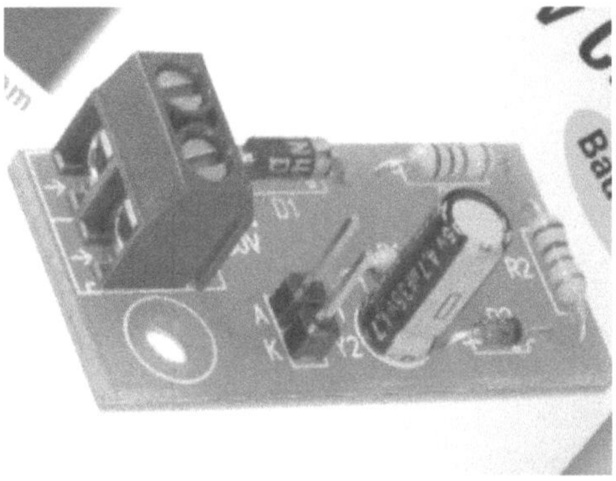

Bild 8.1.1.2d Vorschaltplatine für den Anschluss an 230 V AC Spannung

Es ist zu erwähnen, dass eine einzelne Standard-Leuchtdiode nicht ohne Vorwiderstand montiert werden darf, auch nicht, wenn die Energiequelle die gleiche Spannung hat wie die Leuchtdiode. Ohne Vorschaltwiderstand wäre sie durch die Überhitzung des Kristalls zerstört. Der Widerstand einer bestimmten Stromquelle kann den Vorschaltwiderstand ersetzen.

Es gibt spezielle LED, die direkt an 12 V angeschlossen werden können und blinken.

SMD LED
Durch die intensive Kühlung des Kristalls bekommt man mehr Lichtausbeute.
Das Kristall für die SMD LED ist auf ein Metallplättchen gesetzt und damit wird es gut gekühlt. Bei höherer Kristalltemperatur bekommt man einen größeren Lichtstrom und die Lichteffizienz dieser Ausführung gegen Standard LED wird 3 bis 4 mal größer.

Die Lichteffizienz des SMD LED 60 - 80 lm / W ist schon mit der Lichteffizienz der Sparlampen vergleichbar (**Bild 8.1.1.2k**).

Da die Betriebskristalltemperatur einer SMD LED höher ist, ist auch ihre Lebensdauer kürzer und liegt bei 30000 Stunden entgegen einer Standard LED mit 100000 Stunden.
Den Lichtstrahl einer SMD LED kann man mit geeigneter Optik gut fokussieren.

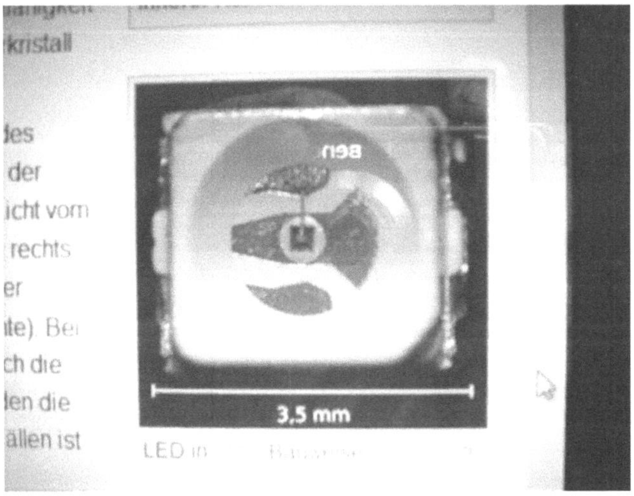

Bild 8.1.1.2k SMD LED

Um die höhere Lichtintensität eines Leuchtmittel für die größere Belichtungsfläche zu bekommen, werden mehrere SMD LED in einem LED CHIP integriert (Z. B. in einem Scheinwerfer).

Beleuchtung mit LED-Leuchten:

Nach der Art der Beleuchtung mit den LED gibt es zwei Varianten der Leuchtmittel:

- **Lichtpunkten**-LED-Beleuchtungen
- **Flächen**-LED-Beleuchtungen

Lichtpunkten-Beleuchtungen

Die Auto-Endlichter, Tageslicht, Parklicht, LED-Streifen, LED-Straßenampel und auch verschiedene LED-Warnanzeige und die LED in den Taschenlampen gehören zu dieser Sorte.
Der Ersatz der kleinen Glühlampen und der Halogenlampen in der Taschenlampen und ähnlichen Geräten durch die LED bringt Ersparnis an elektrischer Energie, die bei den Batterien, welche diese Geräte speisen, teuer ist. Auch die Lebensdauer der LED im Vergleich zu kleinen Glühlampen ist mehr als 10 Mal länger.

In den Taschenlampen, die für kürzere Belichtungsabstände verwendet werden, sind vorteilhaft billigere Standard-LED eingebaut, die eine kleine Leistungsaufnahme haben, keine Kühlung des Kristalls brauchen und die größte Lebensdauer aufweisen (100000 Stunden).
Für unseren Ferien-Haushalt haben wir aus dem großen Marktsortiment die sparsamen, für uns nützlichen Beleuchtungsgeräte gewählt:

Die-Stirn-LED-Lampe, Bild 8.1.1.2e
Bei den Arbeiten im Dunkeln, wo man beide Hände für die Arbeit braucht und dabei alles im Detail sehen sollte, schätzt man die Art dieser Beleuchtung. Und wenn die Stirn-LED-Lampe noch mit Blinklicht ausgerüstet ist, ist sie eine Ergänzung zur Roten Weste auf der Autobahn bei einem Unfall. Auch beim Velo Fahren kann man die Stirn-LED-Lampe verwenden.
Die gezeigte Stirn-LED-Lampe mit SMD LED 1 W hat eine Linse eingebaut (3 x Micro Alkali Batterien, AAA) und leuchtet bis 60 m Entfernung.

Eine LED-Kapsel Bild 8.1.1.2e
Sie kann in verschiedener Art benutzt werden. Z. B. im Schlafzimmer an die Möbel oder an die Wand geklebt, bringt sie die nötige Not-Beleuchtung, ohne elektrische Anschlüsse mühsam zu installieren.
Die LED-Kapsel ist mit drei Standard-LED bestückt und wird mit drei Zellen, Größe Micro (AAA) gespeist.

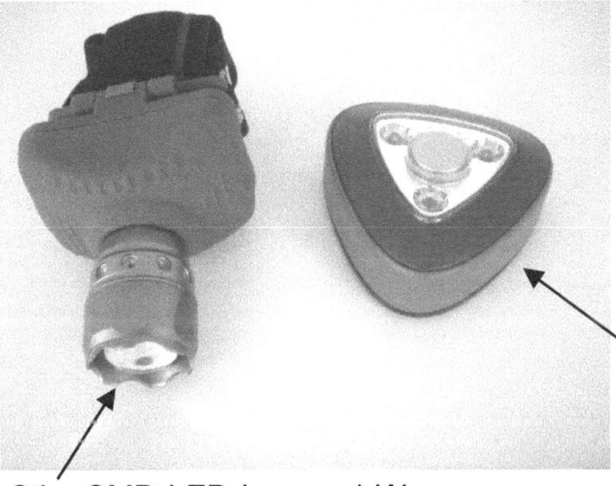

Bild 8.1.1.2e SMD-LED-1W-Stirn Lampe und LED-Kapsel

Die sparsame LED-Taschenlampe ist heute eine Selbstverständlichkeit. Die mit der Standard-LED bestückte Taschenlampe ist in der Leuchtdauer die Beste (mit drei eingelegten Micro-Alkali-Zellen (AAA). Die Lichtintensität (Lichtstrom) beträgt ca. 15 bis 17 lm.
Die leistungsfähigsten sind die Taschenlampen mit SMD-LED (1- 3 W). Sie strahlen bis 30 m Entfernung und ihre Lichteffizienz ist 4 x größer im Vergleich zu den Standard-LED.

Theoretisch könnte man die Leuchtdauer der Taschenlampen feststellen. Alle drei Taschenlampen auf dem **Bild 8.1.1.2f** haben eine gleich starke Energiequelle – 3 x Micro Alkali Batterien AAA GP Super - 3 x 1,250 Ah x 1,5 V = **5,625 Wh**. Als Durchschnitt nehmen wir bei der Rechnung die Kapazität der Energiequelle **4,5 Wh.** (eine Micro Zylinderzelle 1,5 Wh).

Leuchtdauer jeder Taschenlampe:

Taschenlampe		Leuchtdauer	Lichtstrom
mit den 9 Standard LED (9 x 0,02 A, 2 V = **0,36 W**)	**4,5** : **0,36** =	**12,5 Stunden**	ca. **17 lm**
mit einer **1 W** SMD LED	**4,5** : 1 =	**4,5 Stunden**	ca. **80 lm**
mit einer **3 W** SMD LED	**4,5** : 3 =	**1,5 Stunden**	ca.**160 lm**

In der Praxis kann die Leuchtdauer der Taschenlampe um 25 % kürzer sein.

Für die höhere Lumen-Zahl (Lichtstrom) und längere Leuchtdauer wählt man die Taschenlampe mit mehreren AA oder Baby (C) Zylinderzellen.

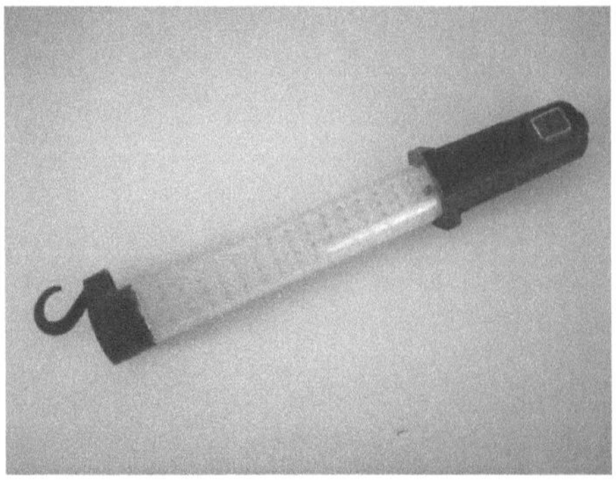

Bild 8.1.1.2g **LED Akku Arbeitsleuchte**

8.1.1.2f Verschiedene Taschenlampen

Die LED Akku-Arbeitsleuchte (Bild 8.1.1.2g) hat einen 12 V DC und einen 230 V AC Anschluss zum Laden der eingebauten Akkus und 17 / 60 LED. Mit den Akkus NiMH, 2300 mAh leuchtet die Arbeitsleuchte 12 Stunden (17 LED) oder 5 Stunden (60 LED). Das Nachladen des Akkus dauert ca. 5 Stunden.

Die Camping-Lampe, Bild 8.1.1.2h ersetzt die Camping-Gaslampe, die empfindliche und teure Ersatzteile braucht (Glühstrümpfe, Zylinderglas).
Sie hat 12 cm Durchmesser. Mit den 23 LED leuchtet sie 24 Stunden (4 Mignon Alkali Batterien (AA). Auch **Akku-Zylinderzellen** können verwendet werden, die im Auto mit einem geeigneten Ladegerät aufgeladen werden können. Es können 3, 20 oder 23 LED eingeschaltet werden (Supashop – CH).

Bild 8.1.1.2h Camping Lampe

Für ein kürzeres Treppenhaus (2 bis 3m), wie wir es haben, ist eine LED-Leiste mit einem Sensor die originelle Beleuchtung. Sie ist gespeist mit drei Mignon Alkali Batterien (AA), die sicher mehr als 1 Jahr bei den gegebenen Lichtregime aushalten. Eine aufwendige elektrische Installation mit zwei Umschaltern wird gespart und bei dem Aufstieg auf die Treppe hat die Person freie Hände ohne sich um das Licht zu kümmern (**Bild 8.1.1.2i)**.

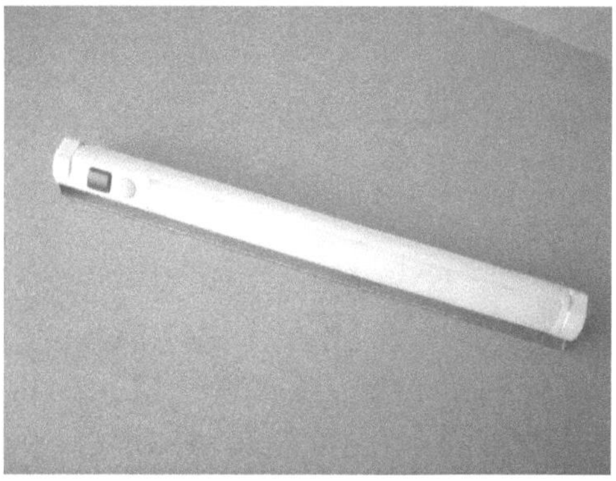

Bild 8.1.1.2i LED - Leiste mit SMD LED, 30 cm lang (Pearl CH)

Umrechnung der Lichtstärke „I“ auf den Lichtstrom „Φ“ und die Bestimmung der Beleuchtungsstärke „E“:

Nach der Größe des Lichtstromes (lm) kann man die Lichtstärke (cd), Kegelformstrahlung eines Leuchtmittels für die gegebene Belichtung bestimmen.

Die Qualität des Leuchtmittels (Effizienz ή) beurteilt man nach der Größe des Lichtstromes bei der Leistungsaufnahme 1 Watt **ή = Φ / W**att

Lichtstrom Φ in lm (Lumen) abgestrahlte Lichtmenge von einer Lichtquelle
Lichtstärke I in cd (candela) abgestrahlte Lichtmenge von einer LED (Kegelformstrahlung)

Beleuchtungsstärke E in lx (Lux) sagt, wie stark eine Fläche belichtet ist

Bei den LED-Leuchtmitteln, die den Lichtstrom in Kegelform abstrahlen, wird die Lichtstärke **I in cd** Einheit angegeben. Wenn man auf der Packung des Leuchtmittels die **Leistungsaufnahme (Watt)**, die **Lichtstärke I (cd)** und den **Abstrahlwinkel (Öffnungswinkel) in Grad** findet, könnte man den **Lichtstrom Φ** des LED Leuchtmittels ausrechnen und **die Lichteffizienz ή** von zwei verschiedenen Leuchtmittel vergleichen.

Lichtstrom Φ = I(cd) x α ....**lm** Lichtstärke I = Φ : α .... **cd**

Mithilfe der unterstehenden Tabelle wird der **Lichtstrom** des LED Leuchtmittels in **lm** ausgerechnet und dabei auch die Lichteffizienz der LED **ή** (lm / W) kann festgestellt werden:

Öffnungswinkel a	180°	120°	100°	90°	60°	50°	45°	40°	30°	20°	15°	10°	1°
Faktor α	6,28	3,14	2,24	1,84	0,842	0,989	0,478	0,379	0,214	0,0955	0,0538	0,0239	0,00024

Internetauszug Wikipedia – LED

α = Faktor bei der Kegelformstrahlung der LED

Beispiele:

Einzelne Standard LED
LED mit I =**15 cd**, Öffnungswinkel 20°...Faktor α = 0,0955 Lichtstrom Φ = 15 x 0,0955 = **1,432 lm**
LED mit I = **3 cd**, Öffnungswinkel 50°...Faktor α = 0,589 Lichtstrom Φ = 3 x 0,589 = **1,767 lm**

Leuchte mit Gruppen-LED
Bei dem LED-Leuchtmittel mit mehreren eingebauten LED wird ebenfalls die Lichtstärke I in cd angegeben. Dann kann man den Lichtstrom **Φ** und die Lichteffizienz **ή** dieses Leuchtmittels bestimmen:

LED Leuchtmittel 6 W, Öffnungswinkel **30°** (α = 0,214), Lichtstärke **I = 500 cd**
Lichtstrom Φ = I x α = 500 x 0,214 = **107 lm**, davon **Lichteffizienz** ή = 107 : 6 = **17,8 lm / W**

LED Leuchtmittel 6 W, Öffnungswinkel **30°** Lichtstärke **I = 700 cd**
Lichtstrom Φ = 700 x 0.214 = **149,8 Lm**, davon **Lichteffizienz ή** = 149,8 : 6 = **24,96 lm / W**

Beleuchtungsstärke E in Lux: (Einheit für die belichtete Fläche):

Die Beleuchtungsstärke **E** ist abhängig vom Abstand $\mathbf{r^2}$ der Lichtquelle zur beleuchteten Fläche.

$E = I : r^2$ Lux I ....Lichtstärke (cd) $I = E : r^2$ cd $\Phi = I \times \alpha$ lm

Mit dem Luxmeter BL - 10L (**Bild 18g**) kann man die Lichtstärke im Bereich 2900 K (warmweis) feststellen.

Der »**Umrechner °Osram Lumen, Lux, Candela**« (direkt zu finden über Google) zeigt die gemeinsame Abhängigkeit der Licht-Daten und den nötigen Lichtstrom in Lumen für die Beleuchtung eines Ortes.

Typische Beleuchtungsstärken in Lux im Freien:

Heller Sonnentag	100000 lx	Licht im Freien
Bedeckter Sommertag	20000 lx	
Schatten im Sommer	10000 lx	
Bedeckter Wintertag	3500 lx	

Im Haus

Flur	100 lx
Wohnbereich	200 lx
Büro, Arbeitsplatz	500 lx

Zur Flächen-LED Beleuchtung:

Die Filiale Migros-Rapperswil – CH hat im Jahr 2008 alle Geschäftsräume mit LED-Beleuchtungen ausgerüstet. Dabei handelte sich um die Ersetzung der ursprünglichen Beleuchtungsanlage mit Leuchstoffröhren.
Dieses Experiment sollte beweisen, dass die LED-Beleuchtungen bei bestimmten Bedingungen im Betrieb auch bei kleinerer Lichteffizienz schon sparsam sind und noch sparsamer werden, wenn die Lichteffizienz der LED mit der Zeit erhöht wird und ihre Herstellungskosten in baldiger Zeit sinken werden. Die Wartungskosten der großen Beleuchtungsanlagen werden gespart.

Ein Fluter mit großem Licht-Öffnungswinkel, bestückt mit einem Chip mit mehreren hundert SMD-LED, eignet sich für die Beleuchtung einer großen Fläche (siehe Kap. 8.1.1.3 Beleuchtung der Gartenfläche).

Bestimmte Bereiche verlangen die gute Farbwiedergabe (Ra) bei der künstlichen Beleuchtung.

Beim Sonnenlicht Ra = 100
Bei der künstlichen Beleuchtung Ra = 80 gute Farbwiedergabe
Ra = 65 Durchschnitt

Die Leuchtmittel mit guter Farbwiedergabe sind teurer.

Ersatz der Leuchtmittel durch die LED Beleuchtung im Inselbetrieb:

Bis die LED-Leuchtmittel die Leuchtstofflampen und die Sparlampen nicht ganz vom Markt vertrieben haben, richten wir uns bei ihrem Ersatz nach folgenden zwei Kriterien:
die Kurzzeit-Beleuchtung und
die zeitlich lange Beleuchtung der Wohnräume

Bei der **Kurzzeit-Beleuchtung** (z. B. einige Minuten im Badezimmer, Speisekammer, Keller, Lagerraum):
Die bestehenden Leuchtstofflampen oder Sparlampen werden erst nach ihrem Ableben durch die LED-Beleuchtungen ersetzt.
Im Außenbereich sind die LED-Beleuchtungen vorteilhaft zu installieren, da die schwankende Temperatur keinen Einfluss auf die Verminderung der Lichtintensität hat. Das Gleiche gilt auch für die neue Montage einer Beleuchtung, z. B. im kalten Keller.

Bei der **zeitlich langen Beleuchtung** eines Wohnraumes ist die Sparsamkeit der Leuchte entscheidend.
Nur die Beleuchtungen mit **Hochleistungs-LED** sollten als Ersatz verwendet werden, die heute mehr als 80 lm / W Lichteffizienz haben.

Ersatz der Glühlampen durch die Sparlampen:
Die Leistungsaufnahme der Sparlampe wird mit einer Standard-Glühlampe gleicher Lichtintensität verglichen.

5 W	entspricht	30 W Glühlampe	(Internet Auszug: Philips Ledino)
9 W		50 W	
11 W		60 W	
15 W		75 W	
20 W		100 W	

Ersatz der Sparlampen durch die LED Beleuchtung:
Aus angegebenem Lichtstrom in lm und Leistungsaufnahme in Watt auf der Packung einer LED-Leuchte wird die Lichteffizienz (Lm / W) ausgerechnet und mit der Sparlampe verglichen (Effizienz der Sparlampe 70 bis 80 Lm / W). Bei der LED sollte die Lichteffizienz mindestens 80 Lm / W haben, sonst wird keine Ersparnis der elektrischen Energie erzielt.

Der kleine Abstrahlwinkel der LED (15 - 30°) soll bei der Auswahl der LED-Beleuchtung berücksichtigt werden. Um die größere Beleuchtungsfläche zu erzielen, wählt man eine Beleuchtung mit den Leistungs-LED.
Es gibt schon LED-Lampen, die den Abstrahlwinkel 180° haben.

Bei Ersatz der Sparlampen 12 / 24 V im Inselbetrieb durch die LED-Beleuchtungen soll bei schwankender Hausnetzspannung der stabile Speisestrom für jedes LED-Leuchtmittel gewährleistet werden.
Davon hängt die maximale Lichtintensität mit maximaler Lebensdauer der LED ab.

Mitte September 2012 fanden wir eine SMD-LED-Birne für den **10 V bis 30 V** Anschluss**, 6,5 W,** mit dem Lichtstrom über **550 lm** ((warmweiß, 3000 K), Abstrahlwinkel **180°).**

Die Lichteffektivität dieser SMD-LED ist schon besser als bei einer Sparlampe (ή = 550 : 6,5 = **84,6 lm / W**) und dabei ist die Birne gegen eine Sparlampe mit eingebautem Vorschaltgerät für den 24 V DC Anschluss etwas biliger.

Die Birne hat den zulässigen Speisestrom im Bereich der Speisespannung von **10 bis 30 V**.
Damit sind auch der stabile Lichtstrom und die lange Lebensdauer der Lampe bei schwankender Speisespannung gewährleistet.

Für unsere Ortbeleuchtung im Esszimmer und Wohnzimmer haben wir die zwei Sparlampen je 16 W (16 x 80 lm/W = **1280 lm**) durch die LED-Birnen ersetzt (**Bild 8.1.1.2j**).

Die 2 x 6,5 W anstatt den ursprünglichen 2 x 16 W bringen 19 W Gesamtverbrauchs-Ersparnis.
Im Strom macht das zusammen 0,79 A Einsparung.
Die tägliche Einsparung in Winter bei der 6-Stunden-Beleuchtung: 0,79 x 6 = 4,72 Ah
4,72 x 24 = 113,28 in Wh

Bild 8.1.1.2k: Beleuchtung mit herunterziehender Lampe

Bild 8.1.1.2j Die LED Birne 6,5 W mit einer Gruppe der SMD LED bestückt

Für die örtliche Beleuchtung ist die Lichtintensität der Lampe beim Lesen und Schreiben sehr gut, und wenn das Leuchtmittel noch herunterziehbar ist (**Bild 8.1.1.2k**), kann man bei erhöhter Belichtung auch die feinen Arbeiten durchführen.

Vorteile einer LED-Leuchte: lange Lebensdauer
von Anfang an stabiler Lichtstrom
keine Lichtverzögerung
Temperatur - Unabhängigkeit
keine Erschütterung Empfindlichkeit

Perspektive in der nahen Zukunft: OLED

Die heute (2012) angebotene LED sind aus **anorganischen** Materialen hergestellt.

Die neue, ganz andere Technologie ermöglicht die Herstellung von LED aus **organischen** Materialen, die noch sparsamer und effizienter werden – die so genannte **OLED** (**O**rganic **L**ight **LED**).
Der Herstellungsprozess der OLED ist viel einfacher gegenüber herkömmlichen LED und die gewonnene Parameter sind viel besser.
Die OLED strahlen flachflächig und eignen sich deshalb für die großflächige Raumbeleuchtung.
In der Bildschirmtechnologie können sie vorteilhaft benutzt werden (sparsame TV, PC, Notebook und Fotokameras).
Der große Betrachtungswinkel, die große Lichteffizienz (**150 lm / W,** Stand 2009) und in baldiger Zeit kleinere Herstellungskosten sind weitere Vorteile.

Die kleinere Lebensdauer (ca. 5000 Stunden) der OLED bremst ihre Verbreitung auf dem Markt. Wasserdampf und Sauerstoff vermindern die Lebensdauer der OLED. Die bessere Verkapselung der OLED soll ihre Lebensdauer erhöhen (2012).

Außer der größeren Lichteffizienz haben alle LED- und OLED-Leuchtmittel noch einen Vorteil. Sie leisten den Beitrag zur Verminderung des Elektrosmogs, ihre Strahlung ist sehr klein.

8.1.1.3 BELEUCHTUNG DER GARTENFLÄCHE

Beim Einsatz von starken Reflektoren für die Beleuchtung im Außenbereich, z.B. im Garten, ist zu überlegen zwischen einem Halogenstrahler mit der Speisung 230 V / 50 Hz, 150 W (Stabhalogenlampe, ca. **2500 lm**), der durch einen Wechselrichter gespeist werden muss, oder einem normalen Autoreflektor mit einer Halogenlampe 24V / 70W, der an das Hausnetz 24 V direkt angeschlossen wird.

Z. B.: Der Halogenstrahler mit der Stabhalogenlampe N = 150 W, U = 230 V, 50 Hz wird über einen Wechselrichter betrieben. Er beleuchtet unsere große Gartenfläche sehr gut.

Bei 230 V braucht der Strahler nach der Formel: N : U = 150W : 230V = 0,65 A AC Strom.
Der Strahler wird an den Wechselrichter mit 2 kW angeschlossen. An der Primärseite des Wechselrichters (24 V DC) haben wir Gleichstrom gemessen, er beträgt **6,9 - 7A** (mit diesem Strom sind die beiden Zentral-Akkus belastet).

Wenn man mit etwas kleinerer Beleuchtung der Gartenfläche zufrieden ist, nimmt man den Autoreflektor. Am besten wählt man einen Nebelscheinwerfer mit verbreiteter Strahlung mit der Halogenlampe 24 V / 70 W (LKW Zubehör, ca. **1900 lm**). Direkt an das 24 V-Hausnetz angeschlossen verbraucht der Nebelscheinwerfer 70: 24 = **2,9 A**, also über eine Hälfte weniger DC Strom von den Batterien.

Eine IRC Halogenlampe (**I**nfra- **R**ed-**C**oating, z.B. Osram Decostar Energie Saven), im Nebelscheinwerfer eingebaut, bringt 30 % mehr Lichtstrom entgegen einer Standard-Halogenlampe, dann wäre der Lichtstrom ca. **2185 Lm**.
Auch die gleich große Gartenfläche wird mit diesem sparsameren Reflektor genug belichtet.

Vergleich des Lichtstroms und der Lichteffizienz verschiedener Strahler/Fluter:

Strahler mit Stabhalogenlampe 6,9 A DC, 230 V AC, **150 W** gespeist
über den Wechselrichter 24 V / 230 V, 50 Hz Lichteffizienz **16 lm / W** **2500 lm**

Strahler mit IRC*-Halogenlampe 2,9 A DC, 24 V, **70 W** Lichteffizienz **35 lm / W** **2185 lm**

***Wetterfeste LED - Flutter 30 W / 230 V** (Pearl), weiß, Preis 69,95 CHF, Lichteffizienz **100 lm / W, 3000 lm**
50 W / 230 V Lichteffizienz **100 lm / W, 5000 lm**

*Die Leuchten mit Speisespannung 230 V können über den kleinen Wechselrichter 24 V DC / 230 V AC, 300 W gespeist werden, bei dem die Energie-Verluste klein bleiben.

Da die Fluter die breite Fläche beleuchten, haben die Strahler einen kleineren Licht-Öffnungswinkel und strahlen kegelförmig wie ein Scheinwerfer. Sie eignen sich für die Beleuchtung einzelner Objekte.

Was uns in der nahen Zukunft bei der Beleuchtung erwartet?

Laser-LED für Autoscheinwerfer – bei größerer Lichtausbeute die Hälfte der Leistungsaufnahme.
Effiziente **OLED-Beleuchtung** der Wohnräume – bei der Hälfte der Leistungsaufnahme die größere Beleuchtung.

Anfang Januar 2014 wurden auf der größten Technologie-Messe der **CES** (**C**onsumer **E**lektronic **S**how) in Las Vegas diese Leuchtmittel vorgestellt.

Literaturverweis:

Katalog Conrad Electronic, 2010/11
Katalog 2000 Firma Fabrisolar
Buch Optoelektronik, Autor: Alfred Härtl, Härtl-Verlag Hirsschau
AET Produktkatalog Firma Sun Technics CH
Zeitschrift K-Tip Nr. 7 April 2007
Katalog Pearl – CH – www.pearl.ch
Kataloge Firma SIMPEX electronic, Wetzikon CH

Internet-Google-Suche: Supashop.CH
Internet-Google-Suche: News und Hintergrundwissen zu LED
Internet-Google-Suche: Lumen-Lux-Candela Umrechner LED Osram
Internet-Google-Suche: Wikipedia, LED, OLED
Internet: www.LEDs.De
Internet-Google-Suche: Wikipedia, Xenon-Lampen, Xenonlicht, Leuchtstofflampen
Internet-Google-Suche: Gute Sparlampen müssen schaltfest sein
Internet-Google-Suche: Wikipedia Lichtstärke (Photometrie)
Internet-Google-Suche: Weiße LED CLL-050-Serie (Citizen)
Internet-Google-Suche: Wikipedia Lux / Lumen

8.1.2 FERNSEHER

Unseren Haushalt haben wir auch mit einem Fernseher und einem Radio ausgerüstet. Wir haben einen Farbfernseher mit 38 cm Bildschirmdiagonale, Marke Salora 15L30 (**Bild 8.1.2a**), finnischer Herkunft mit einem Speiseteil 12 / 24 V DC und einem 230 V / 50 Hz Anschluss, Leistungsaufnahme 35 W, ausfindig gemacht.

In der Zeit (1986), in der wir das Gerät kauften, war der Fernseher spitze mit seinem kleinen Energie-Verbrauch und vielen Raffinessen, die erst später bei den Geräten dieser Klasse kamen. Ein flacher Rechteck-Bildschirm, Fernbedienung, Videotext und ein Anschluss an den PC war schon damals bei dem Gerät selbstverständlich.

Bild 8.1.2a Fernseher Salora 15 L 30

Historie unseres Fernsehensempfangs:

Der Fernsehempfang im Berggebiet war in vergangener Zeit begrenzt, er hing von den nahe liegenden Fernsehübertragungsstationen ab, die manchmal den guten Empfang an bestimmten Orten nicht gewährleisteten. Wir konnten nur Schweizer Fernsehen empfangen. Damit waren wir nicht zufrieden und so richteten wir eine Satellitenanlage ein.

Sie bestand aus einem Analog-Receiver für den Astra-Empfang und einer Antennen-Schüssel, 60 cm groß, mit einem LNB (-Empfänger). Wir empfehlen jedoch die Schüssel 80 cm oder noch größer, sie sind weniger empfindlich zum Einstellen auf den Satelliten und auch der Einfluss von schlechtem Wetter ist kleiner.

Den Receiver und die Satelliten-Schüssel fanden wir im Conrad Katalog. Den Receiver mit 24 V DC Anschluss konnte man direkt an unser Hausnetz 24 V Gleichspannung anschließen, Stromaufnahme 1 A.
So empfangen wir viele ausländische Programme über die Satelliten-Antenne und das deutschsprachige Schweizer-Fernsehen über die Zimmerantenne.

Die Freude am Schweizer Fernsehen dauerte nicht so lange. Mit der Zeit kam das Digital-Fernsehen. Die Übertragungsstationen in Tessin sind verschwunden und der Empfang über die terrestrische Antenne (Zimmerantenne, Außenantenne) in unserem Gebiet ist nicht mehr möglich.
Auf SRF wollten wir aber nicht verzichten. Die aktuellen Nachrichten und die Wettervorhersage für die ganze Schweiz sind für uns in den Bergen sehr wichtig.

Bei der neuen Digital-Übertragungstechnologie werden die Signale durch terrestrische Antennen empfangen, wie sie es früher gab. Ein DVB-T-Digital-Receiver wurde dazu nötig. Conrad bietet diesen an.
Die Digitalsender wurden in der nachfolgenden Zeit im ganzen Tessiner Gebiet ausgebaut.

Unser Analog-Receiver mit dem Fernseher wurde durch eine Blitzentladung von einem Gewitter zerstört und wir mussten beide Geräte neu kaufen.

Die DVB-T und DVB-S (Satellit-Receiver) kamen auf den Markt, aber auch die neuesten TV wurden mit diesen Geräten ausgerüstet.

Kauf eines neuen Fernsehers:

Beim Kauf des neuen Fernsehers richteten wir uns nach den folgenden Kriterien:

- Anschlussspannung 12 V / 24 V DC.
  Im Fall, dass nur der 12 V Anschluss zur Verfügung steht, könnte man einen umschaltbaren Notebookspannungsumwandler mit 24 V DC Eingangsspannung verwenden (siehe **Bild 8.1.3a**). Er hat mehrere Ausgangsspannungen, inklusiv 12 V DC und konnte an unser 24 V Hausnetz angeschlossen werden.
- Verbrauch des Fernsehers mit Rücksicht auf die bestehende Leistung der elektrischen Anlage sollte möglichst weniger als 40 W betragen.
- LCD (**L**iquid **C**rystal **D**isplay) Ausführung, Diagonale des Bildschirmes15 oder 19 Zoll (38 cm oder 48 cm) mit **LED-Hinterbeleuchtung.** Der Fernseher wird angeboten als LED TV.
- Kurze Reaktionszeit 5 ms, die für ein scharfes Bild (bei schnellen Bewegungen) entscheidend ist.

Im Conrad Katalog fanden wir zwei kleine Fernseher mit 12 V DC Anschluss:

TV ODYS Sehr sparsamer TV
Verbrauch 24 W, 12 V
Diagonale 39,5 cm (15,6")
DVB-T
DVD-Player
Format 16 : 9
Reaktionszeit 8 ms
Kontrast 500 : 1
Helligkeit 300 cd / m²
Gewicht 1,4 kg

Zweiter TV:

TV ODYS DVB - S mit eingebautem Sat-Receiver
Verbrauch 60 W, 12 V / 5 A (inkl. eingebauten Sat-Receivers)
Diagonale 55 cm (22")
DVB-T
DVB-S (Sat-Receiver)
Reaktionszeit 5 ms
*Kontrast 1000 : 1
Helligkeit 300 cd / m^2
Gewicht 7,1 kg

*Bemerkung: Kontrast: ein Helligkeitsunterschied zwischen weiß und schwarz
Helligkeit: 300-350 cd /m^2 gut, bei den großen Fernsehern ist sie 500 cd / m^2

Zum 12 V DC Anschluss des Fernsehers:

Beim 12 V DC Anschluss verkleinert der große Strom die Speisespannung am TV (gemessen direkt an der Steckdose des Fernsehers). 11,2 V Spannung ist schon ungenügend und fast jeder Fernseher schaltet sich automatisch aus.

Folgende Parameter müssen beachtet werden:

- Die Energiequelle (Akku oder Anschlusssteckdose des 12 /24 V DC Netzes) muss 12 V konstante Spannung haben.
  Die stabilisierte Spannung 12 V DC an der Anschlusssteckdose erzielt man durch das Vorschalten eines DC /DC Umwandlers 24 V / 12 V (**Bild 8.1.3a**), der die stabilisierte Spannung aufweißt.
- Der Spannungsabfall am Anschlusskabel soll begrenzt werden.
  Der große Strom des Verbrauchers mit einer 12 V Speisung verursacht auf dem Anschlusskabel eine große Abfallspannung. Der Kabel sollte möglichst kurz sein und kleinen Widerstand haben.
  Beim Speisestrom 3 A wird die Abfallspannung an dem 1 m zweipoligen Kabel mit Querschnitt 1,5 mm^2 (jede Ader des Kabels... 0,012 Ohm) nach folgender Berechnung:

Der Spannungsabfall am Kabel bei 3 A $U = R \times I = 2 \times 0{,}012 \times 3 = 0{,}072$ V

Der Spannungsabfal bei dem TV Anschluss ODYS DVB - S, 12 V, 5 A über den 1 m zweipoligen Kabel, Querschnitt 2 x 1,5 mm^2

Abfallspannung auf dem Kabel: 2 x 0.012 x 5 = 0,12 V

Die Speisespannung direkt an der Buchse des Fernsehers gemessen 12 V minus 0,12 V = 11, 88 V

Verwendung eines TV mit Speisespannung 230 V / 50 Hz

Um die Problematik beim TV mit 12 / 24 V DC Speisespannung zu umgehen, könnte man ein normales TV-Gerät mit einem Anschluss 230 V/ 50 Hz kaufen. Bei diesen Geräten gibt es auch die größere Auswahl, sie sind in der letzten Zeit sparsamer geworden, im TV-Gerät sind schon viele Zusatzgeräte eingebaut und der TV für den Digital-HD-Empfang eingerichtet.

Ein LED-TV 230 V mit einer Diagonale 55 cm (22 Zoll) und eingebautem DVB-T sollte nicht mehr als **40 W** verbrauchen, sodass ein Wechselrichter 150 W den Anlaufstrom des kleinen TV beim Einschalten aushält (wie schon in Kapitel »Wechselrichter» geschrieben wurde, darf ein 10 Mal größerer Anlaufstrom des TVs gegen den Betriebswert die Spitzenleistung des DC /AC Wechselrichter nicht übersteigen).

Mit etwas Glück fanden wir ein geeignetes Gerät mit 12 V DC Anschluss, das an 230 V AC Spannung über einen mitgelieferten Wechselrichter angeschlossen werden konnte. Dieses Gerät bietet uns also beide Anschlussmöglichkeiten - 12 V DC und 230 V AC Spannungen.

Marke **Thomson 24 FS 4266 C**
Die Etikette A+
Speisespannung 12 V DC, 230 V,50 Hz
Diagonale 60 cm (24")
1920 x 1080 Pixel
Verbrauch **40 W**, bei Eco Modus nur **20 W** (etwas verdunkeltes Bild, aber gut zu sehen)
DVB-T eingebaut
Kontrast »MEGA« (nach dem Katalog Conforama - CH)
HD-Empfang Tuner
Gewicht 4,5 kg
Preis (2012) 229,- CH

Dieser kleine sparsame TV ist für einen Wohnwagen zu empfehlen und wird direkt an 12 V Spannung angeschlossen. Im Haus speisen wir das TV Gerät über einen Wechselrichter 24 V DC / 230 V AC, 350 Watt.

Perspektive-Fernseher, PC und Monitore mit OLED:

Die Verwendung der OLED für die Bildschirme bringt folgende Vorteile:

kleinere Fabrikationskosten,

bei TV:

kleiner Energiebedarf, ca. 25 % Einsparung gegenüber einem TV mit Sparlampen-Hinterbeleuchtung),
großer Kontrast 1000 000 : 1 (bester Kontrast bei den Plasma Fernsehern 1000 000 : 1),
kleine Reaktionszeit (Schaltgeschwindigkeit) 0,001 ms, beim LCD-TV 2 bis 8 ms),
Betrachtungswinkel 170°.

Der kleine Verbrauch der OLED erlaubt bei tragbaren Geräten (kleinen Fernsehern, Notebooks im Falle des Akku-Betriebs) längere Betriebszeiten zu erzielen.
Mobiltelefone, Digitalkameras, Navigationsgeräte und andere mit Li-Ionen Akkus gespeiste Geräte haben eine längere Betriebszeiten und sie müssen nicht so bald nachgeladen werden.

Die OLED für die größeren Bildschirmflächen brauchen noch weitere Forschungsarbeit (2012).

8.1.3 NOTEBOOK - ANSCHLUSS

Wenn man ein Notebook besitzt, kann man es als Fernseher verwenden und ein Standard-Fernseher für das Ferienhaus wird gespart. Das Gerät kann sparsam sein und ist vielseitig einsetzbar. Die neuesten Notebooks (Acer) haben auch den grösseren Betrachtungswinkel (170°).

Für den **terrestrischen Digitalempfang** braucht man eine Digital-TV-Box, DVB-T (msi digi vox mini deluxe, Conrad Electronic AG, 29,-CHF, **Bild 8.1.3b**) und eine kleine Zimmerantenne.

Wenn der Digitalempfang mit der Zimmerantenne oder der Stabantenne nicht richtig funktioniert, muss man eine Aktiv-Antenne verwenden. Sie sollte **über 30 db (dezibel)** Verstärkung haben und sollte vom Notebook über den USB Stecker gespeist werden.

Nach dem Anschluss der Zimmerantenne an das Notebook sucht man nach der Bedienungsanleitung die Sender, die dann gespeichert werden.
Bei jeder Änderung der Sendestation muss der Suchlauf am Notebook **wieder neu gestartet werden.**

Für den **Sat-Empfang** wird dem bestehenden Sat-Receiver noch ein **Adapter vorgeschaltet**. Der Adapter hat einen USB-Stecker für den Anschluss an das Notebook (Conrad 59,-CHF, **Bild 8.1.3c).**

Die Speisung des Notebooks wird mit einem Notebookumwandler (für LKW) realisiert. Der Umwandler kann direkt an das 24 V DC Hausnetz angeschlossen werden. Er ist auf verschiedene DC-Sekundär-Spannungen umschaltbar – von 12 V bis 22 V **(Bild 8.1.3a).**

Bild 8.1.3a Notebookumwandler für LKW (Eingang 24 V) Conrad Electronic Nr. 51 17 11 - 55

Bild 8.1.3b Digital TV box, DVB-T für den terrestrischen Digitalempfang

Bild 8.1.3c Adapter für den Sat - Anschluss Nr. 99 45 05, Katalog Conrad Electronic AG

Internet

Das Internet ermöglicht uns besseren Kontakt mit der Umwelt. Wir haben uns fürs Mobil-Internet entschieden, das wir zu Hause in der Wohnung und auch im Ferienhaus verwenden wollen. Das Abonnement ist kostengünstiger als bei zwei Internet-Festnetz-Telefon-Anschlüssen.
Außerdem haben wir festgestellt, dass ein Internet-Anschluss über eine Telefonleitung in unserem Gebiet im Tessin nicht möglich wäre (2011).

Das Gerät für das Internet bekommt man vom Betreiber als kleinen Stick mit USB-Anschluss, der in das Notebook oder den PC gesteckt wird. Damit ist die Verbindung ohne lange Wartezeiten hergestellt (**Bild 8.1.3e**). Das Programieren von Stick / Notebook macht der Swisscom-Angestellte beim Kauf (bei Swisscom – CH kostet das Mobile-Internet-Abonnement 49,- CHF monatlich ohne andere Gebühren).

Bild 8.1.3e Internet Stick Swisscom - CH

Aufstellen einer SAT-Parabolantenne:

Bei der Wahl der Größe der Sat-Antenne kann man sich nach folgendem Spruch richten: »Je mehr Blech, desto mehr Sat-Sender (Siehe Internet-Google-Suche: Grösse der Parabolantenne für die verschiedenen Satelliten). Zum Einstellen der Parabolantenne für den Sat-Empfang sollte man einen Kompass und einen Sat-Finder haben.

Die Parabolantenne wird auf einer festen senkrechten Rohrstange befestigt. Der Astra-Satellit braucht min. 80 cm grosse Parabole. Unter den Halter der Schüssel montiert man auf die Rohrstange eine geeignete Rohrschelle, die die Verschiebung der Parabolantenne nach unten bei ihrer Verstellung in der Horizontalrichtung verhindert.
Der Antennenhalter wird etwas locker gemacht, um die Drehung der Antenne in der Horizontalrichtung (Azimut) zu ermöglichen.
Dann werden der LNB-Empfänger (**Low Noise Block** Converter) mit der Parabolantenne und die nachfolgenden Geräte mit einem Koaxial-Kabel verbunden und an die Speisespannung angeschlossen.
Die Wahl des Satelliten und die Einstellung des Suchlaufes für den Sat-Sender findet man in der Bedienungsanleitung des Sat-Receivers.

Für das Einstellen der Antenne in der Richtung Süden (horizontal-Azimut) verwendet man den Kompass. Die Vertikal-Richtung (Elevation) findet man mit dem Sat-Finder **(Bild 8.1.3d).**

Der Sat-Finder wurde in das Koaxialkabel eingebaut, ungefähr einen Meter vom LNB entfernt, also in der Nähe der Parabolantenne. So kann eine Person die Einstellung der Antenne durchführen. Der maximale Zeigerausschlag des Sat-Finders entspricht der besten Einstellung der Antenne.
Der Sat-Finder muss aber funktionieren. Das ist der Fall, wenn im Sat-Finder die eingebaute Birne leuchtet. Im Gegenfall ist in der Koaxialleitung meistens ein Kurzschluss, der beseitigt werden muss. Üblicherweise findet man den Kurzschluss bei den Verbindungen des Koaxialkabels mit dem T-Stecker.

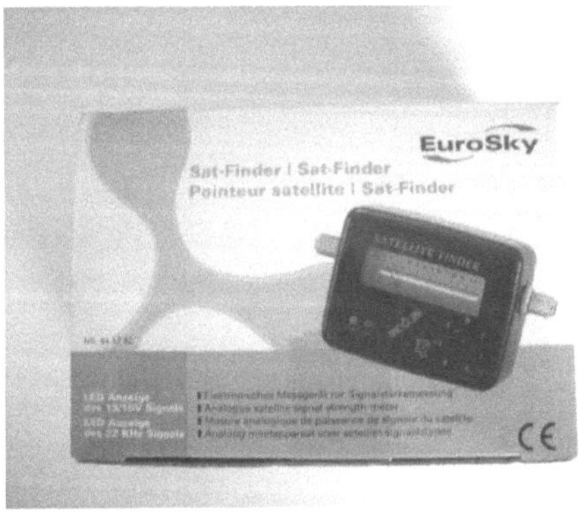

Bild 8.1.3d Sat-Finder, Conrad Electronic AG

Beachte:

Beim ersten kalten Besuchstag des Hauses, wenn die Temperatur im unbewohnten Haus unter +6 °C sinkt (die feuchte Luft aus unserem Mund wird als Dampf gesehen), ist zu empfehlen alle empfindlichen elektronischen

Geräte, die sich dort befinden, nicht einzuschalten. Ihre Unterkühlung und die Feuchtigkeit im kalten Raum könnten ihre Funktion beeinflussen. Über Nacht werden die Raumtemperatur und auch die Temperatur der Geräte durch das Heizen im Haus ausgeglichen und am nächsten Tag funktioniert alles bestens.

Die Lagertemperatur und die Betriebstemperatur in den Bedienungsanleitungen der elektronischen Geräte sollte man bei extremen Bedingungen beachten.

Wenn man die empfindlichen elektronischen Geräte vor dem Winter nach Hause nicht hin und her transportieren will, packt man sie in einen Pe-Sack mit einem Päckli Silikagel und schließt ihn fest. So werden die Geräte gegen Feuchtigkeit und gegen Korrosion geschützt.

Unsere Erfahrungen haben uns gelehrt, dass die hochwertigen elektronischen Geräte (Fernseher, Sat-Receiver) die schwankende Haustemperatur +25 °C bis Minus 2 °C in den Wintermonaten nicht gut vertragen, sodass ihre Lebensdauer wesentlich gekürzt wird. Sie setzen nach einigen Jahre ohne jeglichen Grund aus (mögliche Unterbrechung der feinen Leiterbahnen auf den Printplatten durch die Dilatation des Materials). Also nehmen wir vor der langen Winter-Abwesenheit im Haus die Geräte mit nach Hause.

Literaturverweis :

Das grosse Sat-Installationsbuch, Autor: Henning, Kriegel
Conrad Electronic AG, Katalog 2009
Internet-Google-Suche: Wikipedia – LCD, Plasma Fernseher
Katalog Pearl – CH

8.1.4 KÜHLGERÄTE, LEBENSMITTEL AUFBEWAHREN

Einen Kühlschrank vermissten wir erst Anfang des Monats Mai, im Juni, Juli, und im August. Unser Keller ist teilweise unter der Erde gelegen, gegen die schwankende Außentemperatur etwas isoliert.

Den Kellerraum haben wir in zwei Teile geteilt. Die vordere Hälfte mit dem Eingang nutzen wir als Werkstatt, dort ist auch die Turbine mit dazugehöriger Elektroanlage untergebracht. Die hintere getrennte Hälfte des Kellers, geschützt gegen den direkten Einfluss von außen, dient uns für die Lagerung der Lebensmittel. Da ist die Raumtemperatur 5 bis 10 °C. In den Sommermonaten Juli, August steigt die Temperatur bis 15 °C.

Der Markt bietet verschiedene Typen von Kühlschränken und Mobil-Kühlboxen

- Kühlschrank mit Absorber elektrisch oder mit Gas betrieben
- Kühlschrank oder Kühlbox mit Kompressor, elektrisch betrieben
- Kühlgerät thermoelektrisch (mit Peltierelement), elektrisch betrieben

Kühlschrank mit Absorber:

Einen gasbetriebenen Kühlschrank mit Absorber haben wir einige Jahre verwendet.

Nachteile: Durch die ständige Gas-Nachlieferung verlieren wir teilweise unsere Energie-Unabhängigkeit, nach sechswöchigem Betrieb kann eine Gasflasche mit 10,5 kg Propan-Gas leer sein. Der Verbrauch des Gases ist 200- 250 g / 24 h (die Flaschenfüllung ca. 45,- CHF + Transport).
Bei der Verbrennung des Gases erhöht sich die Luftfeuchtigkeit des Raumes, wo der Kühlschrank steht. Der Kamin des Brenners sollte eine Entlüftung nach außen haben. Unser Kühlschrank wurde im Keller untergebracht.
Der Kühlschrank mit elektrisch betriebenem Absorber verbraucht viel el. Energie, bei 12 V DC Anschluss ca. 100 W.

Kühlgeräte mit Kompressor:

Diese Kühlgeräte haben die größte Energie-Effizienz entgegen den anderen Typen. Sie sind als Kühlboxen oder Kühlschränke lieferbar.

Für unsere Bedürfnisse, ca. 5 Monate im Jahr, manchmal nur 14 Tage im Monat im Rustico, haben wir überlegt, ob sich eine Investition für ein kleines Kühlgerät mit Kompressor in der Preisklasse ca. 800,- bis 1100,- CHF lohnt. Die Entscheidung ist auch vom Komfort, den man verlangt, abhängig.

Wenn doch einmal ein kleines Kühlgerät für tiefgekühlte Lebensmittel gebraucht wird, kaufen wir eine mobile Kühlbox wegen seiner vielseitigen Einsatzmöglichkeiten.

Der gewählte Typ wäre CDF - 18, **Bild 8.1.4a**. (Katalog Conrad Electronic AG, Nr. 85 29 77 - 76)

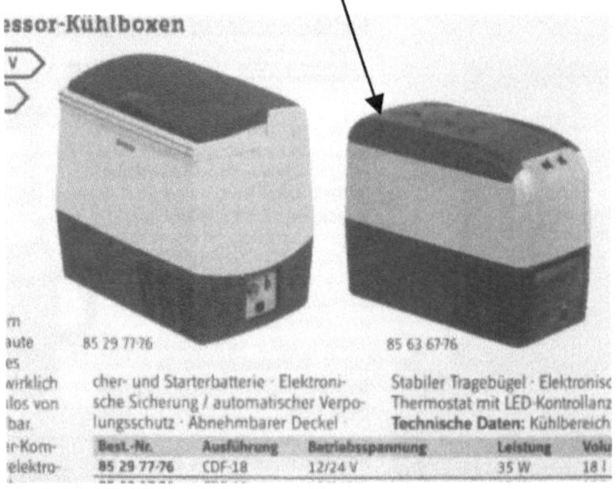

Bild 8.1.4a Kühlbox CDF-18, Conrad Electronic AG

Seine Eigenschaften:

Bruttoinhalt 18 Liter Anschlussspannung 12 / 24 V DC, 35 W.
Bei 24 V braucht die Kühlbox 1,45 A.
230 V, 50 Hz möglich, Temperaturbereich +10 °C bis - 18 °C
19 % der Leistungsaufnahme bei +32 °C Umgebungstemperatur oder
15 % bei +20 °C Umgebungstemperatur

Gewicht 11,5 kg
Preis 750,- CHF

Die mobile Kühlbox kann man im Ferienhaus auf verschiedenen Orten aufstellen, im Auto für den Transport gefrorener Lebensmittel verwenden und auch in der Wohnung zu Hause (230 V / 50 Hz Anschluss), im Wohnmobil oder im Schiff kann man sie nutzen.
Der direkte Anschluss der Kühlbox an die Solargeneratoren ist nicht möglich, wegen dem großen Anlaufstrom des Motors für den Kompressor.
Ein stationiertes Kühlgerät bietet keine beschriebenen Benützungsvarianten.

Thermoelektrische Kühlgeräte:

Kühlgeräte mit Peltierelement gibt es als Kühlboxen bis ca. 40 Liter Inhalt. Ihre Kühlleistung ist jedoch klein. Sie kühlen bis zu 20 °C unter die Umgebungstemperatur und verbrauchen ziemlich viel Strom. Beim Anschluss der 35 Liter Kühlbox an die 12 V DC Spannung braucht die Kühlbox bis 4,5 A Strom.

In den Sommermonaten Mai, Juni, Juli, August haben wir einen großen Überschuss an elektrischer Energie, zählt man die Leistung des Turbinen-Generators und die Leistung beider Solargeneratoren zusammen. In sonnigen Tagen brauchen wir gar nicht mit elektrischer Energie zu sparen.

Trotz der wenig sparsamen Kühlboxen mit dem Peltierelement verwenden wir sie zum Kühlen der Lebensmittelvorräte. Der elektrische Energieüberschuss im Sommer macht es ohne Probleme möglich.

In der Zeit, als wir die Kühlboxen installierten, fanden wir nur Kühlboxen mit 12 V DC Anschluss. Es wurden zwei Kühlboxen gekauft mit Anschlusswert 12 V / 4,0 A, die wir sehr günstig bekamen. Wir schalteten sie in der Reihe, um sie an das Hausnetz 24 V DC Spannung anzuschliessen.

Die zweite Kühlbox ersetzt einen teuren DC / DC Linear-Spannungsumwandler 24 V / 12 V, den wir sonst für das Speisen einer separaten Kühlbox mit 12 V DC Anschluss bräuchten.

Die Verluste des in der Reihe geschalteten Spannungsumwandlers 24 / 12 V wären gleich wie der Verbrauch der zweiten Kühlbox (**Bild 8.14b**).

Mit dieser Lösung nutzten wir die elektrische Energie ohne Verluste aus, sparten etwas Kosten für den Spannungswandler (er war teurer als die günstig gekaufte zweite Kühlbox) und gewinnen ein 20 Liter größeres Kühlvolumen.

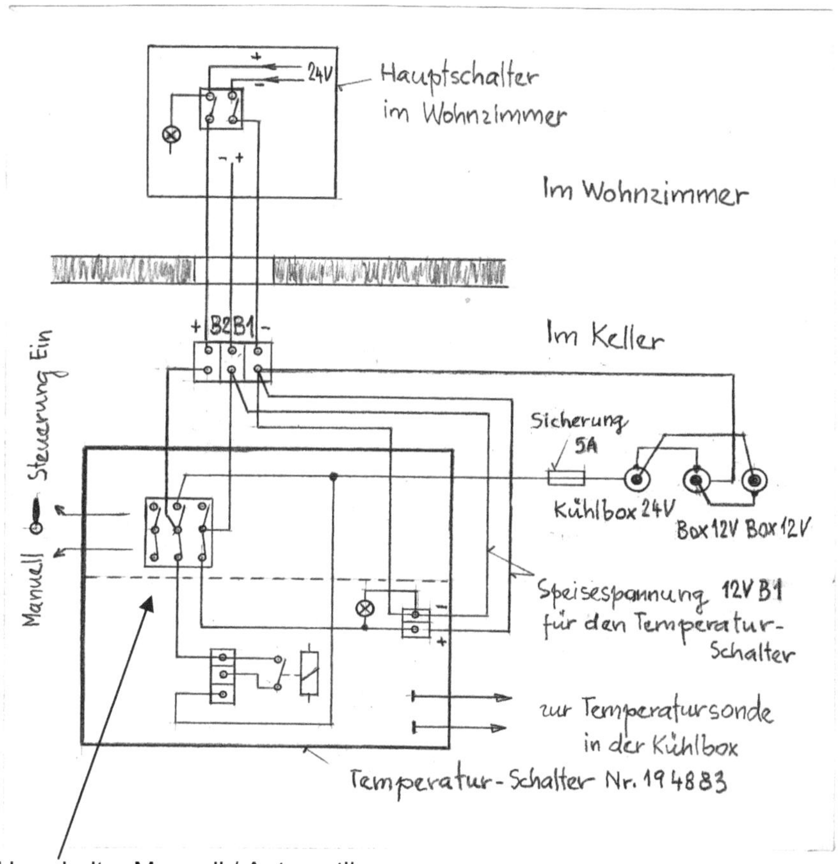

Umschalter Manuell / Automatik

Bild 8.1.4b Anschluss der zwei Kühlboxen und Einbau des Temperaturschalters

Die beiden Kühlboxen sind im Kellerraum untergebracht, wo im Sommer eine ziemlich stabile Temperatur von +13 bis +15 °C herrscht.
Die Temperatur in den Kühlboxen halten wir zwischen +5 und +10 °C. Sie ist ausreichend für das Lebensmittel Aufbewahren.

Im Jahr 2010 fanden wir eine Kühlbox mit Anschluss an die 24 V DC Spannung (Katalog Conrad Electronic AG, Kühlbox P24 DC für LKW). Seine Parameter:

Betriebsspannung 12 / 24 V DC (ca. 2 A bei 24 V), Leistungsaufnahme 47 W,
Kühlbereich max. 20 °C unter der Umgebungstemperatur,
Inhalt 24 Liter, Gewicht 4 kg.
Aktionspreis 100,-CHF

Der Kühlbox mit dem 24 V Anschluss wird nach dem **Bild 8.1.4b** angeschlossen.

Das gefrorene Frischfleisch, das wir von Hause mitbringen, kann 2 bis 3 Tage in der Kühlbox aufbewahrt werden. Für eine Haltbarkeit bis zu einer Woche sollte das Fleisch vorgebraten werden. In Lebensmittelgeschäften schreiben die Behörden + 5 °C für in Kühlregalen ausgestellte Ware vor.

Die Digital Thermometer für das Messen der Temperaturen in den Kühlboxen platzierten wir im Wohnzimmer, wohin die Leitungen der Kühlboxen in den Keller geführt sind. So können wir die Kühltemperatur bequem kontrollieren. Im Wohnzimmer kann man die Kühlboxen manuell einschalten.

Die Kühlboxen haben jedoch einen Nachteil, wie jeder Kühlschrank: Bei längerem Betrieb sammelt sich Kondenswasser im Deckel der Kühlbox, das die feuchte Luft im Keller, aber auch das eingelegte Lebensmittel dort entstehen lassen. Beim Öffnen des Deckels fließt das Wasser aus dem Deckel und sollte in einem kleinen Gefäss aufgefangen werden, sonst befindet sich nach einer Woche auf dem Boden der Kühlbox gesammeltes Wasser.

Selbstverständlich ist die Kühlung mit den Kühlboxen ein Kompromiss und nicht so bequem wie bei einer automatischen Kompressoranlage mit Thermostat, aber die Anschaffungskosten sind im Vergleich zu den Kosten für eine Kompressoranlage 4 Mal kleiner (die Hobbyarbeit nicht einberechnet).

2 x Kühlbox 2 x 60,- CHF
Temperaturschalter 40,-CHF
Digital Thermometer 15,- CHF
Schalter und kleines Material 5,- CHF
Temperaturschalter 25,- CHF
Zusammen 200,- CHF

Für den automatischen Betrieb der Kühlboxen installierten wir in den elektrischen Speisekreis einen Temperatur-Schalter nach dem **Bild 8.1.4c.**

Zum **Bild 8.1.4c:**
Der zusätzlich eingebaute Umschalter ermöglicht die manuelle Einschaltung der Kühlboxen im Notfall, wenn die elektronische Steuerung durch eine Blitzentladung zerstört würde.

Die höchste Temperatur in der Kühlbox kann bei der Steuerung durch eingebauten Pot-Meter beliebig eingestellt werden. Wir stellten sie auf +10 °C.
Diese Lösung ist für einen reinen Solarbetrieb nicht geeignet. Die beiden in der Reihe geschalteten Kühlboxen brauchen 2 x 40 W Leistungsaufnahme bei 24 V Spannung.

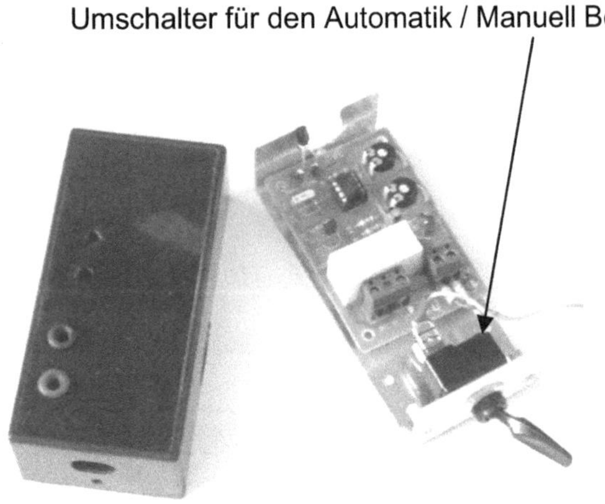

Bild 8.1.4c Temperaturschalter (Katalog Conrad Nr. 19 48 83 - Bausatz) im Kästchen

Betrieb der Kühlboxen ohne Steuerung

Bei genug Sonnenenergie schalten wir die Kühlbox **manuell** in den Vormittagsstunden ein und am Abend haben wir in der mit dem Lebensmittel vollbeladenen Kühlbox +1 bis 0 °C bei einer Kellertemperatur von +15 °C. Die Kühlbox wird über Nacht abgeschaltet.

Das so gekühlte Lebensmittel funktioniert als Kältespeicher und hält die Innentemperatur in der Kühlbox bis zu den nächsten Morgenstunden auf 11 bis 12 °C. Dann wird die Kühlbox wieder in Betrieb genommen. Die elektronische Steuerung ist dabei abgeschaltet.

Kühlen mit Kaltwasser:

Für das Kühlen der Lebensmittel nutzen wir auch kaltes Wasser, das die eingebauten Gefäße im Keller umfließt. (zum Beispiel Abflusswasser von der Turbinenanlage).
Anfang des Monats Juni messen wir die Wassertemperatur noch mit +6 °C. Mitte des Monats Juli erwärmt sich das Wasser bis auf +15 °C und kann nicht mehr für das Kühlen der Lebensmittel verwendet werden.

Die Temperatur in den Gefäßen wird mit den Digitalthermometern ständig kontrolliert. Als ein einfacher Indikator für noch ausreichende Kühltemperatur dient die Butter, die bei +12°C immer noch hart bleibt.

Lagerung der Lebensmittel:

Bei der Lagerung der Lebensmittel sollte beachtet werden (Quelle: Coop Zeitung, 10. 2011):
Lebensmittel die Ethylen beim Reifen ausstrahlen, wie Äpfel, Aprikosen, Avocado, Bananen, Birnen, Nektarinen, Pfirsiche, Pflaumen, Tomaten, **sollten nicht mit Lebensmitteln, die Ethylen nicht vertragen, zusammen gelagert werden.**
Das sind:
Blattgemüse, Blumenkohl, Broccoli, Chicoree, Erbsen, Kopfsalat, Kürbisse, Petersilie, Rübli, Rosenkohl. Sonst werden sie bald verderben.
Äpfel mit Rübli dürfen nicht zusammen gelagert werden.
Mit Frischwasser gespritzt bleibt das Lebensmittel länger frisch.

Schrank für Lebensmittel:

Im hinteren Teil des Kellers wurde ein großer Schrank mit einem Volumen von ca. 2000 Liter für die Lebensmittel ausgebaut (**Bild 8.1.4d**). Im Schrank sind vier Schubladen (100 x 80 cm) und ein liegender flacher Radiator als Regal eingebaut.
Der Radiator, der durch fließendes Druckwasser gekühlt wird, dient als Kühlgerät. Beim Gießen der Pflanzen im Garten fließt kaltes Wasser über den Radiator. Der Schrank ist gegen Tierchen dicht geschlossen.

Bild 8.1.4d Schrank für Lebensmittel im Keller

Fensterraum als Kühlraum:

In den Wintermonaten November, Dezember, Januar, März und im April schliessen wir den Fensterladen auf der Nordseite des Hauses ganz und benutzen den Fensterraum als Kühlraum. Dort installierten wir zwei Regale, um den Raum besser auszunutzen. Wenn der Fensterladen etwas geöffnet bleibt, wird der Fenster-Zwischenraum mit einem Gitter geschützt.

Ein drahtloser Digitalthermometer kontrolliert die Temperatur in dem Fenster-Zwischenraum.
Wenn die Umgebungstemperatur im Frühjahr in der Nacht schon nicht mehr unter +7 °C sinkt (der Laden bleibt die ganze Nacht etwas geöffnet), ist dieser natürliche Kühlraum nicht mehr brauchbar und das Lebensmittel muss im Keller untergebracht werden.
Dieser in der Nähe der Küche ausgebaute Kühlraum erspart das Spazieren über die Treppe in den Keller.

Literaturverweis: :

Katalog der Firma Waeco »mobile solutions«,Vertretung Dometic Switzerland AG, Riedackerstrasse 7a, CH, 8153 Rümlang
Katalog 2010 /11 der Firma Conrad Electronic AG

Coop – CH, Zeitung 10. 2011

8.1.5 UMLAUFPUMPE

Die Umlaufpumpen der Heizungen sind wichtige Verbraucher. Gerade die Umlaufpumpe für die Fußbodenheizung läuft fast 13 Stunden im Tag im Winter und manchmal auch in den Übergangsjahreszeiten und beeinflusst wesentlich den täglichen Energie-Verbrauch.
Die Umlaufpumpe kann auch bei Abwesenheit im Haus funktionieren und somit Solarwärme in der Fußbodenplatte speichern.

Wir haben bei der Firma Brückmann Elektronik Davos Dorf – CH (in Deutschland Firma Laing, Remeck) eine Umlaufpumpe gefunden. Die Motoreneinheit der Umlaufpumpe hat eine elektronische Steuerung. Die Leistung der Umlaufpumpe kann nach Bedarf durch die verschiedenen Drehzahlen des Motors geändert werden.
Die Lebensdauer der Umlaufpumpe beträgt nach den Angaben des Herstellers 5000 Stunden. (**Bild 8.1.5a**)

Die Parameter der Umlaufpumpe Laing ecocirc D5 Vario-38 / 700 B :

Nennspannung: 8- 28 V
Stromaufnahme bei 12 V DC 0,25 - 1,9 A (3 - 23 W), bei 28 V 0,25 -1,5 A (6 - 37 W)
Maximaler Systemdruck: 10 bar
Umdrehungen pro Minute: 1800 -4500 U / min
Max. Systemtemperatur: -10 °C bis +95 °C

Bild 8.1.5a Umlaufpumpe ecocirc D5

Bedienungsanleitung der Umlaufpumpe (Brückmann Elektronik, Davos Dorf – CH)

1. Bei grösserer Spannung über 28 V (Schlussladespannung der Batterien) schaltet die Pumpe aus. Um den weiteren Betrieb der Pumpe zu sichern, werden im Speisekreis zwei Dioden 1N5408 (3 A, 1000 V) vorgeschaltet.

2. Schützen der Steuerung der Umlaufpumpe gegen nahe Blitzschläge:
   Zwischen dem Minuspol der Pumpe und der Erdung (Ausgleichleitung) wird eine bidirektionale Transzorbdiode Typ 1,5 KE 39 CA geschaltet.

Literaturverweis: :

Internet-Google-Suche: Laing – DE, Umlaufpumpen, www. Brüeckmann-Elektronik – CH, Ergänzung der Bedienungsanleitung

8.2 VERBRAUCHER MIT ANSCHLUSS AN DIE 230 V / 50 Hz SPANNUNG

Alle elektrischen Verbraucher mit Anschluss an 230 V / 50 Hz **mit Bürstenmotoren** (Bohrmaschine, Kreissäge, Stichsäge, Gartensense 150 W, Haartrockner 500 W oder Nähmaschine), die kurz eingeschaltet werden – in 1-bis-3-Minuten-Zeitspannen, bis 1200 W, können über den Wechselrichter EC 2000 S (**Bild 5.6.1c)** betrieben werden.

Ein starker Staubsauger mit 800 bis 1000 W Leistungsaufnahme, mit dem üblicherweise fast eine Stunde gearbeitet wird, kann über den Wechselrichter EC 2000 S ebenfalls gespeist werden, aber die verbrauchte elektrische Energie (ca. 35 A 1 Stunde) von zwei Batterien je 125 Ah, die die nötige Energie durch den Wechselrichter liefern sollten, wäre zu viel Belastung. Sie würden nach einer Stunde fast auf 50 % entladen und damit wird ihre Lebensdauer gekürzt.

Waschen:

Geräte **mit kleinen einphasigen Induktionsmotoren**, z. B. eine kleine Waschmaschine 150W (es wird 2 Stunden mit Zwischenpausen gewaschen) und eine Wäscheschleuder 150W (siehe **Bild 8.2a**) ergänzen den Arbeitsvorgang.

Das Waschen erledigen wir bei sonnigem Wetter, um das Wäschetrocknen an der Sonne auszunutzen.

Bild 8.2a Waschanlage

Dabei haben wir auch genug an elektrischer Energie von der Turbine und den Solargeneratoren. Beide Energiequellen ersetzen schnell die verbrauchte Energie. Das Wasser in unserem Gebiet ist weich, es wird sehr wenig Waschmittel gebraucht

Nach dem Waschen kommt das Bügeln:

In der Ferienzeit in den Bergen versuchten wir selbstverständlich diese Arbeit zu vermeiden, was uns nicht immer gelang. Unsere Urgrossmutter half uns dabei.
Wir haben überschüssige Wärme auf der Platte des zentralen Heizungsherdes. Die Urgrossmutter schenkte uns zwei schwere aus Gusseisen hergestellte Bügeleisen. Erwärmt auf der Herdplatte, bügeln wir (wenn wir dazu Lust haben) mit dem Bügeleisen ohne zusätzliche elektrische Energie zu verbrauchen.
Wenn der Heizungsherd im Hochsommer stillgelegt wird, verwenden wir ein sparsames Bügeleisen mit einem Anschluss 230V / 50Hz, 180 W, das für den Camping Gebrauch konstruiert wurde. Das Bügeleisen ist sehr leicht, aus speziellem Kunststoffmaterial hergestellt. Es wird mit Wasser gefüllt.
Mit Wärme und Wasserdampf bügelt man einige Minuten fast wie mit einem modernen Bügeleisen mit 1500 W Leistungsaufnahme (siehe **Bild 8.2b**).
Ähnliche Geräte bekommt man in Hobby-Häusern und in den Versandgeschäften.

Bild 8.2b Bügeleisen

Akku-Geräte:

Der Anschluss eines leistungsstarken Verbrauchers mit einer Speisung von 230 V / 50 Hz, der über den zentralen Wechselrichter gespeist werden muss, belastet unsere Kleinspannungsanlage mit den großen Strömen, die die aktive Kapazität der Akkus verkleinern.

Auf dem Index haben wir unseren Staubsauger 800 W, der im Betrieb während einer halben Stunde 35 A DC Strom aus den Akkus über den Wechselrichter zieht.
Den erwähnten Nachteil (starke Belastung der Batterien) könnte man durch die Verwendung eines Akku-Staubsaugers umgehen.
Das Akku-Gerät bringt in der Minutenspanne eine große Leistung, die später durch das Nachladen seines Akkus mit kleinerem Strom über längere Zeit ersetzt werden kann.

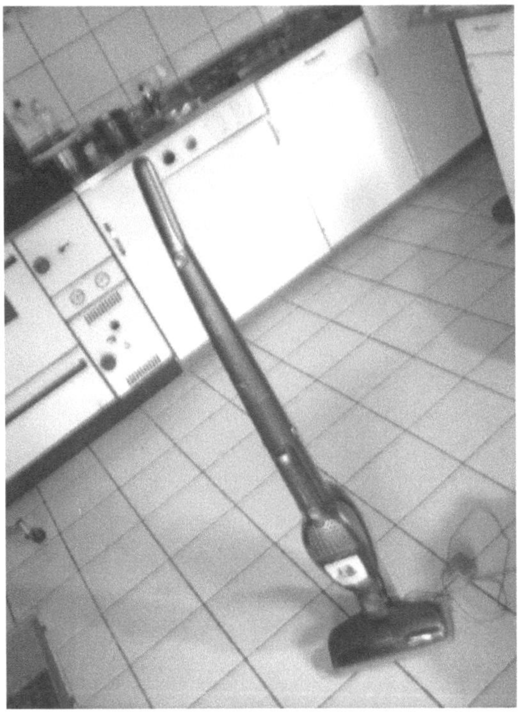

Bild 8.2c Akku-Staubsauger mit elektrischer Bürste und Handgerät separat

Weil die Laufzeit des Akku-Staubsaugers von der Leistung seiner eingebauten Energiequelle abhängt, suchten wir im Internet einen Akku-Staubsauger mit Li-Ionen-Batterie, der leistungsfähiger im Vergleich zu einem Staubsauger mit NiMH-Batterie ist. Die Lebensdauer der Li-Ionen-Batterie ist 3 x länger.

Wir fanden einen Akku-Staubsauger: AEG Elektrolux AG 904X-Egrorapido (amazon.de, **Bild 8.2c**.)
Seine Parameter sind:
Li Ionen Batterie 18 V
Cyklon Prinzip, ohne Beutel
mit elektrisch angetriebener Bürste
Laufzeit: 30 Minuten
Kunden-Beurteilung 5 Sterne
Preis: ziemlich teuer- 189,- Euro (in der nächsten Zeit findet man sicher billigere Geräte mit gleicher Leistung)

Zum Nachladen wird das Gerät direkt an den sparsamen Wechselrichter 24 V DC, 230 V AC, 300 W angeschlossen.

Erfahrungen mit dem Akku-Staubsauger Egrorapido:

Die blitzschnelle Bereitschaft und einfache Bedienung des Akku-Staubsaugers, ohne lästige Rohre, Schläuche und Kabel zu montieren, zwingt die Mitglieder des Haushaltes, das Gerät öfter zu benutzen. Die Wohnräume bleiben immer sauber.
Die kurzhaarigen Teppiche werden gut gereinigt, großen Anteil dazu bringt die Bürstenrolle.

Die schwierig erreichbaren Orte werden mit dem abnehmbaren Handgerät geputzt, ähnlich wie das Auto-Interieur.
Für die großen, sehr verschmutzten Räume z. B. die Werkstatt, ist dieser Akku-Staubsauger nicht geeignet.
Der kleine Staubbehälter muss öfter, aber ziemlich bequem, gereinigt werden.

Da der Li-Ionen-Akku mit dem kleinen Strom über längere Zeit geladen wird, werden die zentralen Speise-Batterien mit dem großen Strom nicht belastet und die Akkus werden länger leben.

Von Kunden sehr empfohlen ist der Akku-Staubsauger Rowenta Air Force RH 8575 mit einer dreieckigen beweglichen Bodendüse, 24 V Lithium-Ionen-Akku, Betriebszeit max. 50 Min., größerer Staubbehälter 0,9 Liter, Luftdurchsatz 16 Liter / sec. – besser als beim Egrorapido, kein Handgerät.

8.2.1 TELEFON, TELEFON-FESTNETZANSCHLUSS (Kommunikation mit der Umwelt)

Im Berggebiet sind wir gerade im Winter von der übrigen Welt ganz abgeschnitten. Wenn ein Unfall passiert, haben wir keine Möglichkeit, Hilfe zu rufen.
Mit der Zeit kam die Ära der Mobiltelefone und dieser Nachteil war behoben.
Wir wohnten schon 14 Jahre vor dieser Ära in den Bergen und versuchten in dieser Zeit die Verbindung mit der Außenwelt herzustellen.
Bei der Telefon-Behörde haben wir nachgefragt, ob eine Telefonleitung vom Dorf zum Haus, ca. 2 km lang, hergestellt werden könnte. Für einen Pauschalpreis wurde damals eine Telefonleitung mit dem Anschluss im Haus zu unserer Zufriedenheit in einem Monat hergestellt.
Mit der Zeit kam noch das drahtlose Funktelefon, das an das Telefon-Festnetz angeschlossen ist. Das Handgerät des Funktelefons stecken wir in die Tasche, wenn wir rund um das Haus arbeiten und dabei erreichbar sein wollen.

Zum Funktelefon:

Die drahtlosen Telefonapparate brauchen eine elektrische Einspeisung und werden standardmässig mit einem kleinen Netz-Speisegerät für 230 V, 50 Hz geliefert.
Es ist wichtig, diese Art der Einspeisung nicht zu verändern, da das gelieferte Netzteil galvanisch das Speisegerät vom eigenen Telefonapparat trennt und so die möglichen Geräusche, die das Telefongespräch überlagern können, verhindert.

Also braucht man für die Einspeisung der Basis des Funktelefons eine 230 V / 50 Hz Spannung. Dazu wurde ein kleiner Wechselrichter 24 V DC, 230 V, 50 Hz, 150 oder 300 W verwendet.

Für die Speisung der Telefonbasis könnte auch ein separater Akku 6 V, 4 Ah genutzt werden, aber er wäre bald verbraucht und müsste nachgeladen werden, was zusätzlichen Unterhalt verlangt.

Ein Schnur-Telefonapparat bleibt immer als Reserve an der Telefonleitung angeschlossen.

In unserem Haushalt ist Energie-Disziplin eine Selbstverständlichkeit. Die Benutzer einer eigenen elektrischen Anlage in einem Inselbetrieb wissen, dass die Hauptkosten für die elektrische Energie bei der Abnutzung der Speicher-Batterien liegen. Wenn wir die Batterien wenig entladen und im maximalen Ladezustand halten, verlängern wir ihre Lebensdauer, manchmal bis zu 7 Jahren. Also durch diese Regel geführt, schalten wir alle Geräte, die wir zu dieser Zeit nicht brauchen, ab.
So wird auch das Funktelefon bei keinem Tagesbedarf oder in der Nacht von der Speisung abgeschaltet.

ABER ACHTUNG! Wir dürfen nicht vergessen, dass das Handgerät des Funktelefons beim Abschalten des Basis-Gerätes von der Speisung immer aktiv bleibt (das Handgerät hat eigene Speisezellen) und in dieser Zeit beginnt das Handgerät die abgeschaltete Telefon-Basis zu suchen. Dabei verbraucht das Handgerät 3 x mehr Strom von seinen kleinen Akku-Zylinderzellen, die es speisen, sie werden von der abgeschalteten Basis nicht mehr nachgeladen und über Nacht werden beide Akku-Zellen leer. Das Handgerät funktioniert dann nicht mehr und muss einige Stunden nachgeladen werden.

Das Funktelefon DECT cordless GT 6300 (Migros 58.- CHF), das wir gekauft haben, hat eine Abschaltung der Akku-Zellen im Handgerät integriert. Wir können die Akku-Zellen des Handgerätes mittels seiner Tastatur abschalten, so schonen wir sie und verlängern wir ihre Lebensdauer.

Auch bei Gewitter wird der Telefonapparat von der Einspeisung und vom Telefonanschluss abgeschaltet. Er ist gegen Blitzentladung anfällig und könnte zerstört werden.
Wenn trotzdem bei den eingeschalteten Telefonapparaten nach einem Blitzeinschlag die Telefonanlage nicht mehr funktioniert, sucht man zuerst die Fehler beim empfindlichen Funktelefon, das den möglichen Kurzschluss hat. Damit blockiert es die parallel angeschlossenen Telefonapparate. Wenn alles in Ordnung ist, liegt der Fehler in der Telefonleitung und der Swisscom-Entstörungsdienst muss gerufen werden.

Wir haben festgestellt, dass die Funktelefone mit so genannter kleiner Strahlung auch eine begrenzte Reichweite haben. In der Wohnung spielt das keine Rolle, bei der Benutzung des Funktelefons im Außenbereich sollte man darauf achten.

Um die sichere Verbindung mit der Umwelt zu gewährleisten (z. B. beim Aussetzen des Telefonnetzes durch Blitzschlag oder umfallende Bäume auf die Telefonleitung), ergänzten wir unsere Telefon-Palette mit einem Mobiltelefon. Wir benutzen es als Notruf-Telefon und auch bei der Kontrolle der Wasserleitung im Wald (1500 m ü. Meer), wo wir manchmal im Schnee spazieren mussten.

Wenn das Mobiltelefon nur gelegentlich genutzt wird wählt man:
ein **Handy-Abonnement ohne monatliche Grundgebühr und ohne Mindestvertragsdauer,** z. B. bei der Telefon-Gesellschaft Talk Talk – CH, wo man eine einmalige Gebühr 40,-CHF für die SIM-Karte bei der Anmeldung bezahlt. Manchmal bekommt man das Telefon gratis dazu (Abonnement **Talk Talk Mobile Basic**). Ein Minutengespräch ins Festnetz kostet 19 Rp, Anrufe in die Mobilnetze 35 Rp.

Im Katalog Pearl – CH fanden wir ein Hightech-GPS-Outdoor Handy Marke Simvalley mit Garantruf (Notruf), **Bild 8.2.1a.**
Unter anderem sind ein GPS-Tracker (Ortsbestimmung), ein kleiner Solarpanel und die Bluetooth-Funktion für die Freisprechanlage im Auto wichtige Voraussetzungen für seine Verwendung in den Bergen.
Große Tasten und optimaler Kontrast am Tag und in der Nacht gehören dazu.

Bild 8.2.1a Hightech-GPS-Outdoor-Handy, Lieferant: Pearl – CH

Das Gerät ist mit einer Li-Ionen-Batterie gespeist und hält bis 200 Stunden Standby und 400 Minuten Sprechen.

Die Akku-Batterien im Mobiltelefon kann man mit einem mitgelieferten Ladenetzgerät nachladen oder über ein Kabel mit USB-Stecker mittels PC oder Notebook zum Laden vorbereiten.
Für das Laden des Gerätes von 12 V DC Energiequelle (Auto) muss man einen geigneten DC / DC Umwandler **(Bild 8.2.1b)** 12 V / 5 V (USB) verwenden, der in die Dose des Zigarettenentzünder gesteckt wird.
Das kleine Solarpanel, das an der Rückseite des Handys eingebaut ist, beteiligt sich ebenfalls am Laden der Li-Ionen-Batterie des Gerätes, wenn es gegen die Sonne platziert wird.

Bild 8.2.1b DC /DC Umwandler 12 V / 5 V (Pearl B. Nr. NC -5374 – 69, Preis 10,- CHF)

Durch die Verwendung eines Mobiltelefons sind unsere beschriebenen Telefonanlagen eigentlich überflüssig, aber die Verbindung mit der Umwelt haben wir schrittweise gemacht, in der Zeit, wo das Mobiltelefon noch gar nicht geboren war, und außerdem gibt es noch Gebiete, die die Mobiltelefon-Sender noch nicht erreichen.
Der Leser kann nach seinen Bedürfnissen selber auswählen, was er braucht.

Die zwei einfachen Schnur-Telefonapparate installierten wir, eines im Parterre und das zweite im oberen Schlafzimmer des Hauses.

Zu allen beschriebenen Sicherheitsmaßnahmen gehört noch die Versicherung beim **Rettungsdienst Rega – CH.**
Durch einen kleinen jährlichen Gönnerbeitrag haben wir die Möglichkeit den Rettungsdienst anzurufen (in der Schweiz Tel. Nr. 1414) und ein Helikopter mit medizinischer Ausstattung kommt im Notfall kostenlos zur Hilfe (**Bild 8.2.1c**).

Bild 8.2.1c Rega-Helikopter beim Einsatz

Literaturverweis:

Buch »Wirkungsvolle Funkentstörung«, Autor Bauch, Horst, Franzis-Verlag
Internet-Google-Suche: Wikipedia – Schnurloses Telefon
Pearl – CH, Kataloge
Zeitschrift Rega – CH

9. BLITZSCHUTZ, POTENZIALAUSGLEICH

Der Frühling bringt fröhliches Wetter mit, aber auch starke Gewitter mit Blitz und Donner. Dieses Kapitel soll zeigen, dass mit einer Gefährdung beim Wohnen in den Hochgebirgen während des Gewitters gerechnet werden muss. Gemäß der Statistik entstehen in Tessin die meisten Blitze im Monat Juli.

In dem Gebiet, wo sich unser Haus befindet, ist kein Blitzschutz der Objekte vorgeschrieben, jedoch die Probleme, die wir beim Gewitter erlebten, zwangen uns, uns mehr dem Blitzschutz zu widmen.
Die Lösung des Blitzschutzes hängt von jedem einzelnen Fall ab.
Unser Fall ist nur ein spezielles Beispiel und man kann ihn nicht als pauschale Anleitung, ohne sich bei einem Blitzschutz-Fachmann zu beraten, für die Herstellung einer Blitzschutzanlage betrachten.

In der Nähe des Rusticos verläuft eine Hochspannungsleitung 300 kV, ungefähr 25 m vom Haus entfernt. Diese Tatsache haben wir beim Kauf des Rusticos akzeptiert, weil uns der Ort in diesem Berggebiet ganz bezauberte. **Bild 9a** zeigt einen herrlichen Sonnenaufgang an einem Sommertag, der wir aus dem Schlafzimmer beobachten können. Auch ein Teil der Hochspannungsleitungen ist da zu sehen.

Es gibt aber Menschen, die auf die entstehenden elektromagnetischen Belastungen, die von den Hochspannungsleitungen ausgehen, negativ ansprechen. Sie sollten solche Gebiete meiden.
Starke Raucher sind da auch nicht willkommen, sie werden sich in der 1300 m Berghöhe nicht wohlfüllen.
Glücklicherweise sind wir keine Raucher und gegen die elektromagnetische Strahlung von der Hochspannungsleitung sind wir nicht empfindlich.

Die Schutzleiter oberhalb der Hochspannungsleitern schützen unser Haus gegen direkten Blitzschlag (hoffen wir!).

Bild 9a Sonnenaufgang am frühen Sommertag

Bei direktem Blitzeinschlag in die Schutzleiter der Hochspannungsleitung entwickelt sich ein elektromagnetisches Feld im Außenraum und erfasst auch das Haus. Das stark geladene elektromagnetische Feld induziert in der Hausinstallation hohe Spannungen, die die angeschlossenen Geräte gefährden.

Der Wechselrichter, Motor-Stromgenerator, Telefongeräte, empfindliche Steuerung der Turbine und mit den IC bestückten Bauteile haben es schon erlebt und mussten mehrmals repariert oder ersetzt werden.

Wie könnte man diesen Schäden vorbeugen?
Die beste Lösung wäre, alle Geräte vom Hausnetz vor dem Gewitter abzuschalten. Das gelingt leider nicht immer. Manchmal kommt das Gewitter schnell und unerwartet, auch in der Nacht.
Beim Gewitter duschen wir grundsätzlich nicht mehr. Auch das Telefonieren ist für uns in dieser Zeit Tabu.

Die Fachliteratur gab uns einen Überblick, wie kompliziert die Blitzschutzthematik ist. Wir begrenzen unsere Beschreibung auf den inneren Blitzschutz (die Hausinstallation inklusive aller Geräte), den wir selber, ohne einen Blitzschutz-Fachmann hineinzuziehen, ausgeführt haben.
Dabei werden wir geführt durch die fachliche Literatur und manchmal auch durch das direkte Anfragen bei Fachleuten. Ein installierter Blitzschutzableiter auf dem Dach des Hauses kann uns in diesem Fall nicht helfen.

Im Haus haben wir vier elektrische Kreise – 12 / 24 V DC Leitungen, 230 V / 50 Hz Leitungen, Steuer- und Telefonleitungen und den Satellitenantennen-Anschluss.

Für die Telefonleitung wurde ein Blitzschutz-Erder von der Telefonbehörde hergestellt. Es wurde ein feuerverzinktes Stahlband 3 x 20 mm, 25 m lang, in die Erde gelegt, 60 cm tief.
Da ist der Mantel des Telefonkabels geerdet. Das Telefonkabel, geführt vom naheliegenden Dorf zum Haus (2 km), hängt auf den Telefonmasten und kreuzt quer unter der Hochspannungsleitung.
Bei großem Gewitter hören wir manchmal die Telefonglocke, die durch den direkten Blitzeinschlag in die Schutzleiter der Hochspannungsleitung ausgelöst wurde.

Die Schutzmaßnahmen:

- Das gleiche Stahlband legten wir in die Erde, die ebenfalls für den Ausgleich der Blitzströme dienen soll ähnlich, wie der Blitzschutz-Erder des Telefons.
- Die Ausgleichleitung, die an der Stirnseite des Hauses entlanggeführt wurde (Kabel 10 mm^2), wird mit dem Stahlband verbunden.
- Alle die Kleinspannung führende elektrischen Installationsleitungen Plus, Minus müssen frei von der Erdung bleiben. Den Minus-Pol schließt man über eine Transzorbdiode an die Ausgleichsleitung. (**Kap. 6.1, Bild 6.1a -** Empfehlung aus dem Buch »Autonome Stromversorgung«, Philipp Brückmann – CH).
- Die Leiter der 230 V AC Spannung werden über eine Funkstrecke geführt und die Funkstrecke an die Ausgleichleitung angeschlossen.
- Alle Leitungen, die nicht gerade gebraucht werden, also die nicht unter Spannung stehenden, werden von der Energiequelle abgetrennt, kurzgeschlossen und über die Ausgleichleitung geerdet. (Buch: Blitzschutz - Anlagen, Autor Trommer, Hampe)**, Bild 9b.**

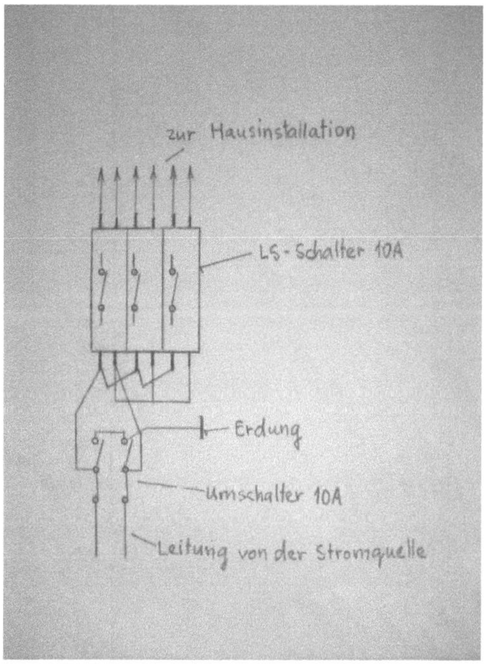

Bild 9b Kurzschließen und Erden der Installationsleitungen

Die Umschalter, die für die Erdung der Leitungen dienen, sind auf den Verteilerpanelen im Wohnzimmer und in den beiden Schlafzimmern montiert und mit der Bezeichnung »Blitzschutz« versehen.

Für den Schutz der Geräte mit der 230 V AC Spannung haben uns die Fachleute der Firma elvatec AG – CH folgendes Blitzschutzgerät (**Bild 9c**) empfohlen:

Überspannungsableiter Typ DGMTN 275

Die Satelliten-Anlage (Sat-Receiver, Fernseher) wurde mit dem Überspannungsschutzbauteil nach dem **Bild 9d** geschützt, das in das Koaxialkabel in der Nähe des Sat-Receivers eingebaut wurde.

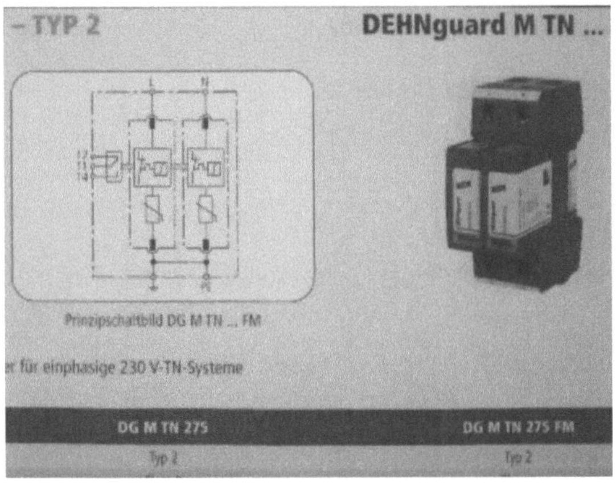

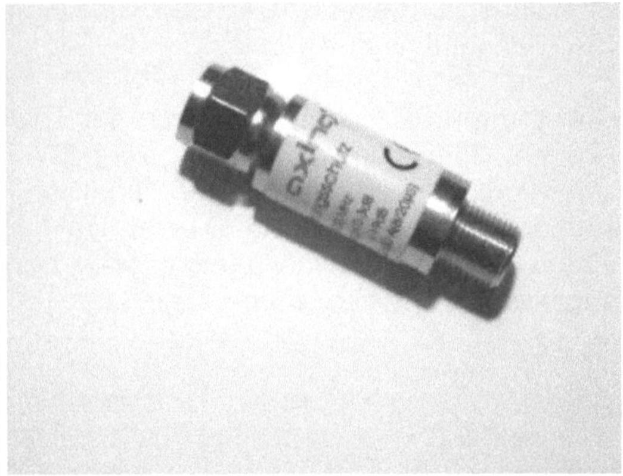

links: Bild 9c Überspannungsableiter 230 V Dehn Katalog Nr. DGMTN 275
rechts: Bild 9d Überspannungsschutz für die Satelliten- Anlage, Katalog Conrad Electronic Nr. 94 02 61

Jedes Blitzschutzgerät soll in der Nähe des zu schützenden Objekt in die Leitung eingebaut (max. 5 m entfernt) und am kürzesten Weg an die Blitzschutz-Ausgleichleitung angeschlossen werden.

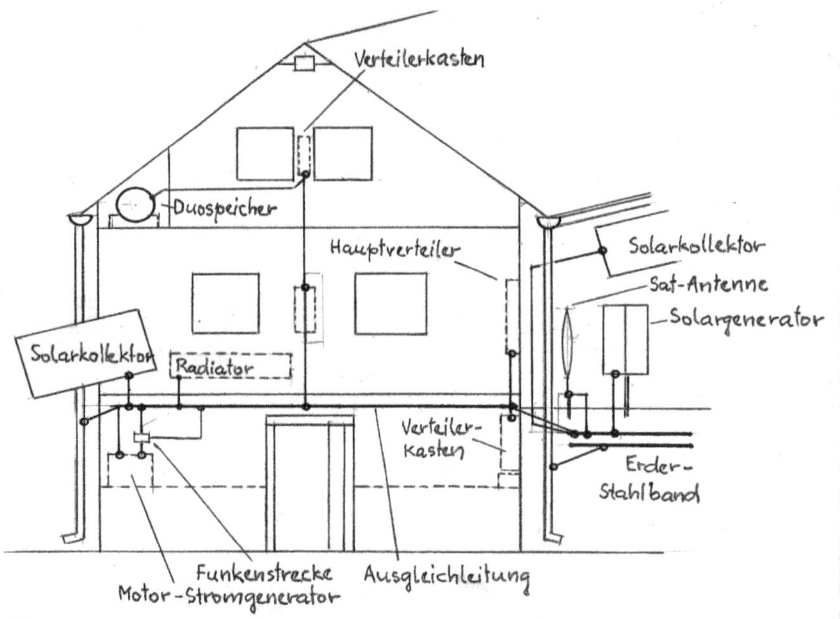

Bild 9e Teil der Blitzschutzanlage

Die vom Blitzseinschlag in die Hochspannungsleitung entstandene elektrische Ladung induziert die Überspannungen auch in allen metallenen Gegenständen im Haus. Das gefährliche Spannungspotential kann auch Funkenschläge unterstützen, sie können Feuer verursachen.

Um diese Situation zu vermeiden, erdeten wir die metallene Gegenstände im Haus, wie metallene Wasserleitungen, den Duospeicher, den Heizungsherd, die Radiatoren und außerhalb des Hauses die Solarkollektoren und Solargeneratoren, die Satellitenantenne und die metallene Rinnen über die Ausgleichleitung an den Blitzschutz-Erder (**Bild 9e**).

Die entwickelten elektrischen Stoßströme in den metallenen Gegenständen und in den Installationsleitungen, die die Blitzentladung verursacht, verteilen sich über mehreren Richtungen durch einen niederohmigen Strompfad (die Ausgleichleitung) in die Erde, und damit werden die gefährlichen Ort-Überspannungen verkleinert.

Die elektromagnetische, durch den Blitz verursachte Ladung im Außenraum soll nicht unterschätzt werden.
Ein Besucher von uns, stellte sein Auto unter die Hochspannungsleitung auf die Straße. In der Nacht kam ein starkes Gewitter und es blitzte häufig. Am nächsten Morgen wollte der Besucher mit seinem Auto abfahren. Der Motor war nicht zu starten. Der gerufene TCS-Dienstservice stellte eine durchschlagene Zündspule fest. Das nächtliche Gewitter hat auch da seine Spuren hinterlassen.

Es muss nicht unbedingt ein Gewitter sein und trotzdem blitzt es. Einmal im Frühjahr nach einem Gewitter stellte ich mich vor das Haus und bewunderte die schönen Berge. Die frische Luft wurde mit Ozon vermischt. Alles war noch nass, der Himmel über mir ganz blau, nur eine seltsame kleine schwarze Wolke schaute nach unten und wahrscheinlich überlegte sie, was sie machen soll.
In der Sekunde blitzte es in die Schutzleiter der Hochspannungsleitung, begleitet mit dem schwachen Donnern und über den Hauptverteiler im Wohnzimmer, wie mir die Leute im Haus erzählten, sprangen viele Funken, mit Krach begleitet, über.
Ich rannte schnell in den Keller, wo der Motor-Stromgenerator stand und an das Hausnetz angeschlossen war, denn ich hatte ihn vor dem Gewitter im Betrieb.
Von außen sah der Motor-Stromgenerator ganz normal aus. Ich bohrte einige Löcher mit der Bohrmaschine, die durch den Motor-Stromgenerator gespeist wurde, aber die Bohrmaschine benahm sich, als ob sie mit einer Überspannung gespeist wäre. Der Kollektor der Bohrmaschine war dabei mit einem Blitzkranz umgelegt.
Nach dem Messen der Generatorspannung gab das Messgerät 300 V AC Spannung anstatt der richtigen 230 V aus. Das Demontieren des Schutzdeckels vom Stator des Generators brachte Klarheit. Die Stator-Wicklung des Generators sah aus wie eine Igel-Haut. Sie wurde von der Blitzentladung zerstört.

Es ist nochmals zu erwähnen, dass diese Beschreibung unserer inneren Blitzschutzanlage nur auf die Probleme der Blitzschutzgefährdung hinweist und in keinem Fall als Anleitung ohne Blitzschutz-Fachmann bei der Herstellung der neuen Blitzschutzanlage dienen darf!

Alle Massnahmen, die wir für den Schutz des Gebäudes, der Elektro-Installation und der angeschlossenen Geräte geleistet haben, sollten die Wahrscheinlichkeit eines Unfalls vermindern.

Die nächsten Blitzeinschläge in die nahe liegende Hochspannungsleitung bestätigen die Richtigkeit der ausgeführten Blitzschutz-Maßnahmen. Die Blitzschutz-Installation funktioniert ohne jeglichen Zwischenfälle mehrere Jahre.

Literaturverweis:

Internet-Google-Suche: Wikipedia – Blitzschutz
Internet-Google-Suche: ABB-Blitzschutz
Internet-Google-Suche: ABB-Schutz der Fotovoltaikanlagen
Internet-Google-Suche: Elvatec-Überspannungsschutz Kurzkatalog
Internet-Google-Suche: Blitzschutzmaßnahmen der Umlaufpumpe ecocirc
Zeitschrift Elektrotechnik Nr . 10 – 1988 »Innere Blitzschutz«, Autor E . Montadon
Buch: »Blitzschutz-Anlagen«, Autor W . Trommel, Ernst August Hampe
Buch: »Elektrosmog«, Herausgeber: Stiftung Warentest, Postfach 4141, Lützowplatz 11-13, 10735 Berlin – D
Zeitschrift Elektrotechnik Nr . 12 – 1994: Koordinierter Einsatz von Blitzstrom- und Überspannungsableitern zu Schutz el. Anlagen. Autor Ing. P. Hasse und Dr. Ing. P. Zahlmann
Buch: »Die vorschriftsmäßige Elektro-Installation«, Autor Hösl, Ayx-Busch
Buch : »Umweltmedizin«, Autor Dr . Michael Treven, Peter P. Talkenberger
Zeitschrift Elektrotechnik Nr.2 1989, »Biologische Elektroinstallationen«
Hauptkatalog 2008 /2009 Dehn AG – DE, Vertretung in der Schweiz: elvatec AG

Die besten praktischen Blitzschutzmaßnahmen findet man in dem Buch: »Autonome Stromversorgung«, Autor Philipp Brückmann, Ökobuch und Versand, München

10. WASSERWIRTSCHAFT, TRINKWASSER

Das Wasser vom Bach brauchen wir zum Kochen und sogar zum Trinken, fürs WC, zum Duschen, Abwaschen und für den Turbinenbetrieb. Das Wasser muss gereinigt werden, dass keine groben Schmutzteile, Blätter, Nadeln, Sand und Schlamm in die Gefäße und in die Wasserleitungen kommen und ihr Verstopfen verursachen. Das Wasser wird einem Reinigungs-Prozess unterworfen.

Das Wasser vom Bach im Wald fließt über eine Wassersperre ins Fanggefäß – ein Betonrohr Φ 50 cm, 40 cm tief. Das Fanggefäß ist durch ein Sieb in zwei Teile geteilt. Im Einlaufteil werden die groben Schmutzteile abgetrennt und mit dem überschüssigen Wasser in den Bach zurückgespült.

Vom nachfolgenden Teil des Fanggefäßes fließt das Wasser weiter ins große Wasserreservoir mit einem ca. 700 Liter aktiven Volumen. Siehe **Bild 10a.** Das Betonrohr des Wasserreservoirs hat 1 m Durchmesser, es ist 1 m lang und ganz in die Erde vergraben. So ist das Wasser dort auch bei Wasserstillstand gegen zufrieren geschützt. Die schweren Bauteile der Wasseranlage wurden bei dem Ausbau in das unzugängliche Waldgebiet mit einem Helikopter transportiert.

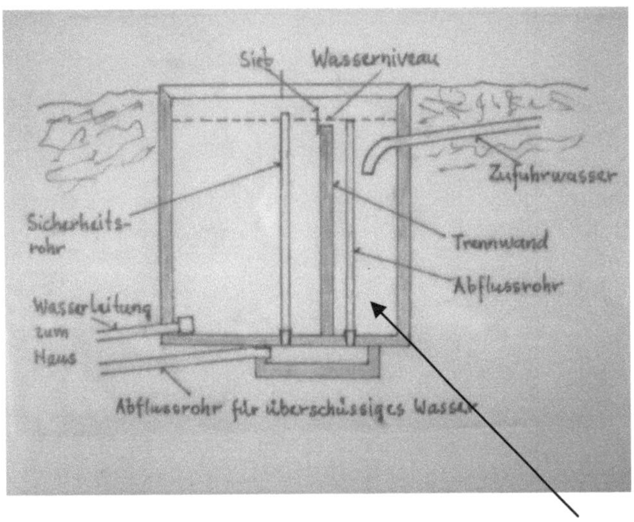

Bild 10a Wasserreservoir

Bild 10b Feinfilter

Das Wasserreservoir wird auch in zwei Teile geteilt – die Abscheidungskammer und die Abflusskammer, ähnlich wie beim Fanggefäß. Das Wasser im Wasserreservoir ist immer in Bewegung, es fließt ständig durch und für den Verbrauch kommt immer frisches Wasser nach. Überschüssiges Wasser im Wasserreservoir fließt zurück in den Bach.

Das beschriebene Abscheidungssystem ist wirksam. Im Feinfilter im Keller (**Bild 10b**) sieht man erst nach einigen Monaten größere Mengen Schmutz, der sonst vom Wasserreservoir mit schnell fließendem Wasser beim Turbinenbetrieb durch die Wasserleitung zugeführt wird.
Vom Wasserreservoir fließt das Wasser durch die 200 m lange Wasserleitung (Pe -Rohr 2 Zoll) ins Haus. Da verteilt man das Wasser direkt an die Turbinenanlage und über den Feinfilter an die Wasserleitungen zu den Wasserhähnen, dem Duospeicher, dem WC und der Dusche.

Eine wichtige Voraussetzung dafür, kein mangelhaftes Wasser für unseren Verbrauch zu bekommen, ist ihr ständiges Auswechseln. Das Wasser darf nicht längere Zeit ohne Bewegung bleiben. Im Wasserreservoir im Wald ist diese Bedingung jederzeit erfüllt, dagegen bleibt das Wasser in allen Zufuhr-Wasserrohren stillgehalten, wenn wir 14 Tage oder noch längere Zeit das Haus verlassen.
Da bilden sich gefährliche Bakterien-Legionellen und diese Erreger können die Legionärs-Krankheit verursachen. Die Symptome dabei sind Kopfschmerzen, Erkältung, Durchfall, Muskel- und Gelenkschmerzen und Lungenentzündung.

Bei jedem neuen Besuch lassen wir das Stillwasser aus den Wasserrohren einigen Minuten fließen durch das Öffnen der Wasserhähne und das Einschalten der Turbinenanlage.
Auch nach der Erwärmung des Wassers auf 60 °C im Duospeicher werden schädliche Bakterien vernichtet. Vor dem Duschen wird kaltes Wasser zugemischt.

10.1 TRINKWASSERAUFBEREITUNG

Zum Trinken wird das Wasser über einen biologischen Filter geleitet und so von gefährlichen Bakterien befreit. Den biologischen Filter bauten wir unter dem Küchenpult in die Wasserleitung ein.
Die Wasserleitung hinter dem Filter mündet in einen separaten Wasserhahn auf dem Küchenpult. Dieser Wasserhahn wurde mit dem Schild »TRINKWASSER« bezeichnet.
Der biologische Filter ist ein Erzeugnis der Firma Katadyn Produkte AG – CH. Er besteht aus einem Gehäuse mit Filterelement. Das Katadyn-Filterelement ist eine Kombination von wissenschaftlich kontrollierter Keramik spezieller Struktur mit Katadyn-Wirkung. Fein verteiltes in der Keramik eingebautes Katadyn-Silber verhindert das Durchwachsen von Bakterien durch die Poren der Keramik und desinfiziert zugleich. Durch die Filtration wird dem reinen Trinkwasser kein Silber von der Keramikstruktur zugesetzt. Das Wasser behält seinen Gehalt an Mineralien.

Auch die Legionell-Bakterien werden vom Katadyn-Keramikfilter mechanisch zurückgehalten, sie sind größer als die Poren des Keramikfilters (0,2 Mikron).

Mit dem Abbürsten der verschmutzten Keramikfläche kann das Filterelement gereinigt werden. Das machen wir dann, wenn weniger gereinigtes Wasser aus dem Wasserhahn fließt (ca. 4 x im Jahr).
Dieser Vorgang kann nach den Angaben des Herstellers bei gleichem Filterelement bis 300 Mal wiederholt werden. Die Stärke der Keramikabnutzung kontrolliert man mit einer mitgelieferten Schablone.

Der eingebaute biologische Filter und die Konstruktion des Filterelements sieht man auf den **Bildern 10.1a.**

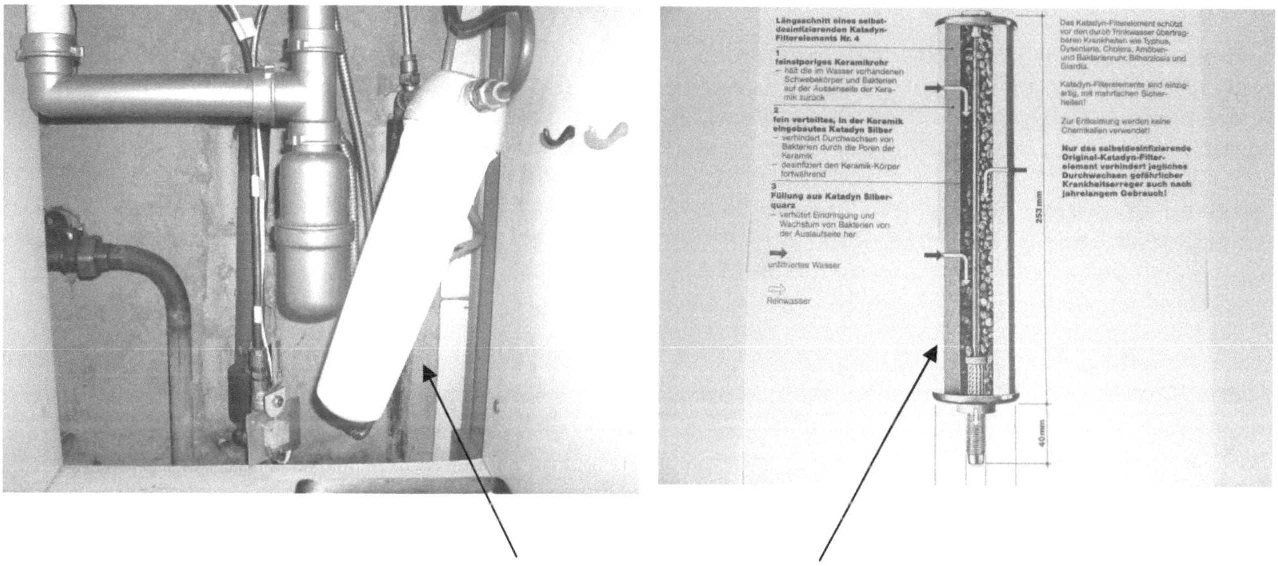

Bilder 10.1a Biologischer Filter und die Konstruktion des Filterelements.

Für die Sicherheit wird auch empfohlen, das Wasser 10 Minuten sieden zu lassen, um schädliche Bakterien zu vernichten.

Literaturverweis:

Katalog der Firma Katadyn Produkte AG, Pfäffikerstrasse 37, 8310 Kemptthal – CH
Internet-Google-Suche: Legionellen

10.2 SICHERUNG DER WASSER-MINIMALMENGE

Die Wasserzufuhr ist von unterschiedlichen Einflüssen der Natur abhängig. Wenige Niederschläge, das Zufrieren des Baches im Winter und manchmal die Verstopfung der Siebe durch gefallene Blätter und Nadeln in die Wasseranlage in den Herbstmonaten führen zu einer kleineren Wassermenge oder dazu, dass das Wasser gar nicht ins Wasserreservoir im Wald fließt.

Teilweise gleicht die schwankende Wasserzufuhr gesammeltes Wasser im Wasserreservoir aus. Bei größerem Wasserverbrauch, wenn die Turbine läuft und dabei nur wenig Wasser ins Wasserreservoir nachströmt, entleert sich das Wasserreservoir ganz. Das Wasserniveau sinkt dann um 1 m. Diesen Zustand sollten wir im Haus registrieren und darauf reagieren, sonst bleiben wir nach einigen Minuten beim Lauf der Turbine ganz ohne Wasser.
In dieser Notfall-Situation sorgt ein einfaches Steuerungssystem mit Wasserdrucksensor für die begrenzte Funktion der Wasseranlage.
Der Wasserdrucksensor ist in die Wasserleitung im Keller eingebaut und reagiert auf die Wasserdruckunterschiede in der Wasserleitung.

Wir wissen, dass bei sinkendem Wasserniveau im Wasserreservoir im Wald um 1 m (Reservoir ganz leer) auch der statische Wasserdruck in der Wasserleitung im Keller um 0,1 bar sinkt. Diese Änderung des Wasserdrucks sehen wir im Keller auf einem Manometer, das in die Wasserleitung eingebaut wurde (ein Teilchen auf der Skala des Manometers = 0,1 bar).

Mithilfe des Manometers stellten wir bei fließendem Wasser zur Turbine den Wasserdrucksensor so ein, dass er im Moment der Drucksenkung um ca. 0,1 bar umschaltet. Der Wasserdrucksensor ist mit der Steuerung der Turbine gekoppelt und die Anlage reagiert bei der Umschaltung mit dem Schließen des Schiebeventils zur Turbine. Die Wasserzufuhr zur Turbine wird gestoppt.

In der 200 m langen Wasserleitung (2 Zoll Pe-Rohr vom Bach zum Haus) bleibt immer etwa 250 Liter aktive Druckwasserreserve, mit welcher wir es bei reduziertem Wasserverbrauch im Haus (WC, Abwaschen) einige Stunden aushalten. Das Absinken des Wassers im Wasserreservoir wird uns auf dem Hauptverteiler im Wohnzimmer mit blinkender Alarmleuchte (grüne LED) und einem Summermelder gemeldet.

Wenn das Wasser ins Wasserreservoir nachströmt und das Wasserreservoir wieder z. B. nach einer halben Stunde voll wird, schaltet sich der Wasserdrucksensor automatisch ein, die Turbine läuft wieder, das rote Licht der Nachladesteuerung leuchtet und die Alarmleuchte blinkt nicht mehr. Ein langes Blinken der Alarmleuchte signalisiert sehr reduzierte Wasserzufuhr. Das Wasserreservoir wird nicht mehr voll mit Wasser gefüllt.

In diesem Fall wird der automatische Turbinenbetrieb mit dem Umschalter U2-»Manuell – Aus« (**Bild 5.1.3.a**) ganz abgestellt und wir sind gezwungen, die komplette Wasseranlage zu kontrollieren, vom Haus und, wenn nötig, bis zum Bach. Behinderungen müssen dann eventuell beseitigt werden.

Bei leerem Wasserreservoir kommt in die Wasserleitung Luft. Die Luftblasen verkleinern den Wasserdruck schon bei normalem Durchfluss des Wassers und die Turbine mit dem Generator bringt weniger Leistung. Der kleinere Wasserdruck ist auf dem Manometer im Keller gut zu sehen. Nach ca. einer halben Stunde des Turbinenlaufs verschwindet die Luftblase aus der Wasserleitung und die Leistung des Generators wird ausgeglichen.

Präventiv machen wir eine Kontrolle der Wasseranlage im Frühjahr und vor dem Winter. Dann haben wir längere Zeit wenig Probleme mit der Wasserversorgung, sofern böswillige Leute die Wasserzufuhr vom Wasserfall zum Bach nicht abstellen.

Bei der Kontrolle der Wasserzufuhr wird das Wasserreservoir von Schlamm gereinigt. Während der Reinigungsarbeiten im Wald sollte der Hauptwasserhahn im Keller geschlossen bleiben, um die große Menge von Schlamm, der sich bei der Reinigung mit dem Wasser vermischt, in der Wasserleitung zu verhindern.

Das beschriebene Steuerungssystem funktioniert auch als Sicherheitssystem gegen das Überfluten des Kellers. Wenn z. B. ein älterer Gummischlauch, der das Druckwasser zur Turbine führt, platzt, was uns schon passierte, sinkt der Wasserdruck in der Wasserleitung rapide, der Wasserdrucksensor im Keller schaltet um und die Wasser-Schließanlage schließt die Wasserleitung zur Turbine. Die blinkende Warnleuchte auf dem Panel im Wohnzimmer meldet die Störung der Wasseranlage.

Die blinkende Warnleuchte ist ein LED-Flasher (Conrad Kat. Nr. 10 11 33), der auf die Umschaltung des Wasserdrucksensors reagiert.
Ein durch Blitzentladung zerstörter LED-Flasher **(Bild 10.2a)** wurde bei der Reparatur mit einer einzelnen blinkenden LED ersetzt (Conrad Kat. Nr. 17 34 60 - 85). Die blinkende LED, die später auf den Markt kam, ist billiger und sie ist nicht so zerstörungsanfällig wie ein mit der IC bestückter LED-Flasher.

Bild 10.2a LED-Flasher Conrad Electronic

Die blinkende LED hat einen 12 V / 10 - 30 mA Anschluss. Wir schalten den LED 20 k Ohm Widerstand vor, um den Speisestrom kleiner zu machen, und damit wird die Lebensdauer der LED verlängert.

11. FEUERHOLZ, BEARBEITUNG, LAGERUNG

Eine von unseren Energiequellen ist ein in der Nähe liegender Wald. Mit dem Waldbesitzer haben wir vereinbart dort gelegentlich Holz abholzen zu können. Mit der Zeit beschädigte und alte Bäume fällen wir. Beim Schlagen der Bäume ist Vorsicht geboten und ein Anfänger sollte zuerst einen erfahrenen Fachmann zu Hilfe holen. Im Wald wächst überwiegend Fichten-Weichholz, das ziemlich schnell verbrannt wird. Das Abholzen machen wir im Winterschlaf der Bäume.

Das baldige Spalten der frischen Holzstücke ist wichtig für ihre richtige Austrocknung, sonst wäre das Holz nach längerer Zeit verfault. So bearbeitetes Holz wird unter dem Vordach Richtung Süd-West gelagert und bleibt dort zwei Jahre zum Austrocknen. Da kommen viele Sonnenstrahlen hin und so gelagertes Holz schützt noch die vordere Grundmauer des Kellers in heißen Sommermonaten gegen starke Sonnenstrahlung. Das kommt der stabilen Kellertemperatur zu Gute **(Bild 11a).**

Birke, die wir manchmal im Wald auch geschlagen haben, muss nicht so lange getrocknet werden und wird ohne große Verluste an Heizwert für das Anfeuern verwendet. Wegen ihrer langen Flamme beim Feuern ist sie günstig für eine schnelle Erwärmung der Lebensmittel.
Die geschlagenen frischen Bäume sägen wir auf ca. 30 cm lange Scheite mit einer Motor-Kettensäge und die runden Holzstücke spalten wir mit einem Holzspalter.
Bei 10 % höherer Feuchtigkeit folgt etwa 9 % Heizwertminderung.

Bild 11a Holzlagerung

Unser Holzlager ergänzen wir manchmal durch gekauftes Hartholz, gewöhnlich ist es Buche. Beim Feuern verbrennt sie langsamer und gibt mehr Wärme ab. Das gekaufte Hartholz von 1 m Länge (schon gespaltet) ist üblicherweise ausgetrocknet. Davon machen wir ca. 30 cm lange Scheite, die zum Feuern verwendet werden können.

1 Ster……ca. 1 Kubikmeter Holz

Scheite – Sägen und Spalten:

Zum Scheite-Sägen verwenden wir eine Elektro- oder Benzinmotor-Kettensäge.
Die Benzinmotor-Kettensäge Marke Husquarna, mit einem Schwert, 33 cm, Leistung 1,9 PS, Gewicht 4,7 kg, ist gerade schwer genug, wenn man sie in der Kopfhöhe beim Äste-Sägen halten muss. Eine Motorsäge mit einer größeren Leistung und längerem Schwert ist zu schwer und für unsere Bedürfnisse überdimensioniert.
Ein Gestell ist wichtig für die sichere Haltung der Baumstämme beim Scheite-Sägen **(Bild 11b)**.

Der kleine Holzspalter erspart uns das mühsame Hand-Spalten des Holzes. Mit seiner 5 Tonnen Spaltkraft (3 PS Einphasen-Motor) bei Holzlängen bis 50 cm arbeitet er problemlos. Er wird von einem Motor-Stromgenerator gespeist.

Die großen trockenen Holzstücke brauchen mehr Kraft als das frische Holz. Es kann passieren, dass das Spaltmesser beim Spalten im Holz stecken bleibt. Seine Befreiung mit Hammerschlägen ist mühsam und für das Gerät ungesund. Um das zu vermeiden, spaltet man das Holz nicht mit der ganzen Schneide, aber mit der Messerspitze nach dem **Bild 11c.** Auch große Baumabschnitte mit 30 cm Durchmesser kann man durch diesen Vorgang gut zerspalten.

Wichtig ist, dass die Holzstücke beim Spalten immer an ihrer Seite gehalten werden, niemals oben in der Nähe des Spaltmessers. Somit verhindert man einen möglichen Unfall. Die neusten Geräte haben eine Zange eingebaut, mit der das gespaltete Holzstück gehalten wird.

Ein Schutzhelm mit Gitter schützt das Gesicht beim Abspringen eines Holzsplitters (auch beim Holz- Sägen nötig).

Bild 11b Scheite – Sägen auf Gestell

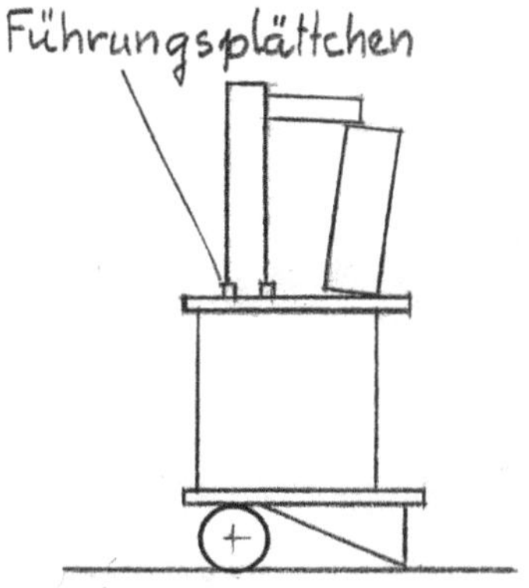

Bild 11c Holzspalten

Die bewegliche Säule des Holzspalters soll niemals mit Öl gestrichen werden. Der gut gemeinte Vorgang, der den Schub der Säule erleichtern sollte, bringt das Gegenteil.
Das gestrichene Öl vermischt sich mit in Holzspänen gesättigtem Harz und die klebrige Masse erschwert den Lauf der Säule, bis sie sich gar nicht mehr bewegt. Der Antriebsmotor, der dabei gebremst wird, wird überlastet, er stinkt und kann durch die Überwärmung beschädigt werden.

Die Plastik-Führungsplättchen der Säule (in der Grundplatte des Holzspalters mit Schrauben befestigt) sollten demontiert und von der klebrigen Masse befreit werden.

11.1 FEUERN IM ZENTRALEN HEIZUNGSHERD UND CHEMINÉE

Eine interessante Anleitung für das richtige Feuern mit Holz bringt W. R. Weiß in seinem Buch »Energie-Insel«. Das Holz soll beim Feuern niemals auf einen Rost gelegt werden. Ähnlich wie im Grundofen legt man das Holz auf den flachen Boden des Feuerraumes im Heizungsherd. Die Verbrennung wird dabei gleichmäßiger, ohne große Flammen, und man verliert im Kamin wenig Wärme.

In unserem zentralen Heizungsherd, der einen Rost hat, wie jeder Standard-Heizungsherd, legten wir über den Rost ein Stahlblech, ca. 3 mm dick. Das dickere Stahlblech deformiert sich nicht durch die Hitze. Beim Feuern müssen alle Drosselklappen geöffnet bleiben, damit in den Feuerraum genug Luft kommt. Die großen Scheite werden ins Feuer gelegt.
Durch den beschriebenen Vorgang haben wir tatsächlich weniger Feuerholz verbraucht und die lästigen Ruß-Ablagerungen im Feuerraum und im Kamin wurden vermindert.

Die außen gelagerten kalten Holzstücke geben im Winter weniger Wärmeenergie beim Feuern ab. Es wird empfohlen das Holz einen Tag vor seiner Benützung in die warme Stube zu bringen.

Faustregel für das richtige Feuern:

1. Das Holz niemals über den Rost legen (in unserem Fall legen wir den Stahlblech über den Rost)
2. Die Drosselklappen beim Feuern nicht schließen
3. Die großen Scheite in der Asche langsam verbrennen lassen
4. Die Intensität der Feuerung mit der Menge der eingelegten Scheite im Feuerraum steuern

Im Winter, wenn der Rost im Heizungsherd wegen des Wärmetauschers tiefer gesengt wird, machen wir doch einigen Spalten des Rostes frei, um etwas mehr Luft in den gesenkten Feuerraum kommen zu lassen.

Die ständige Erwärmung der Wohnräume mit der Holz-Feuerung beginnt Anfang November und endet während des Monats März. Sie verlangt mehr Arbeit wie z. B. Holzbearbeitung, Überwachung der Feuerstelle, jeden Monat die Reinigung des Herdes und öfters Aufräumen der Wohnräume. **Staub gibt es dabei genug**.
Eine optimal dimensionierte Solaranlage kann diese umständliche Heizungs-Zeitspanne etwas kürzer machen.
Das erzielten wir:
mit maximaler Speicherung der Solar-Wärmeenergie in der Fußbodenplatte im Parterre des Hauses und im Duospeicher während des Tages,
durch die Erweiterung der Solaranlage um einen dritten Solarkollektor,
durch das Einsetzen der effizienten Sonnenkollektoren (Braun-Kollektor) und
durch die Nutzung der passiven Sonnenstrahlung während eines sonnigen Tages.

Der nachträgliche Einbau von zwei Solar-Luftkollektoren sollte die Holzheizungs-Zeitspanne auch etwas verkürzen.
Die Schließung aller Fensterläden am Abend (ausser den Fensterläden in den Schlafzimmern), vorausgesetzt, dass die Fensterläden richtig dichten, hilft noch, dass die Wohnraum-Temperaturen in der Nacht nicht zu viel sinken.
Bei der Holz-Feuerung im Cheminée installierten wir nachträglich einen Ventilator, der schneller die heiße Umluft ins Wohnzimmer transportiert. Damit erhöht sich die Effizienz des Cheminées.
Das Untergeschoss wird in kürzerer Zeit erwärmt, ohne intensiv im Cheminée zu feuern.

Heizwerte von Holz:

Holzart	kWh / rm	kWh / kg
Birke	1900	4, 3
Eiche (hart)	2100	4, 2
Fichte	1600	4, 4
Lärche	1700	4, 4
Rotbuche (hart)	2100	4, 2
Tanne	1500	4, 4

Problem Staub, Hausmilben:

Im Rustico entwickelt sich mehr Staub als in einer Wohnung mit Zentralheizung. Die Ursache der grösseren Verstaubung ist auch der Rustico-Wohnraum, der üblicherweise unmittelbar mit der äußeren Umwelt verbunden ist. Wo Staub und Menschen sind, findet man auch Hausmilben **(Bild 11.2 g).**

Bild 11.2g Hausmilbe (Quelle Wikipedia)

Hausmilben sind 0,1 – 0,5 mm groß und weiß gefärbt. Sie leben 30 bis 100 Tage. Ihr Nahrungsmittel sind gefallene Hautschuppen von Mensch oder Tier. Ältere feuchte von der Haut gefallene Hautschuppen werden von Hausmilben bevorzugt. Oft praktiziertes Duschen mit nachfolgendem Hautbürsten, das auch die Durchblutung des ganzen Körpers unterstützt, ist ein wirksamer Schritt gegen ihre Vermehrung. Der Kot der Milbe wirbelt in die Luft und wird von den Menschen geatmet. Er ist nicht gefährlich, aber bei Allergikern könnten Probleme beim Atmen entstehen. Dauerschnupfen, Niesanfälle, Augen- und Ohrenjucken sind die Folge.
Die Hausmilbe findet man in Teppichen, Polstermöbeln etc., aber im Großteil sind sie in Schlafzimmer-Matratzen, Bettwäsche, Kopfkissen und Kuscheltieren, wo der Mensch übernachtet. Da finden sie ausreichend Nahrung. In einem Jahr nicht gewaschener Kopfstütze können dort 400000 Hausmilben leben.

Beim Erhitzen einige Minuten auf 40 - 50 °C kann die Milbendichte vermindert werden. Darum sind die Schlafteile bei sonnigem Wetter vorteilhaft auswärts in die Sonne zu legen.
Der Kot, der die Ursache einer Erkrankung sein kann, bleibt immer noch in den erwärmten Bettteilen und muss außen ausgeschüttelt werden.

Präventiv ist häufige Reinigung mit dem Staubsauger der Wohnräume des Rusticos. Teppiche sammeln Staub und sollten möglichst wenig verwendet werden. Bettwäsche und Matratzen werden mit dem Staubsauger vom Staub befreit. Der Staubsauger mit einer rollenden Bürste gewährleistet eine gute Reinigung.

Auf dem Markt findet man verschiedene Antimilbensprays, z. B. der Marke Softsan, das 12 Monate wirken sollte. Es tötet die Hausmilben. Bei diesem Arbeitsvorgang bleibt der Kot der Milbe in der Bettwäsche oder den Matratzen und die Bettteile müssen noch zusätzlich gereinigt werden.
Die Allergie-Spezialisten empfehlen diese chemischen Substanzen nicht, es wird die gründliche Reinigung der Bettteile in kurzen Zeitabständen empfohlen.

Literaturverweis:

Buch: Energie-Insel, Autor: Wolf-Rüdiger Weiß
Buch: Nutzhölzer, Autor: Hans Schafflützel, Verlag Verband schweizerischer Schreinermeister und Möbel-Fabrikanten, Zürich.
Zeitschrift »Erneuerbare Energie«
Internet-Google-Suche: Wikipedia: Brennholz
Wikipedia: Hausmilben

12. RADON

Das Problem »Radon« möchten wir erwähnen, es betrifft auch die Tessiner Berggebiete.
Radon ist ein natürliches, im Boden angereichertes Edelgas, das beim Zerfall von Radium entsteht. Die freien Atome des Radongases zerfallen weiter und die dabei entstehenden Folgeprodukte sind radioaktiv. Sie schweben in der Atemluft und bei bestimmter Konzentration können sie Lungenkrebs verursachen.

Bild 12a Radon - Situation

Die Quelle von Radongas in den Häusern ist durchlässiger Untergrund. Das Radongas sammelt sich im Keller des Hauses und von dort dringt es durch die Saugwirkung über undichte Stellen des Hausbaus in die Wohnräume.

Die richtige Abdichtung des Kellergrundes und die Ablüftung des Kellers kann die Konzentration des Radongases in den Wohnräumen auf den zulässigen Wert verringern. Um Gewissheit zu haben, dass das Haus nicht verseucht ist, müssen die Messungen durchgeführt werden. **(siehe Bild 12a).**

Die Firma Geotest AG – CH, die all diese Maßnahmen empfiehlt, informiert die Interessenten und leiht die Dosimeter. Die Dosimeter werden im Keller des Hauses drei Monate aufgestellt und dann werden bei der Firma die Messungen in dem zurückgesandten Dosimeter ausgewertet.

Wenn festgestellt wird, dass sich Radongas im Keller befindet, sollte der Keller saniert werden. Die ganze Prozedur der Messungen kostet ca.100,- CHF pro Dosimeter.
Natürlich haben wir unser Haus dieser Prüfung unterworfen. Das Ergebnis der Messungen war negativ. Die Grenze der Konzentration des Radongases wurde in unserem Haus nicht überschritten.

Literaturverweis:

Zeitschrift: Puls, Februar 2000
Radon Fachstelle des BAG – CH, Tel . 031 32 46 68 80
Broschüre Firma Geotest, Birkenstraße 15, 3052 Zollikofen – CH, Tel. 031 911 01 82
Internet-Google-Suche: Wikipedia: Radon
Internet www.radon.ch

13. MASSNAHMEN ZUR SCHÄDLINGSBEKÄMPFUNG

Das Haus steht mitten in der Natur, umgeben von vielen Lebewesen, die neugierig sind, und sie sucht immer bessere Bedingungen für ihren Lebensunterhalt. Gerade in Herbst- und den Wintermonaten, wenn die Kälte kommt, suchen Siebenschläfer (**Bild 13a**) und Mäuse warme Orte für die Nester zum Überwintern.
Das Haus ist dicht für diese Tierchen geschlossen. In den Fenstern, die der Lüftung dienen, sind Gitter eingelegt. Die Möglichkeit, wodurch sich die Tierchen einschleichen können, ist die Haupttür und die Kellertür im Küchenraum. Bei der Haupttür montierten wir eine Tür-Schließvorrichtung, die die Tür, auch wenn man vergisst, sie zu schließen, trotzdem zumacht.
Es kann passieren, dass beim Eintreten mehrerer Personen ins Haus die Maus oder der Siebenschläfer zwischen ihren Füßen unbemerkt in den Wohnraum gelangen.
Solches im Raum 14 Tage eingeschlossene Tier sucht Nahrung zum Überleben, und wenn es nichts findet, frisst es alles Mögliche. Lederstühle, Matratzen und Schlafdecken werden beschädigt.
Um diese Schäden möglichst zu begrenzen, stellen wir bei jedem längeren Verlassen des Hauses in einzeln geschlossenen Wohnräumen Mausefallen auf.
Unsere Erfahrungen haben uns gelehrt, dass der beste Köder für Mäuse ein kleines Stück Schokolade ist (am Besten Kochschokolade, die sehr lange duftet). Dies hat sich mehrmals bestätigt.
Beim nächsten Besuch bringt uns die nicht berührte Mausefalle die Sicherheit, dass keine Maus im Wohnraum ist. Andernfalls ist die Maus gefangen, und wenn sie sich befreit hat, müssen wir sie im Wohnraum finden, tot oder lebendig.

Der Eintritt von Insekten in die Wohnräume eines Rusticos ist schwer ganz zu begrenzen. Wie schon im Kapitel **3.3.1** beschrieben wurde, werden alle Spalten bei den Täferwänden mit Dichtungsmasse abgedichtet und trotzdem kommen in die Wohnräume in den sehr warmen Sommertagen Ameisen zu Besuch.
Sie sind nicht gefährlich, aber belästigend, wenn sie beim Schlaf in der Nacht rund um die Nase spazieren. Mit Insekten-Spray kann man sie aus den geschlossenen Räumen vertreiben.

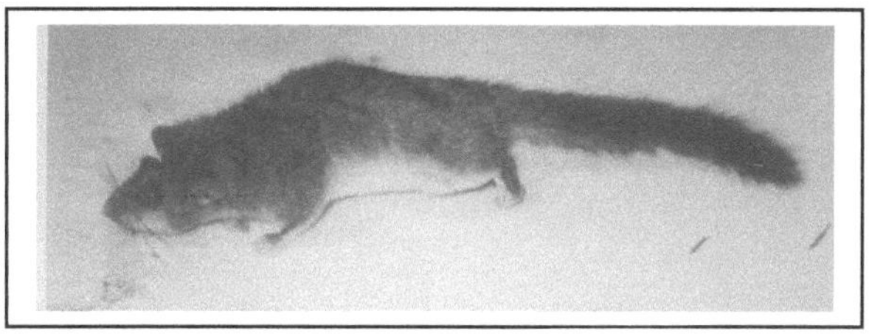

Bild 13a Siebenschläfer

Zum Siebenschläfer:

Die Siebenschläfer haben wir im Keller entdeckt. Es war eine Familie. Sehr schöne Tierchen nach dem **Bild 13a.** Leider machten sie uns viele Schäden. Sie spezialisieren sich auf Kunststoffteile, z.B. auf Behälter mit gemischtem Benzin, Weinzapfen und Lebensmittel, die frei liegen. Gern frisst der Siebenschläfer auch vergiftetes Korn, das wir für die Mäuse vorbereitet hatten. Die Schokolade ist für ihn eine Delikatesse.
Der Winterschlaf des Siebenschläfers beginnt Anfang September und endet Anfang Mai.
Im Sommer schläft er während des Tages und bei Verdunklung erwacht er. Er ist sehr lebhaft, und wenn er in die Hausisolation umsiedelt, macht da die ganze Nacht richtigen Lärm. Seine Paarungszeit beginnt Anfang Mai und die Jungen werden nach einem Monat geboren. Als Feinde hat er den Marder und die Katze.
Mit einer großen Mausefalle kann man das Tier nicht fangen. Der Siebenschläfer befreit sich immer. Außerdem wollten wir ihn nicht totschlagen, nur fangen und dann im Wald, weit weg vom Haus, wieder freilassen.
In unserer Ratlosigkeit bei diesem Problem suchten wir auf dem Markt eine große Falle. Dabei wurden wir von Fachleuten beraten – allein sollten wir nichts unternehmen. Nähere Informationen bekamen wir bei der zuständigen Gemeinde.
Tatsächlich! In der Gemeinde fanden wir einen Wildtierhüter. Er hat uns erklärt, dass die Tiere geschützt sind, und nur gemeinsam mit Fachleuten vom Jagdverein könne die Situation gelöst werden. Die Fachleute machen eine Inspektion im Haus und bereiten ein Vorgehen für das Vertreiben des Siebenschläfers vor.

Literaturverweis:

Internet Google-Suche: Wikipedia: Schutz gegen Ameisen
Internet Google-Suche: Siebenschläfer

14. HEITERE LAUNE DER NATUR UND SCHWIERIGKEITEN IN DER WINTERZEIT

Nicht nur im Winter, sondern auch während der anderen Jahreszeiten machen die Gewitter mit kräftigem Regen in den Bergen Probleme. Einmal sind wir ins Ferienhaus gekommen und kein Wasser ist aus den Leitungen geflossen. Nach der Durchsuchung im Wald fanden wir den Bach leer.
Der Bach ist eine Abzweigung eines großen Wasserfalls und ein Teil des Bachbettes führt parallel mit dem Wasserfall in ziemlich schräges Gelände.

Wir mussten ganz nach oben in den Wald (1500 m ü. Meer) zur Mündung des Baches aufsteigen und dort haben wir festgestellt, dass ca. 10 m des Bachbettes in schrägem Gelände durch kräftigen Regen weggespült waren. Mit unserem Sohn Petr und seiner Frau Jana haben wir einen Nachmittag den Teil des zerstörten Bachbettes durch PVC-Rohre ersetzt nach dem **Bild 14a.**

Später haben wir von den Bürgern aus dem in der Nähe liegenden Dorf erfahren, dass in unserem Gebiet der starke Regen drei Tage dauerte und auch im Dorf viele Schäden verursachte. Viele Gärten, die Häuser und Teile der Waldstrassen waren durch den dreitägigen Regen beschädigt. Wir hatten Glück, dass wir in dieser Zeit nicht in unserem Ferienhaus verblieben sind.

Das nächste Mal wurde durch die große Menge fließenden Regenwassers vom Wasserfall das abgezweigte Bachbett mit Steinen verschüttet und wir hatten wieder kein Wasser mehr **(Bild 14b).**
Nach vier Stunden Arbeit wurde alles wieder in Ordnung gebracht - **Bild 14c.**

Inzwischen hat das fleißige Paar, Petr und Jana, den Anschluss des Baches von dem großen Wasserfall in ihren Ferien so reguliert, dass nicht mehr so viel Wasser beim Gewitter in den Bach fließen kann, damit das nachfolgende Rohr nicht so oft verstopft wird. Der Eingang des schräg gesetzten Rohres musste nicht so oft vom Schmutz befreit werden.

Bild 14a Durch Regen zerstörtes Bachbett.

Bild 14b Durch das kräftigen Regen verschüttetes Bachbett

Bild 14c Repariertes Bachbett

Bild 14d Winterverhältnisse im Berggebiet

Im Winter beginnt unser richtiger Kampf mit der Natur. Für die 2 km lange Waldstraße vom Dorf zum Haus gibt es keinen Winterdienst. Der gefallene Schnee bleibt auf der Straße liegen, manchmal 0,5 m hoch oder mehr. Die Schneeläufer haben dabei ihr Vergnügen, aber für die Fußgänger wird es eine erschöpfende Angelegenheit. Die Schneeverhältnisse sieht man auf den **Bildern 14d, e, f.**

Bild 14e Ein halber Meter Schnee auf dem Grundstück

Bild 14 f Umgestürzte Bäume über der verschneiten Straße

An sonnigen Tagen im Winter nach Sonnenuntergang (in unserem Gebiet schon nach 15 Uhr) beginnt der geschmolzene Schnee bei Temperaturen unter 0°C zu frieren und in einer halben Stunde verwandeln sich die Spazierwege in Glatteisbahnen. Das Spazieren im Terrain wird gefährlich. Dann montieren wir an die Schuhe Schuhkrallen (**Bild 14h**). ´Zwei geeignete Stöcke, ähnlich wie beim Skilaufen, erleichtern den Spaziergang auf dem Eis, im Schnee, aber auch auf der trockenen Straße werden die Stöcke nützlich. Um den Fußgängern das Schnee-Spazieren zu erleichtern, sind gute Schneeschuhe zu empfehlen (**Bild 14g**). Wichtige Voraussetzung sind Metallspitzen, die das Abrutschen auf dem Glatteis verhindern.

Bild 14g Schneeschuhe

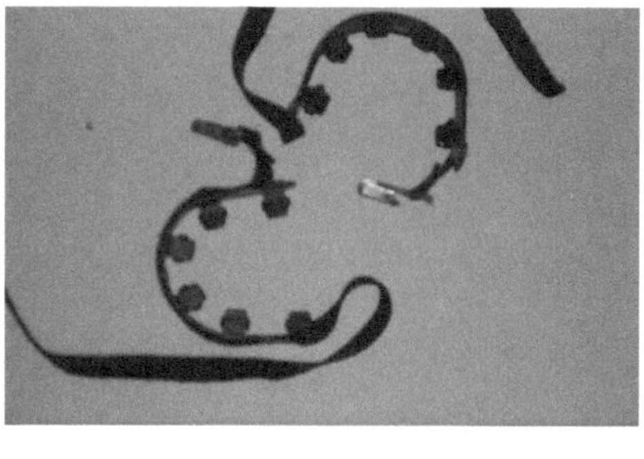

Bild 14h Schuhkrallen

Es ist nicht nötig, ein Paar Schneeschuhe für 360,- CHF zu kaufen, wie es in einem Inserat-Angebot in einer Zeitung steht.
Im Discounter Aldi zahlt man für die gute Schneeschuhe 50,- bis 100,-CHF und mit etwas Glück haben wir die gleichen Schneeschuhe verbilligt für 24,50 CHF bekommen. Die Belastung dieser Schneeschuhe ist 90 kg **(Bild 14i).**

Bild 14i Schneeschuhe Aldi, unten mit den Stahlspitzen

14.1 MECHANISIERUNG DER RÄUMARBEITEN IM WINTER

Beim Fahren mit dem Auto auf verschneiten Waldstraßen ist ein Geländewagen unentbehrlich. Im Vergleich zu einem 2 Tonnen schweren Geländewagen ist unser kleine Suzuki Vitara 1,6 Liter dabei sehr beweglich. In 25 cm Schneetiefe, das Reduktionsgetriebe eingeschaltet und die Schneeketten auf allen vier Rädern (Vierradantrieb) montiert, bezwingt er aufwärts ziemlich steiles Gelände.

Bei der Talfahrt haben wir keine großen Probleme. Dabei ziehen wir einen selbstgebauten Pflug hinter dem Auto her und räumen den frisch gefallenen Schnee von der Straße **(Bild 14.1a).**

Der Nachfolger unseres alten Suzuki Vitara ist der kleine Suzuki Jimny mit 1,5 Liter Dieselmotor (**Bild 14.1b**). Seine maximale Leistung ist 86 PS / 63 kW. Der Kraftstoffverbrauch ist 6,5 bis 7 Liter Diesel pro 100 km. Er ist etwa 20 cm kürzer. Ohne Kriechgang gibt es keine Bergfahrten.

Bild 14.1a Schneepflug hinter dem Suzuki Vitara

Bild 14.1b Geländewagen Suzuki Jimny

Bei tiefem Schnee greifen wir zu einer Schneefräse Marke Husqvarna mit Benzin-Motor 5 PS. Sie ist Platz sparend. Wenn die Schneefräse nicht mehr gebraucht wird, kann man sie im Keller unter dem Arbeitstisch ganz gut verstauen **(Bild 14.1c).**
50 cm Schneetiefe bewältigt die Schneefräse immer noch, aber der Schnee muss trocken sein.
Bei Temperaturen über 0°C, nassem Schnee oder bei Regenschauern verstopft sich der Kamin der Schneefräse. Das Gerät muss abgestellt und der Kamin gereinigt werden. Es ist etwas mühsam.

Manchmal warten wir, bis die Umgebungstemperatur über die Nacht unter 0°C sinkt, und dann läuft die Schneeräumung wieder ohne Schwierigkeiten weiter.

Es kann selbstverständlich ein leistungsfähigerer Schnee-Räumer gekauft werden, der den nassen Schnee ohne Schwierigkeiten wegschafft. Er kostet 2 mal mehr und 9 Monate im Jahr wird er abgestellt und rostet. Eine so große Investition bei der Verwendung der Schneefräse 5 bis 10 mal im Winter sehen wir als unrentabel und für das größere Gerät haben wir auch keinen Platz zum Abstellen **(Bild 14.1d).**

Bild 14.1c Schneefräse Husquarna   Bild 14.1d Schneefräse mit Raupenantrieb

Mit der kleinen Schneefräse räumen wir den Schnee rund um das Haus und machen die Zugangswege frei (**Bild 14.1c**). Dabei montieren wir noch die Schneeketten auf die beiden Räder und so verhindern wir das Rutschen des Gerätes während der Fahrt im steilen Gelände.

Bild 14.1e Räumung der Spazierwege

Gegenüber dem Raupenantrieb (**Bild 14.1d**) ist die Schneefräse mit zwei Rädern genug beweglich und sie braucht keine grosse Kraft zum Steuern.
Im 1 m hohen Schnee, der bei unserer Abwesenheit auf dem Gelände lange liegen bleibt und zufriert, kann man die Schneefräse nicht mehr verwenden.

14.2 AUSSERBETRIEBSNAHME DER GERÄTE MIT BENZIN-MOTOR, GELÄNDEWAGEN

Wie geschrieben, arbeitet die Schneefräse nur einige Tage im Winter, sonst wird sie abgestellt und im Keller aufbewahrt. Bei einer Benzin-Motorsense oder Garten-Motorhacke wird es ähnlich sein, nur mit dem Unterschied: Sie werden nur in den Sommermonaten einige Male benutzt.

Bei langer Lagerung dieser Geräte wirken die Verbrennungsreste in den Zylinderköpfen der Benzin-Motoren aggressiv auf das Stahlmaterial. Die Motoren sollten auf die lange Lagerung vorbereitet werden.

Außerbetriebsnahme der Geräte:

1. Die Kerze wird aus dem Zylinderkopf des Motors ausgeschraubt und in den Zylinder wird ein Löffel Motorenöl hineingegossen. Der Kolben wird mehrmals mit dem Anlasser bewegt und die Kerze wieder montiert.
2. Bei langer Lagerung wird empfohlen, das Benzin aus dem Benzintank auszulassen.
3. Im Winterbetrieb der Geräte wird empfohlen, Spezial-Benzin zu verwenden.

Bei Niederschlägen, Schneefall oder Nebel kommen einige Wassertropfen in den Benzintank. Die Wassertropfen vermischen sich nicht mit dem Benzin. Sie fließen separat durch die Benzinleitung in den Vergaser. Bei Umgebungstemperaturen unter 0°C frieren sie in der Benzinleitung oder im Vergaser ein und das Starten wird nicht mehr möglich. Die Verwendung eines Spezial-Benzins kann diesen Nachteil beseitigen.

Spezial-Benzin
für **Zweitakt-Motoren Aspen 2t** (Benzin gemischt mit Öl)
für **Viertakt-Motoren Aspen 4t**

Winterausrüstung des Geländefahrzeuges:

Winterpneu mit min. 7 mm hohen Gummi-Profil, Schneeketten und eine kleine Schaufel, ein Eiskratzer, eine frostschutzsichere Flüssigkeit in der Wisch-Waschanlage und das Einölen aller Schlösser sind vor dem Winter eine Selbstverständlichkeit.
Eine warme Decke, eine Taschenlampe und eine Thermosflasche mit warmem Tee sollten im Fahrzeug bei einer Reise nicht fehlen.
Ein Feuerzeug, das bei zugefrorenen Schlössern hilft (der Schließer wird heiss gemacht und dann in das Schloss gesteckt), ist auch wichtig.

Die Winterreifen unterscheiden sich von den Sommerreifen nicht nur im Gummi-Profil, sondern auch in der Gummimischung der Pneu, die für die kälteren Außentemperaturen ausgelegt ist.
Darum sollte das Auswechseln der Sommer-Pneu mit den Winter-Pneu schon bei der Außentemperatur +5°C gemacht werden und nicht erst, wenn der Schnee kommt und alle Service-Stellen voll sind.
Die Gummidichtungen der Türen des Fahrzeuges sollten mit einem Silikon-Stift geschmiert werden, damit sie bei einer Umgebungstemperatur unter 0°C und bei Feuchte nicht zufrieren und beim Öffnen der Türe nicht beschädigt werden.

Die Autobatterie wird üblicherweise vergessen, mit ihr macht man erst etwas, wenn sie bei kaltem Wetter aussetzt. Das passiert meistens im Winter. Sie wird in dieser Zeit sehr beansprucht. Bei Temperaturen unter 0°C sinkt ihre Kapazität und die Batterie muss einen größeren Startstrom für die erstarrte Antriebseinheit liefern.
Durch ihre Selbstentladung verliert die Batterie täglich 1% ihrer Kapazität und man kann einfach ausrechnen, dass sie nach 3 Monaten des Stillstandes eines Fahrzeuges im Winter keine nötige Kapazität für das nächste Starten hat.
Bei einem PKW, der täglich im Betrieb ist, wird die Batterie immer beim Fahren nachgeladen und dann ist der PKW auch im Winter betriebsbereit.

In unserem Fall ist der Geländewagen manchmal 14 Tagen abgestellt und in dieser Stillstandphase wird die Batterie nicht mehr nachgeladen. Die Selbstentladung und kaltes Wetter schwächen die Batterie.
Die älteren Batterien (über 5 Jahre) haben sowieso durch die Alterung eine kleinere Kapazität und sollten in den Wintermonaten mit einem separaten Ladegerät gelegentlich nachgeladen werden. Beim Nachladen kann man feststellen, ob die Batterie schon nicht sehr veraltet ist.

Die Ladezeit der schwächeren Batterie, die mit dem Strom 2 bis 3 A geladen wird, geht normalweise über 15 Stunden, bis die Schlussladespannung 14 bis 14,5 V erreicht wird. Wenn die Schlussladespannung früher, z. B. schon nach einer Stunde, erreicht wird, hat die Batterie keine notwendige Kapazität und sie sollte durch eine neue Batterie ersetzt werden.

Die neue Original-Batterie kann man in einer Service-Stelle kaufen, sie ist teuer, wie jedes Original-Ersatzteil.
Der Kauf einer billigeren Batterie in einem Kaufhaus ist für einen Laien schwierig, dort gibt es selten gute Beratung und von der Batterie weiß man nicht, wie lange sie schon in einem Regal liegt (Selbstentladung). Auch der Transport der schweren Batterie wäre problematisch, wenn das Auto nicht mehr läuft.

Nach den Testberichten haben wir die Batterie Marke »Banner« (Patrouille) mit der Beurteilung »sehr gut« gefunden. Ihre gute Qualität ist durch die dreijährige Garantie bestätigt. Die Batterie ist beim TCS (Touring Club der Schweiz) und sicher auch beim ADAC – DE erhältlich.

Da bietet sich für den Fahrzeuginhaber in der Schweiz eine günstige Gelegenheit die Batterie schnell zu ersetzen: Er ruft die TCS Zentrale in der Schweiz, Tel. Nr. 140, an, erklärt ausführlich sein Problem und nach einer halbe Stunde ist die Patrouille TCS bei ihm. Für unser Fahrzeug Suzuki-Vitara ist die Kapazität der Batterie 44 Ah. Die größeren PKW mit einer leistungsfähigen Klimaanlage haben eine größere Batterie eingebaut.

Der TCS-Fachmann ersetzt die alte Batterie durch die neue. Dabei wird der Kriechstrom zwischen dem Minus-Pol der Batterie und dem Chassis des Fahrzeuges gemessen. Alle Verbraucher im Fahrzeug müssen abgeschaltet werden (die Digital-Uhr bleibt eingeschaltet, sie braucht nur einige mA Strom).

Der Kriechstrom kann in Grenzen von 1 bis 30 mA liegen. Durch diese Prüfung stellt der TCS-Fachmann fest, ob die Isolation der elektrischen Anlage des Kraftfahrzeuges in Ordnung ist. Der größere Kriechstrom könne zu baldiger Entladung der Batterie beitragen.

Es wird empfohlen bei einem PKW, der eine kleinere km-Leistung im Jahr aufweist, eine größere Kapazität der neuen Batterie zu wählen. Das kommt der Betriebsbereitschaft des PKW zu Gute.

Dieser Dienst ist für die TCS-Mitglieder gratis, sie bezahlen nur die neue Batterie (die TCS-Karte immer bei sich tragen). Im Ausland muss man einen IT- Schutzbrief besitzen.

Jede Batterie bleibt länger in sicherer Betriebsbereitschaft, wenn sie voll geladen ist.
Ein eingeschaltetes Solarmodul (2 W) sichert das Nachladen der Batterie bei einem Stillstand des Fahrzeuges.
Er wird über die Zigarettenanzünder-Buchse mit der Batterie verbunden, (z. B. Conrad Katalog Nr. 85 70 30-15, **Bild 14.2a)**. Selbstverständlich muss der Wagen im Freien parkiert werden. Für das Nachladen der Batterie braucht das Solarmodul Sonne.

Wenn das KFZ in der Garage bleibt, soll das Solarmodul auswärts platziert werden, dort, wo es Sonnenstrahlen erreichen. Die längeren Leitungen müssen zur Batterie geführt werden.

Solarmodul 2 W

Bild 14.2a Solarmodul 2 W für das Nachladen der Auto-Batterie, Conrad Electronic AG

Zum sicheren Betrieb eines Kraftfahrzeuges mit einem Dieselmotor gehört auch das sichere Starten bei sehr niedrigen Temperaturen im Winter. Dafür sind nicht nur die Batterie, sondern auch die **Zündkerzen** verantwortlich.
Anders als bei einer Zündkerze für einen Benzin-Motor hat ein Diesel-Motor eine Zündkerze mit einer Heizspirale.
Die Zündkerzen werden aufgeheizt und sichern so das Starten des Diesel-Motors auch bei sehr niedrigen Temperaturen.
Bei älteren Kraftfahrzeugen mit Diesel-Motoren, die manchmal schon 100000 km hinter sich haben, sollten die **Zündkerzen vor dem Wintereinbruch kontrolliert werden.**
Im Winter verursachen die unterbrochenen Zündkerzen das erfolglose Starten und die Batterie wird bald erschöpft.
Im Sommer hilft sich der Diesel-Motor selber, er zündet die zugeführte Mischung Kraftstoff / Luft mittels des großen Drucks im Zylinder.

Unser Suzuki-Jimny ist 5 Jahre alt und hat 90000 km.
Vor dem Wintereinbruch haben wir die Kontrolle der Zündkerzen durchgeführt und festgestellt, dass zwei von vier Zündkerzen nicht funktionsfähig sind.

Zu der Kontrolle der Zündkerzen braucht man keinen speziellen Diagnostik-Apparat. Mit einem einfachen V / A - Messgerät mit der Durchgangsprüfung kann man die unterbrochene Heizspirale der Zündkerze feststellen. Alle vier Zündkerzen haben wir durch neue ersetzt. Der Dieselmotor springt jetzt schon nach wenigen Umdrehungen an.

14.3 ALGEMEIME SCHUTZMASSNAHMEN UND DER SCHUTZ GEGEN FROST IM HAUS

Bei längerem Verlassen des Hauses sind folgende Vorbereitungen zu treffen:

Blitzschutzmassnahmen:

- Alle angeschlossenen Geräte sind von den Steckdosen abzutrennen, einschließlich der Telefonapparate und das Koaxialkabel von der Sat-Antenne zum Sat-Receiver.
- Die Primärseite des Wechselrichters wird von den Batterien abgeschaltet (DC Spannung) und die Sekundärseite (230 V AC) von der Hausinstallation getrennt.
- Der Motor-Stromgenerator wird von der Hausinstallation abgeschaltet.
- Die Steuerung der Turbine wird abgeschaltet.
- Die Installationsleitungen 230 V / 50 Hz und 24 V DC Spannungen werden mit den Umschaltern auf Blitzschutz-Lage umgeschaltet (kurzgeschlossen und geerdet).
  Die Umschalter sind auf jedem Verteiler-Panel im Wohnzimmer und im Schlafzimmer eingebaut.
- Die Gasflasche im Keller wird geschlossen.

Frostschutz:
In den Wintermonaten müssen alle mit Wasser gefüllten Orte geleert werden, und dort, wo dies nicht möglich ist, wird etwas Frostschutzmittel **unverdünnt** zum Wasser beigemischt.

- Der Hauptwasserhahn im Keller (in der Hauptwasserleitung vom Bach) ist zu schließen.
- Der Kaltwasseranschluss zum Wasserbehälter des Duospeichers wird geschlossen und die Wasserhähne der beiden Lavabos in den oberen Schlafzimmern sind zu öffnen. Durch die geöffneten Warmwasserhähne fließt etwas Wasser aus dem Wasserbehälter ab. Damit erzielt man einen drucklosen Betrieb der Anlage bei der Erwärmung des Wassers durch die Solarkollektoren bei unserer Abwesenheit.
  Das verbliebene Wasser im Wasserbehälter ist ein Wärmeträgermedium zwischen dem Wasserbehälter und dem Außenbehälter, in dem sich das Frostschutzmittel-Wassergemisch befindet.
- Im Keller wird der Abflusswasserhahn geöffnet, um alle Wasserleitungen im Haus zu entleeren, und er bleibt bis nächster Füllung der Wasseranlage in dieser Position.
- Der Wasserhahn beim biologischen Filter unter dem Küchenpult wird geschlossen, das Wasser aus dem abgeschraubten Gehäuse ausgelassen und die Filterpatrone dabei gereinigt.
- Das Wasser aus beiden WC-Spülkasten wird ausgelassen und in die Schüssel etwas Frostschutzmittel gegossen.
- In allen Lavabo-Abflüssen und in den Badewannen-Abfluss etwas Frostschutzmittel gießen.
- Das nächste Öffnen des Hauptwasserhahnes im Keller verlangt das vorzeitige Schließen aller geöffneten Wasserhähne.

Die Radiatoren, die Bodenheizung und die Solarkollektoren sind mit Frostschutzmittel-Wassergemisch gefüllt und können bis Minus 25°C nicht zufrieren.

Begrenzung der erhöhten Feuchtigkeit im Keller

Eine wichtige Schutzmaßnahme ist noch die **Begrenzung der erhöhten Feuchtigkeit** in geschlossenen Kellerräumen im Winter. Sonst wäre unser Motor-Stromgenerator, der da untergebracht wurde, durch die Feuchtigkeit bedroht.

Die Ursache der Feuchtigkeit ist der alte ursprüngliche Grund des Rusticos, den wir gegen die Feuchtigkeit nicht richtig schützen können. Die alten Steinwände sind nicht genug gegen die Erde isoliert und saugen das vom Berg fließende Wasser ein. Unter dem Kellerbetonboden sind Sickerleitungen gelegt, die das Wasser bei großem Regen abführen.
Auch die oft benützte Gasflasche, die im Keller steht, schwitzt und steht bald im Wasser.
Der Gas-Absorberkühlschrank, bei dem die Abgase nach außen nicht richtig abgeführt sind, trägt ebenfalls zur erhöhten Luftfeuchtigkeit des Kellerraumes bei.
Auf jeder Seite des Kellers ist in der Steinwand ein Entlüftungsloch nach außen gemacht. In dem vorderen Teil des Kellers messen wir 85 % Luftfeuchtigkeit, im hinteren Teil 85 bis 90 %.

Bei Anwesenheit machen wir die Entlüftung des Kellers in der Nacht oder am Morgen. Mit der kalten Außenluft wird die Luftfeuchtigkeit teilweise reduziert, ohne dass sich dabei Wasser bildet. Ein Schutzgitter im geöffneten Teil der Kellertüre gegen kleine Eindringlinge ist erforderlich.

Bei erhöhter Raum-Feuchtigkeit muss auch mit Schimmel gekämpft werden:

Die verschiedenen chemischen Mittel gegen Schimmel stehen auf dem Markt zur Verfügung. Zu empfehlen ist z.B. der Schimmelentferner WEPOS von Migros.
Der Betonfußboden im hinteren Teil des Kellers ist mit Fliesen bedeckt, er braucht keine Behandlung.
Kein aus Holz gebautes, nicht genug imprägniertes Möbelstück sollte in den Kellerräumen verwendet werden, sonst wird es in 3 bis 4 Jahren durch Feuchtigkeit zerstört.
Die Holz-Trennwände zwischen beiden Kellerräumen wurden mit einer Schutz-Imprägnierung behandelt.

Kontrolle des Feuchtigkeitsmessers:

Der mechanische Feuchtigkeitsmesser sollte immer nach 6 Monaten kontrolliert werden.

Kalibrierung:
Den Feuchtigkeitsmesser in einen feuchten Lappen einpacken, eine Stunde so lassen und dann auf 98 % der Feuchtigkeit neu einstellen.
Der elektronische Feuchtigkeitsmesser ist noch mit der Messung der Raumtemperatur ausgerüstet und braucht keine nachträgliche Kalibrierung.
Der Wert von 40 - 60 % Feuchtigkeit wäre für die Wohnräume **empfehlenswert**.
In einem Kelleraum sollte die Luftfeuchtigkeit **unter 80 %** gehalten werden.

Aufstieg zum Rustico im Winter am 12. 2. 2012:

Um die Temperaturverhältnisse im Haus in den Wintermonaten zu beurteilen, haben wir uns entschieden, in das Berggebiet zu fahren. Es war ein harter Winter. Das Haus steht in 1300 m Berghöhe, von Osten ist es vom Wald geschützt, vor der Nordseite ist offenes Gelände.
Das Auto blieb oberhalb der unterliegenden Gemeinde. Die teilweise von Schnee geräumte Straße war weiter oben mit Schnee-Verwehungen bedeckt.
Das Rustico ist im Winter nur mit Skiern oder mit Schneeschuhen erreichbar.
Mit Schneeschuhen haben wir einen schönen 1 km langen Spaziergang in dem 1 Meter verschneiten Berggebiet absolviert. Es war sonnig.
Beim Aufstieg zum Rustico fanden wir unsere Telefonleitung gebrochen, die ein gefallener mit Schnee belasteter Baum verursachte.
Der Störungsdienst des Betreibers Swisscom wurde mittels des Mobil-Telefons über diese Tatsache informiert.

In den drei nächsten Tagen funktionierte das Telefon im Haus wieder, eine beispiellose Service-Leistung der Swisscom-Techniker, die im schneebedeckten Berggebiet arbeiteten.

Im Haus führten wir Temperaturmessungen durch, die gezeigt haben, dass mit 100 %iger Sicherheit das Verhindern des Zufrierens des bleibenden Wassers im Wasserbehälter des Duospeichers bei extremen Bedingungen, wie sehr tiefe Außentemperaturen, wenig Sonne und verschneiten Solarkollektoren, nicht gegeben ist.
Die Außentemperatur im Berggebiet war in dieser Zeit schon mehrere Wochen in der Nacht auf Minus 27 °C° gesunken (Airolo-Internet Wetterbericht).

Die Temperaturmessungen am 12. Februar 2012, Ankunft im Haus, 13:15 Uhr

Es wurde im zentralen Heizungsherd und im Cheminée angeheizt.

		Nach 3 Stunden Heizen
Außentemperatur	Minus 13 °C, Sonne pur	
Temperatur im Untergeschoss	Minus 2,5 °C	6,3 °C
Temperatur des Fußbodens	Minus 0,7 °C	7,6 °C
Temperatur im Obergeschoss	0 °C	
Temperatur in der Kammer, wo der Duospeicher liegt	Minus 0,1 °C.	
Temperatur in geschlossenem Badezimmer	Minus 1,5 °C	9,1 °C
Temperatur des Wassers im Wasserbehälter des Duospeichers	**+3,7 °C**	
Temperatur des Frostschutzmittel-Wassergemisches im Außenbehälter	**12,6 °C**	

Kellertemperatur +1,5 °C

Zum Ausruhen im Haus hatten wir keine Lust – die Möbel absorbierten die Kälte und strahlte sie mit Minus 2 °C aus. Durch Bewegung konnte man sich etwas aufwärmen.
Beim Schlafen verwendeten wir elektrische Thermodecken, mindestens am Anfang, bis die Schlafdecken und die Matratzen genug erwärmt wurden.

Erst am zweiten Tag am Abend, als die Temperatur der Fußbodenplatte im Untergeschoss beim Heizen über 0°C stieg, durfte das Wasser in die Leitungen nachgelassen werden, sonst hätte es zum Zufrieren der Wasserleitungen kommen können.
Präventiv hatten wir etwas Wasserreserve im Keller für den ersten Gebrauch in einem Kanister.
Zum Trinken wurde die Wasserreserve in PET-Flaschen gefüllt, die auch zum Kochen gebraucht wurde. Das Schnee-Tauen auf dem Herd ist eine Notfallmaßnahme und mit Wärmeverlusten verbunden und es dauert lange.

Die Messungen wurden später ausgewertet und es wurde entschieden das Wasser nicht nur aus den Wasserleitungen, wie es vor dem Wintereinbruch immer gemacht wurde, sondern auch aus dem Wasserbehälter des Duospeichers, bei längerer Winter-Abwesenheit im Haus, ganz zu entleeren.
Das hat einen Nachteil: Ohne das Wasser im Wasserbehälter des Duospeichers funktioniert die Speicherung der Solar-Wärmeenergie der Südwest-Solarkollektoren nicht mehr. Das Wasser im Wasserbehälter ist ein Wärmespeicher und als Wärmeträger gibt es seine Wärmeenergie an das umliegende Medium im Außenbehälter ab.

Die später eingebauten Solar-Luftkollektoren sollen die Klima-Situation in den Wohnräumen zum Besseren ändern. Die Messungen im nächsten Winter müssen nochmals gemacht werden.

Auf dem Rückweg war das Wetter nicht mehr so freundlich. Keine Sonne mehr, ein starker Nordwind hat uns begleitet, so stark, dass wir genug zu tun hatten, um auf den Beinen zu bleiben.
Wo auf der Straße wenig Schnee war, war Glatteis, ziemlich gefährlich, obwohl wir die Stahlspitzen auf den Schneeschuhen hatten.

Der kleine Suzuki-Jimny, der 1 km vom Haus auf der Strasse abgestellt wurde, war so kalt (Minus 26°C), dass das Starten des Dieselmotors schwierig wurde. Das Auto war für die Abfahrt in die richtige Richtung gestellt und im Notfall hätte man es anschieben können. Das Starten des Autos ist trotzdem gelungen und wir sind glücklich nach Hause gefahren.

15. GARTEN, ZAUNHERSTELLUNG UND GARTENGERÄTE

Zu jedem eigenen Haus gehört auch ein Garten. Einen kleinen Teil des Grundstückes hinter dem Haus haben wir provisorisch 1 m hoch umzäunt und meine Frau Nada hat dort verschiedene Gemüsesorten und Blumen gesetzt. Die Setzlinge wuchsen vor unseren Augen und zu unserer Freude.
Einmal sind wir nach einigen Tagen der Abwesenheit angekommen und haben eine böse Überraschung erlebt. Ein Teil des Zaunes war zerstört und die Ernte war vernichtet. Wir vermuteten, dass die Waldtiere ein Fest veranstaltet haben. Später haben wir festgestellt, dass es eine Ziegenherde gewesen war.

15.1 ZAUN, TORE - HERSTELLUNG

Die Vernichtung unserer ersten Ernte zwang uns zu einer neuen Maßnahme – das ganze Grundstück aufwendig zu umzäunen. Damals war es von den Schweizer Behörden noch erlaubt einen Zaun rund um ein Rustico herzustellen. In der heutigen Zeit dürfen diese Grundstücke nicht mehr mit einem Zaun umschlossen werden.

Der Ausbau des Zaunes dauerte mit Unterbrechungen vier Jahre. Der 2 m hohe Drahtzaun verschluckte 103 Stück Stahlstützen (2,5 m lange feuerverzinkte genormte Stahlrohre) und 205 m Drahtzaun.
Bei jedem Besuch setzten wir einige Stahlstützen in die Erde, 0,5 m tief einbetoniert, in Abständen von 2 m. Es ist nicht immer gelungen, die 2 m Abstände einzuhalten. Manchmal sind wir auf einen großen Stein gestoßen und mussten ihm ausweichen. Die kleinere Steine (10 bis 30 kg) konnten wir mit einer Stahlstange 1,5m lang, 35mm Durchmesser, locker machen (in Migros-Geschäften oder in Bauhäusern erhältlich) und dann herausnehmen. In den Felsen haben wir die Löcher für die Stahlstütze bis zur Tiefe 15 cm ausgeschlagen.
Wir haben ein steiles und ungerades Gelände, das uns beim Erstellen eines Zaunes etwas Schwierigkeiten bereithält.

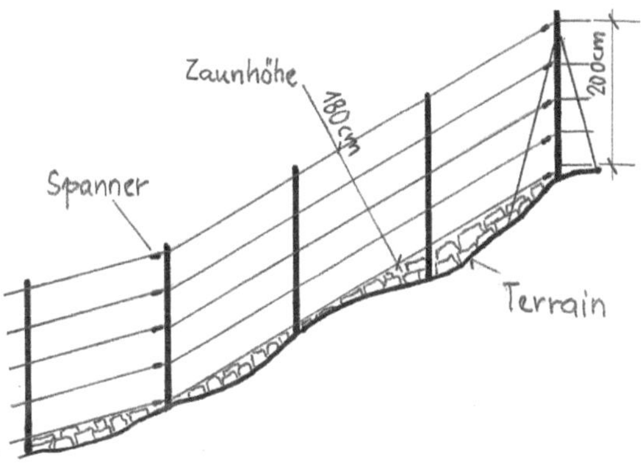

Bild 15.1a Zaunherstellung im steilen Gelände

Die Tragdrähte (feuerverzinkter Draht, 2,5 mm Durchmesser) des Zaunes müssen in einer geraden Linie geführt werden, um sie später gut zu spannen. Wenn es nicht möglich ist, wegen sehr ungeradem Gelände, wird jeder Tragdraht bei der Stütze unterbrochen und inzwischen ein Spanner montiert nach dem **Bild 15.1a.**

Die oberen Enden der Stahlstützen sollten vor dem Einbetonieren ausgerichtet sein. Auf die Stellen, wo die Länge der genormten Stahlstützen (2,5 m) nicht mehr ausreicht, verwendeten wir feuerverzinkte Wasserrohre, 2 Zoll, die manchmal über 3 m abgeschnitten werden mussten.

Beim Einbetonieren eines Wasserrohres sollte das untere Loch des Rohres durch den Beton nicht geschlossen werden, um dem Regenwasser freien Abfluss in die Erde zu ermöglichen.
Im Rohr verbleibendes Wasser könnte im Winter frieren und das Rohr beschädigen **(Bild 15.1b).**
Der Druck des Eises ist so groß, dass es auch eine massive Betonwand, wo die Rohre eingesetzt sind, zerriss.
Am besten wäre es, die genormten Alu-Kappen an die oberen Rohrenden der Wasserrohre zu montieren, wie es bei genormten Stahlstützen gemacht ist.

Bild 15.1b Durch gefrorenes Wasser im Rohr wurde die Stahlstütze beschädigt

Jedes Teilstück des Zaunes bekommt ein Tor, um die Außenseiten des Zaunes zugänglich zu machen. Das ist wichtig für das Beseitigen des in der Nähe wachsenden Unkrauts und für die künftigen Reparaturen des Zaunes. Ein Zweiflügel-Eingangstor, insgesamt 2,4m breit, ermöglicht die Zufahrt ins Grundstück auch einem größeren Lastwagen.
Das richtige Einspannen der Tragdrähte des Zaunes ist wichtig. Sie tragen das ganze Gewicht des Zaunes und im Winter werden sie noch mehr belastet durch gesetzten Schnee und Eis. Siehe **Bild 15.1c**.
Mit dieser Belastung deformiert sich der schlecht eingespannte Zaun erheblich. Im Frühjahr wird die Deformation des Zaunes schön sichtbar.
Spanner mit einer Gewindestange sind nicht zu empfehlen. Das Gewinde verrostet und das Nachspannen ist nicht möglich. Einen einfachen und dabei funktionsmäßig guten Spanner sieht man auf **Bild 15.1d.**

Es sollte nicht vergessen werden, dass bei steilem Gelände, in unserem Fall 30° - 40°, und der Höhe der Stahlstützen, 2 m, über der Erde, die Höhe des eigentlichen Drahtzaunes kleiner wird. Wir kauften für dieses Teilstück einen Zaun mit 1,8 m Höhe (genormte Höhe) Siehe **Bild 15.1a.**

Bild 15.1c Verschneiter Zaun

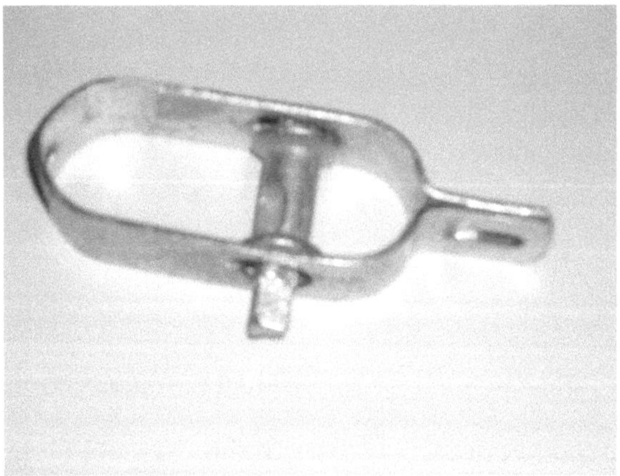

Bild 15.1d Spanner

Tor-Herstellung:

Wir ließen einen Kostenvoranschlag für die Herstellung aller benötigten Tore machen. Fünf Stück der Tore sollten über 10000,- CHF kosten. Der Hauptkostenanteil liegt im Arbeitsaufwand der speziell gefertigten Tore.
Nach der ökonomischen Überlegung kauften wir ein gutes Schweißgerät mit Schutzgas in der Flasche für den Anschluss 230 V / 50 Hz, 4 kVA (bis 3 mm Stahl-Schweißen), eine Schutzbrille und Fachliteratur, alles für weniger als 1000,- CHF. Das Material für alle Tore kostete damals etwa 600,- CHF und mit dieser Entscheidung haben wir den Rest der geschätzten Kosten gespart.
Bei der Schutzbrille sollte man nicht sparen und eine kaufen, durch die man die geschweißte Stelle richtig sieht, auch wenn noch kein Lichtbogen strahlt.

Schweißen der Tore:

Wir haben die Tore selber aus genormten feuerverzinkten Stahlrohren ø 33,7 / 3,25 mm (1 Zoll) gefertigt.
Keine Angst vor dem Schweißen. Wenn man einen starken Motor-Stromgenerator und ein Schweißgerät mit Gas-geschützten Elektroden hat, werden die Schweißnähte beim zweiten geschweißten Tor so aussehen, als wären sie von einem erfahrenen Fachmann gemacht worden.

Den Motor-Stromgenerator kauften wir selbstverständlich nicht nur wegen des Schweißens der Tore.
Damit wäre unsere Ersparnis nicht so günstig. Das Schweißen macht man in diesem Fall zu Hause oder bei einem Bekannten, wo man das Schweißgerät an das öffentliche Netz anschliesst.
Das Schweißen mit einem billigen Schweißgerät ohne Schutzgas braucht schon große Erfahrung und wir möchten den Laien von diesen Geräten abraten.

Auf unserem geraden Sitzplatz vor dem Haus legten wir die präzise angepassten Rohre für ein Tor und mit den Schweißnähten hefteten wir alle Ecken. Die Enden der Rohre werden vorher von der Zinkschicht befreit, 10 mm von jedem Ende, am besten mit einer Trennscheibe.

Dabei wird mit einem großen Eckwinkel (aus Leisten gefertigt) die Form des Torrahmens mehrmals bei der Arbeit kontrolliert, ob sich die Rohrteile nicht verschoben haben oder sich das Tor beim Schweißen nicht deformiert hat, beziehungsweise wird der Rahmen mit einem Hammer korrigiert.
Beim weiteren Schweißen sind die Kontrolle und die mögliche Korrektur immer nötig.

Die Schweißnähte werden mit einer Stahlbürste gereinigt und danach mit Zinkfarbe überstrichen. Die Tor-Scharniere werden noch vor dem Schweißen des Torrahmens locker auf das seitliche Stützrohr eingesteckt, inklusive der Stützringe nach dem **Bild 15.1e.**

Die definitive Vertikallage der Tor-Scharniere wird erst nach der Befestigung des Torrahmens (mit Schrauben) auf das Stützrohr bestimmt, wo wir dann jedes bewegliches Scharnier mit einem Stützring unterstützen und den Stützring entweder durch das Schweißheften oder mit den Schrauben an dem Stützrohr fest machen.
An den fertigen Torrahmen befestigt man dann einen Teil des Drahtzaunes mit verzinktem Draht (ø 1,2 mm).

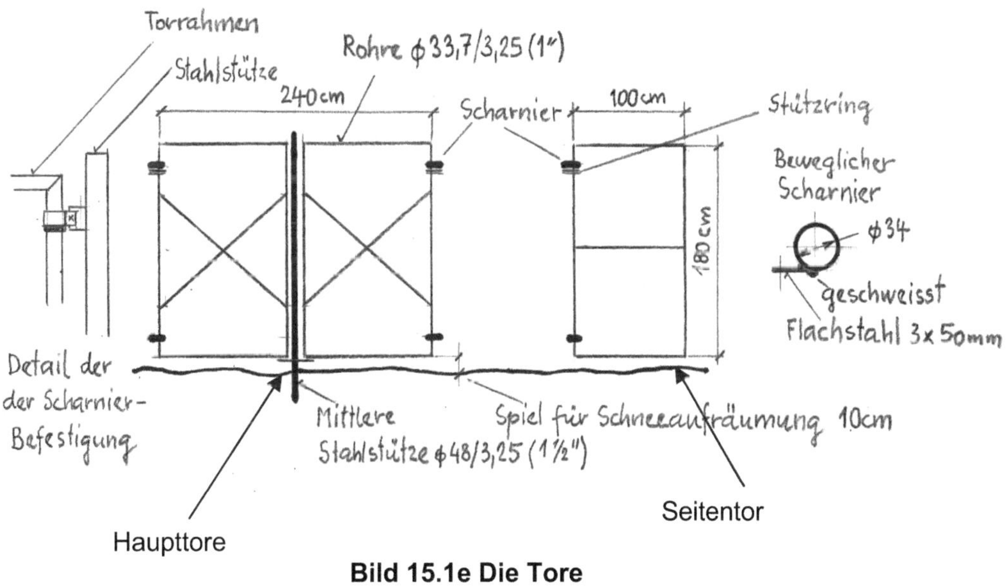

Bild 15.1e Die Tore

Literaturverweis:
Internet-Google-Suche: Wikipedia: Schweißen

15.2 GARTEN UND GARTENGERÄTE

Wer seine Muskeln mit Handgartengeräten nicht so viel beanspruchen will, gräbt den Gartenboden mit einer Benzinmotor-Gartenhacke um, **Bild 15.2a.**

Bild 15.2a Gartenhacke

Es braucht doch etwas Stärke und Geschick, die Motor-Gartenhacke zu führen. Der Benzinmotor erfordert jedoch bestimmte Pflege, wie im Kapitel **14.2** beschrieben wurde.
Unser Grundstück besteht aus einem Garten, der Rest ist eine Weide. Das Gras soll 2 x im Jahr gemäht werden, damit es stärker wird.
Am Anfang unserer Erfahrungen haben wir das Gras von der Weide ganz geräumt, heute lassen wir einen Teil des gemähten Grases auf der Wiese. Es wirkt als Stallmist und verstärkt noch das Wachstum verschiedener Blumen.

Im Sommer sieht die Wiese ganz farbig aus, wie im Märchen. Wir lassen die Blumen die Samen verlieren und erst dann wird das Gras im Herbst gemäht. Nächstes Jahr wird die Wiese noch schöner aussehen.
Bienen, Hummeln und andere kleine fliegende Lebewesen werden viel Futter von den Blümchen ernten können **(Bild 15.2b)**.

Bild 15.2b Weide

Eine große Wiese braucht ein leistungsfähiges Gerät zum Mähen. Die Wiese ist in steilem Gelände mit vielen Feldrainen. Zum Mähen wählten wir eine Sense mit Nylon-Faden oder Stahlscheibe. Sie ist handlich, leicht zu steuern und man kommt mit ihr auch gut an die schwer zugänglichen Orte **(Bild 15.2c)**.
Der Nylon-Faden wird schneller verbraucht und er muss in der Vorratskammer mehrmals beim Mähen nachgefüllt werden.

Bei der Wahl des Nylon-Fadens sollte man den mit dem viereckigen Querschnitt nehmen, der leistungsfähiger beim Mähen ist als der Faden mit dem runden Querschnitt.

Mit der Standard-Stahlscheibe mähen wir die ganze Wiese (über 1000 Quadratmeter), ohne sie zu ersetzen. Nach der Beendigung der Arbeit wird sie demontiert und wenn nötig auf einer Schleifmaschine geschärft. Die Stahlscheibe kann man 5 - 6 x schärfen, dann ist sie zu klein und hat ausgedient.

Bild 15.2c Motor - Sense

Ein Kompromiss zwischen der harten, etwas gefährlichen Stahlscheibe und dem Nylon-Faden ist die Scheibe mit auswechselbaren Nylon-Messern, die länger als der Nylon-Faden aushalten.
Im Handel werden noch leistungsfähigere Scheiben angeboten, mit Hartmetall-Messern bestückt.
Der Preis der Scheibe ist fast 4 x höher als bei der Stahlscheibe, die etwa 35 - 40,- CHF kostet.
Das große Gewicht der Scheibe mit den Hartmetall-Messern und die harten Messereinsätze belasten das Winkelgetriebe der Sense sehr und bringen es zu baldigem Verschleiß.
Der Preis des Ersatz-Winkelgetriebes macht fast ein Drittel des gesamten Preises der Motor-Sense aus.
Eine professionelle Sense mit starkem Benzinmotor, der auf dem Rücken getragen wird, ist für unseren Bedarf überdimensioniert und kostspielig. Die biegsame Welle erschwert die Handhabung und Lagerung, die bei der Sense mit der starren Welle einfacher sind.
Es muss gesagt werden, dass die Arbeit mit einer Motor-Sense mit einem bestimmten Risiko beim Mähen verbunden ist. Feste Arbeitsschuhe, keine Gummistiefeln, und ein Schutzhelm mit Ohrmuscheln und Schutzgitter über den Augen eliminieren die Möglichkeit eines Unfalls.
Keine ungeschützten Personen sollten beim Mähen in der Nähe sein und kein Auto, das mit einem Steinschlag, durch die Sense verursacht, beschädigt werden könnte. Einmal mussten wir die kaputte Autoscheibe auch ersetzen lassen.

Bei einem teuren Garten-Kombi-Gerät, das mit Balkenmessern bestückt wird, besteht außerdem die Gefahr, dass die Finger zwischen die Messer geraten, siehe **Bild 15.2d**.
Das Gerät ist sehr leistungsfähig, aber mit großer Investition verbunden. Er ist schwer und zu seinem Kutschieren braucht man viel Kraft. Für das schräge ungerade Gelände ist das schwere Gerät nicht geeignet und wegen Umkippen gefährlich. Da hilft nur die leichtere Motorsense.

Bild 15.2d Garten-Kombi Gerät

Eine Motor-Sense kann auf verschiedene Art verwendet werden. Mit einem Kreissägeblatt bestückt ist sie fähig auch die dickeren Sträucher zu kürzen.

Auf dem Parkplatz, der mit den Betonplättchen belegt ist, wächst das Gras zwischen den Plättchen. Das Gras ist schwierig zu beseitigen. Normalweise macht man es mühsam mit der Hacke. Wir nehmen dazu eine Sense. Dabei wird eine alte Stahlscheibe verwendet, die zum Mähen schon nicht mehr geeignet ist. Beim Mähen des Grases auf dem Parkplatz wird die Scheibe tief zu den Betonplättchen geneigt, so tief, bis fast Funken entstehen. Dann ist das Gras zwischen den Betonplättchen mit den überstehenden Wurzeln weg.
Diesen Arbeitsvorgang kann man selbstverständlich nur auf einer geraden Ebene durchführen. Bei ungerader Fläche, die mit Natursteinen belegt ist, eignet sich die beschriebene Beseitigung des Grases nicht. Dann verwendet man anstatt der Stahlscheibe den Faden, der leider schnell verbraucht wird.
Nach der Beseitigung des Grases über den ganzen Parkplatz ist die Stahlscheibe etwas kleiner, trotzdem kann man sie noch mehrmals für diesen Zweck verwenden.
Um das weitere Wachsen des Grases zwischen den Betonplättchen zu verhindern, wird ein Unkraut-Vertilger zwischen die Betonplättchen gegossen.

In Internet fanden wir einen Trommel-Mäher, einen sogenannten »Bubnove Sekacky«. Er eignet sich für das Mähen von hohen Gras und er ist leichter als ein Garten-Kombigerät. Auch eine Frau kann dieses leichtere Gerät bedienen.
Der meist gekaufte Trommel-Mäher in der letzten Zeit (2011) ist die »Adela 60« mit einem Viertakt-Motor Honda (5,5 PS), 60 kg schwer, Räder-Antrieb, Mäh-Breite 56 cm, Preis 1350 -1450,- CHF (**Bild 15.2e**). Das Gerät könnte auch für unser Terrain gut passen. Der Hersteller empfiehlt es für bis 1400 Quadratmeter Landfläche.

Bild 15.2e Trommel-Mäher BDR-595 adela 60 (CZ) Hersteller Vari – CZ

Mit der Zeit sind unsere Enkel erwachsen und ein junges Imker Paar – Kevin mit seiner Freundin Cathrine hat eine ganze »Herde« von Bienen auf die Wiese umgesiedelt.
Die Bienen leben da schon einige Jahre und es scheint, dass sie sich an die neue waldige Umgebung gewöhnt haben. Das sind wahrscheinlich die ersten Bienen-Völker in diesem Gebiet. Einige harte Winter haben die Bienen schon gut überlebt (**Bild 15.2f**).
Ihr Honig mit dem besonderen »Tessiner Geschmack« ist hervorragend.

Bilder 15.2f Bienen-Häuschen auf der Wiese und das Imker-Paar

15.3 AUTOMATISCHE BEWÄSSERUNG

Das gesetzte Gemüse und die Blumen im Garten brauchen während ihrer Vegetationsperiode genug Wasser zum Gießen. Unsere zweiwöchige Abwesenheit ermöglicht es nicht, diese Bedingung zu erfüllen.

Für diesen Fall stellten wir eine automatische Bewässerung des Geländes sicher.
Wir kauften ein elektronisches Wasserventil und bauten es im Keller in die Wasserleitung ein, die zum Garten führt. Das elektronische Wasserventil hat eine Zeituhr und man kann das Öffnen und das Schließen der Wasserleitung und die Wasserzufuhr für eine ganze Woche vorprogrammieren. Zum Speisen hat das Gerät eine Mignon-Primär-Zylinderzelle (**Bild 15.3a**).

Bild 15.3a Elektronisches Wasserventil

Literaturverweis:

Buch: Bäume, Autor: James Underwood Crockett, Time-Life Bücher
Katalog Firma Honda
Katalog Bauhaus – De
Internet-Google-Suche: seznam cz Bubnova sekacka BDR-595 Adela 60

16. ERHÖHUNG DER WASSERTEMPERATUR IM SCHWIMMBAD

Unser Komfort wurde noch durch die Herstellung eines kleinen Schwimmbads auf dem Grundstück ergänzt **(Bilder 16a).**

Nach dem Einfüllen des Wassers im Schwimmbad beträgt seine Temperatur in den Sommermonaten Juli und August etwa 16 bis 17°C. Das Baden bei dieser Wassertemperatur ist ziemlich unangenehm.

Die Sonne erwärmt das Wasser in zwei Tagen bei gutem Sonnenschein auf die genügende Temperatur für das Baden. Die Badefläche sollte über Nacht mit einer Folie abgedeckt werden, um die im Wasser gespeicherte Wärme nicht zu verlieren.

Ein Plastik-Sonnenkollektor hilft bei der Erwärmung des Wassers. Den Transport des erwärmten Wassers vom Sonnenkollektor zum Schwimmbad besorgt eine Umlaufpumpe (Solaranlage zur Schwimmbaderwärmung, Conrad Electronic AG).
Als Faustformel für die Größe eines Plastik-Solarkollektors gilt: Seine Fläche soll so groß sein wie die Fläche des Schwimmbads.

Das Schwimmbad dient auch als Wasserreservoir in den Herbstmonaten, wenn im letzten Winter wenig schneite und wenig Vorrat von Schnee in den Bergen geblieben ist. Dann hat der Bach im Sommer auch wenig Wasser.

Bilder 16a Schwimmbad

Literaturverweis:

Buch: Kundeninformation – Solaranlage zur Schwimmbaderwärmung, Conrad Electronic AG

17. DER HUND

Ein Tier in der Familie bereichert den Lebensstandard, besonders wenn die Kinder da sind. Für die Tiere muss man auch genug Zeit haben. Leute in Pension, die gesund sind, können diese Bedingung erfüllen.

Glücklicherweise haben wir einen Hund von unserem Sohn Petr übernommen und fuhren mit ihm im Auto jedes Mal in das Ferienhaus. Er hieß Joe – ein Mischling zwischen Leonberger und Tibet-Mastiv, schlank, er wog 50 kg **(Bild 17a)**.
Er war sehr gutmütig. Als wir ihn bekommen haben, wurde er 2 Jahre alt und musste sich an uns gewöhnen (wir uns auch an ihn). Der Hund gab uns das Gefühl der Sicherheit.
Auch für ihn haben wir den grossen Zaun rund um das Grundstück hergestellt, damit er nicht immer an der Leine bleiben musste und sich auf dem mit dem Zaun verschlossenen Gelände frei bewegen konnte. Er bellte die Ziegen an, die sich dem Zaun näherten.
Trotz der Freibewegung auf dem Gelände war er immer erfreut, wenn wir mit ihm am Vormittag und am Abend jeden Tag einen Spaziergang in die Berge machten.
Das war ein Gesetz, das niemals gebrochen werden sollte.

Manchmal spielte er auch mit uns, was nicht so einfach wurde, wegen seines grossen Gewichtes **(siehe Bild 17b)**. Er schlief mit uns im oberen Schlafzimmer auf einem eigenen Teppich neben unseren Betten, und wenn er in der Nacht einen Fuchs vor dem Haus spürte, machte er Lärm bei offenem Fenster und der Fuchs war schnell weg.

Joe lebte mit uns 8 Jahre, dann war er krank. Er konnte die hinteren Beine nicht mehr richtig bewegen und auf einmal konnte er gar nicht mehr über die Treppe in das obere Schlafzimmer gehen und auch das Einsteigen ins Auto war für ihn genau so schwierig. Nach der schweren Entscheidung, die ziemlich lange dauerte, mussten wir ihn beim Tierarzt einschläfern lassen.

Bild 17a Hund Joe

Bild 17b Ein Schwergewichter

18. SPEZIAL-GERÄTE

Beim Unterhalt der Liegenschaft müssen bestimmte Anlagen, die mit der Zeit altern und durch Natur-Einflüsse beschädigt werden, repariert oder korrigiert werden. Dazu braucht man manchmal Spezial-Werkzeuge.

Schweißgerät:

Ein Schweißgerät mit Schutzgas wurde schon im Kapitel 15.1 erwähnt. Es arbeitet mit einem automatischen Schub des Schweißdrahtes.
Bei der Beschaffung des Schweißgerätes ist noch etwas zu überlegen. Die Bauhäuser bieten zum Schweißen auch DC-Schweißinverter an. Diese Geräte schweißen mit Gleichstrom. Mit dem Gerät kann man verschiedene Metalle schweißen. Das Gewicht des DC-Inverters ist klein, bis 7 kg. Dazu braucht man noch eine Gasflasche mit Argon. Das Gerät hat Wolframelektroden. Das Schweißmaterial wird beim Schweißen separat manuell zugeführt. Es braucht etwas mehr el. Energie und mehr Erfahrungen beim Schweißen. Es ist vielseitig verwendbar.

Es gibt zwei Arten der Lichtbogenzündung – die Kontakt-Zündung und die Hochfrequenzzündung.
Mit den Geräten, die Hochfrequenzzündung haben, kann man feine Schweißarbeiten durchführen, z.B. Schweißen von dünnen Blechen unter 1 mm. Die Lebensdauer der Wolframelektrode bei der Hochfrequenzzündung ist länger.
Ein DC-Inverter 160 A, Typ GYSMY-165 (**Bild 18a**), mit Kontaktzündung, der bis 4 mm Stahl schweißen könnte, hat folgende Parameter:

18a Bild DC Schweißinverter GYSMY – 165

Anschlussspannung: 230 V / 50 Hz,16 A
Absicherung: 16 A
Regelbereich: 10 – 160 A
Schweißspannung: 70 V
Generator min. 5 KVA
Abmessungen: B x T x H 125 x 280 x 200 mm Gewicht 4,6 kg

Errechnung der Leistung des MSG für den DC-Schweißinverter:

Mit einer Rechnung wollten wir feststellen, ob unser leistungsfähiger WFM Motor-Stromgenerator 6,7 kVA für den Schweißinverter genug Energie liefern würde.
5 kVA nehmen wir als maximale Leistungsaufnahme des DC - Inverters, der in der Berghöhe **1300 m** arbeiten wird.
Max. Strom des DC Schweißinverters I = 5000 : 230 = 21,7 A
Das Schweißgerät wird mittels einer 15 m Kabelrolle 2,5mm^2 an den MSG angeschlossen.

Bei der Rechnung wird berücksichtigt:

Die wirkliche Leistung des MSG (Korrektur mit dem Faktor 0,8) 6700 x 0,8 = **5360 W** (1%= 53,6 W)
Verminderung der Leistung des MSG in der 1300 m Höhe ü. M. (1% / 100 m über 1000 m) 3 x 53,6 = **160,8 W**
Verminderung der Leistung des MSG bei erhöhter Umgebungstemperatur von 20°C auf 30°C, Delta T = 10°C (2 % bei der Erhöhung der Temperatur um jede 5°C) 2 x 53,6 x 2 = **214,4 W**

Verlustleistung an der 15 m langen Zuleitung mit Querschnitt A = 2,5 mm^2
Widerstand der Zuleitung R = 2 x ro x L / A = 2 x 0.018 x 15 / 2,5 = 0,216 Ohm

Verlustleistung an der Zuleitung N = R x I^2 = 0,216 x .21,7^2 = **101,7 W**

Gesamtverlustleistung 160,8 + 214,4 +101,7 **= 476,9 Watt**
Der MSG kann dem Inverter **5360** minus 476,9 = **4883,1 W** liefern, also die Leistung des MSG ist **ungenügend.**

Für das Schweißen darf die Anschlussleitung des Inverters zu MSG nur einige Meter sein und die Umgebungstemperatur, wo der MSG steht (z.B. im Keller), sollte möglichst unter 20°C betragen.

Diese Rechnung ließ anmerken, dass **die Schweißarbeiten an heißen Sommertagen nicht gemacht werden sollten.**
Die Leistung des MSG sinkt empfindlich bei höheren Temperaturen.

Ein Trafo Schutzgas-Schweißgerät mit 4 kVA-Leistungsaufnahme würde bei den errechneten Verlustleistungen ganz gut funktionieren.

Akkuschrauber:

Ohne einen Akkubohrschrauber kann sich ein Handwerker seine Arbeit heute nicht mehr vorstellen. Der Akkubohrschrauber spart mühsame Arbeit beim Zusammenschrauben verschiedener Holzteile.

Seine gute Funktion hängt von den Schrauben ab, die man kauft. Wenn man sich Ärger sparen will, kauft man **keine** Schraube mit **Schlitz- oder Kreuzkopf.**
Nur die Schraube mit dem Innen-Sechskant oder Sternantrieb sollte man kaufen. Bei diesen Ausführungen sitzt der Schraubeinsatz (Bit) fest im Kopf der Schraube und er kann beim Schrauben nicht auslaufen **(Bild 18b)**.

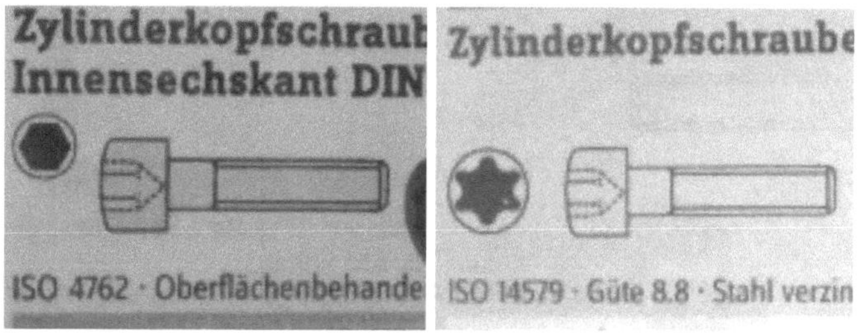

Bild 18b Schraube mit Innensechskant- oder Sternantrieb

Als Spannung des Akku-Bohrers / Schraubers wählt man 18 V. Akkuschrauber mit kleineren Spannungen bringen wenig Leistung.

Vergleich der verschiedenen Leistungen der NiCd-Spezial- Akkus für die Akku-Geräte:

z.B. 18 V, 1Ah = 18 Wh 14,5 V, 1 Ah = 14,5 Wh 12 V, 1 Ah = 12 Wh

Wir empfehlen die Akkuschrauber mit Li-Ionen-Akkus, die größere Leistung und 3 x längere Lebensdauer bei kleinerem Gewicht haben. Der Akkuschrauber mit Li-Ionen-Akkus ist auch nach längerer Zeit griffbereit – die Entladungsrate des Li-Ionen-Akkus ist sehr klein entgegen einem Gerät mit NiCd-Akku.
Die Leistung eines leistungsfähigen Lithium-Ionen-Akkuschraubers: 18 V, 1,3 Ah = **23,4 Wh**
Bestimmte Akkuschrauber funktionieren auch für das Schlagbohren.

Beim Bohren der Fliesen kann man einen Schlagbohrer nicht verwenden, sonst bricht das gebohrte Material durch das Überhitzen.
In diesem Fall wird mit einem Spezialbohrer **ohne Schlagen** gebohrt. Wegen seiner Verwechslung mit einem normalen Schlagbohrer wird er üblicherweise schon im Geschäft rot gekennzeichnet. Beim Bohren sollte noch Kühlwasser zugeführt werden.

Schneidegerät für die Fliesen:

Beim Kleben der Fliesen auf die Beton-Fußbodenplatte oder der Kacheln auf die Seitenwände im Badezimmer müssen einige Plättchen angepasst werden. Dazu kann man ein Handgerät mit Trennscheibe verwenden. Durch einen unvorsichtigen Arbeitsvorgang werden die Fliesen oder die Kacheln beim Schneiden überhitzt und die Glasur springt ab. Ein stationäres Schneidegerät beseitigt diesen Nachteil. Seine Trennscheibe ist mit Kühlwasser gekühlt und so bekommt man einen sehr schönen Schnitt **(Bild 18c).**

Bild 18c Schneidegerät für Fliesen

Gerät zum Schärfen der Kette für die Motor-Kettensäge:

Im Rustico wird viel Holz, meistens fürs Feuern, bearbeitet. Dazu ist eine Motor-Kettensäge notwendig. Wenn man in dieser Richtung autonom sein will, kauft man ein Gerät zum Schärfen der Kette.
Fürs Schärfen der Kette braucht man keine spezielle Ausbildung, nur etwas Gefühl beim Schärfen muss man haben. Das Gerät findet man bei einer Aktion für 50,- CHF (**Bild 18d**).

Bild 18d Schärfegerät

Messgerät für das Messen von Feuchtigkeit im Holz:

Das Holz zum Feuern soll trocken sein, sonst wird seine Wärmeenergie nicht voll ausgenutzt. Um die richtige Austrocknung des gelagerten Holzes zu beurteilen, wird die Feuchte des Holzes mit einem Feuchtigkeitsmesser nach dem **Bild 18e** gemessen.

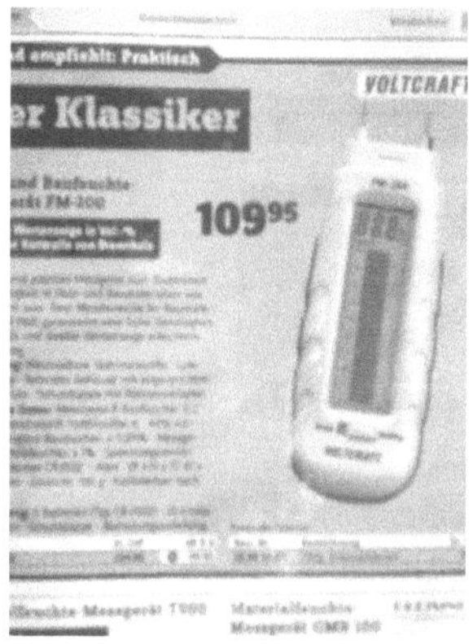

Bild 18e Feuchtigkeitsmesser nach dem Katalog Conrad Electronic AG, Nr. 12 32 06

Wenn das Holz mindestens 2 Jahre richtig gelagert wurde, wird es sicher ausgetrocknet und man braucht keinen Feuchtigkeitmesser.

Temperaturmessgerät:

Bei der Installation des Thermoelektrischen Generators verwendeten wir bei der Messung der Temperaturen vorteilhaft einen Infrarot-Thermometer bis 320°C nach den **Bild 18f.**
Bei der Messung mit dem Strahl kann man die Temperatur dort messen, wo man den Ort mit einer Temperatursonde nicht erreichen kann. Der gemessene Ort wird mit einem roten Punkt, der der Strahl macht, gekennzeichnet.

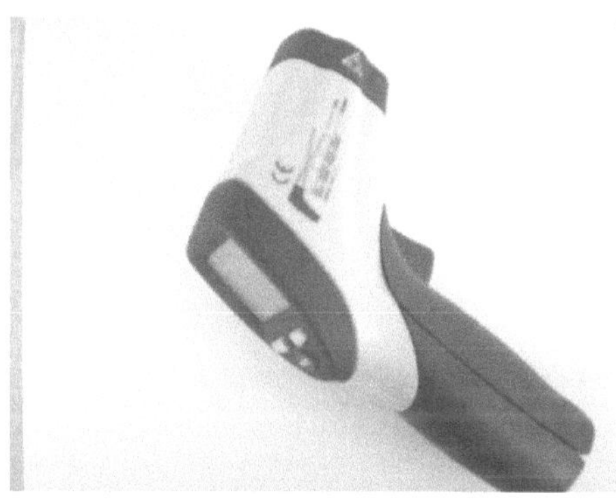

Bild 18f Infrarot- Thermometer IR 260 – 8S Best. Nr. 10 09 80 – 9A, Conrad Electronic AG

Luxmeter (kalibriert bei 2900 K, warmweiß):

Mit dem Luxmeter wird die Beleuchtungsstärke einer Fläche in Lux (lx) gemessen. Dann kann auch die Lichteffizienz einer Beleuchtung rechnerisch nachgewiesen werden **(Bild 18g).**

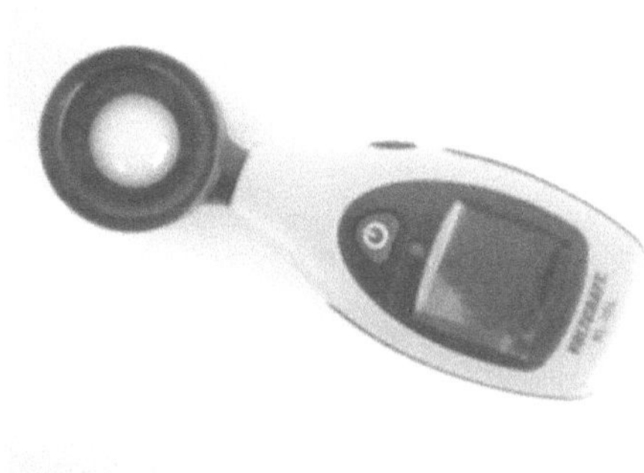

Bild 18g Luxmeter BL - 10L Conrad Electronic AG, Nr. 121 33 06 (80,- CHF)